普通高等教育电工电子基础课程系列教材
2020年北京高等学校优质本科教材

电工电子技术基本教程

第2版

主　编　付　扬　黎　明
参　编　陈媛媛　梁　丽　李　文

机械工业出版社

电工电子技术是工科非电类专业的重要专业基础课，本书的编写针对该门课程学时减少的现状，突出电工电子技术的基本理论和基本分析方法，简明易懂，注重应用。

本书的主要内容包括直流电路、交流电路、电动机与常用电气控制、半导体器件与基本放大电路、集成运算放大器、逻辑门和常用组合逻辑电路、触发器和时序逻辑电路以及数/模、模/数转换电路。根据各章重点内容，在章后均配有 Multisim 仿真举例和对应习题，更加符合现在的课程教学要求。

本书可作为本科工科非电类专业少学时电工电子技术课程教材，也可作为高职高专院校相关专业的教材。

本书配有免费电子课件，欢迎选用本书作教材的老师登录www.cmpedu.com 注册下载。

图书在版编目（CIP）数据

电工电子技术基本教程/付扬，黎明主编 . —2 版 . —北京：机械工业出版社，2019. 10（2024. 11 重印）
普通高等教育电工电子基础课程系列教材
ISBN 978-7-111- 63743-1

Ⅰ. ①电…　Ⅱ. ①付…　②黎…　Ⅲ. ①电工技术—高等学校—教材②电子技术—高等学校—教材　Ⅳ. ①TM　②TN

中国版本图书馆 CIP 数据核字（2019）第 209986 号

机械工业出版社（北京市百万庄大街 22 号　邮政编码 100037）
策划编辑：路乙达　责任编辑：路乙达　刘丽敏
责任校对：肖　琳　封面设计：张　静
责任印制：常天培
北京机工印刷厂有限公司印刷
2024 年 11 月第 2 版第 11 次印刷
184mm×260mm · 18. 5 印张 · 457 千字
标准书号：ISBN 978-7-111-63743-1
定价：45. 80 元

电话服务　　　　　　　　　　网络服务
客服电话：010-88361066　　机　工　官　网：www.cmpbook.com
　　　　　010-88379833　　机　工　官　博：weibo.com/cmp1952
　　　　　010-68326294　　金　书　网：www.golden-book.com
封底无防伪标均为盗版　机工教育服务网：www.cmpedu.com

第 2 版前言

课程思政微视频

本书是为非电类少学时电工学课程编写的教材。自 2012 年出版以来，多所使用院校的师生普遍反映本书特色鲜明。本书在确保系统性、逻辑性和实用性的基础上，着重讲授了基本概念、基本原理和基本应用；同时兼顾了通用性与应用性，内容深入浅出，易教易学；在少学时的情况下，学生能够顺利掌握电工电子技术知识，培养其创新意识和能力。

为了深入贯彻党的二十大精神，本书有机融入了思政内容，以实现"育人为本、以德为先"的教育理念。

随着现代计算机技术的飞速发展，电子电路仿真软件 Multisim 在电工电子设计与分析中起到的作用越来越突出。Multisim 仿真打破了传统电路设计模式难以入门的状况，如同一个虚拟实验室，能够方便快捷地进行各种功能电路的分析设计。Multisim 仿真能极大地提高学生对电路分析与设计的兴趣和积极性，特别是对少学时电工学课程提供了有效补充和极大帮助。本书第 2 版注重 Multisim 仿真技术的学习和应用，每章增加了 Multisim 仿真举例和习题，加强 Multisim 仿真的教学引导，方便学生自学。

在各章的 Multisim 仿真举例中，根据学习目的和对知识引导侧重点的不同，主要特点体现在以下几个方面：

（1）突出了基础性：主要是基础实验和基本仪器仪表使用，如第 1 章电路基本原理验证、第 3 章电动机控制、第 6 章基本逻辑转换和中规模器件逻辑验证。

（2）突出了探究性：通过仿真学习比较难的知识点和实现通常实验不能做的分析研究，如第 2 章的交流电路串联谐振及串联相频特性分析、三相交流电路分析。

（3）突出了知识综合应用性：由于学时限制，将一些综合应用通过仿真实现，如第 4 章小功率直流稳压电源设计、第 5 章仪用放大器设计，突出了知识综合应用和创新。

（4）突出增加趣味性和深度：增加有趣的题目和内容，提升学生的兴趣，如第 7 章抢答器设计、分秒计数和显示，其中分秒计数采用了层次化设计，引导创新大规模电路设计的思路。

本书由付扬和黎明任主编，负责全书的组织、修订和定稿。其中第 4、5 章，第 8 章的 8.2、8.3 节和附录由付扬编写；第 1 章和第 3 章的 3.1~3.3 节由黎明编写；第 2 章和第 3 章的 3.4 节由陈媛媛编写；第 6 章和第 8 章的 8.1 节由梁丽编写；第 7 章由李文编写。本书承蒙北京航空航天大学于守谦教授主审，在修订过程中，还得到了刘雪连老师的帮助和支持，在此一并表示诚挚的谢意。

感谢多年来使用本书的师生和其他读者的关心和支持。由于能力和水平有限，书中难免有不妥之处，敬请使用本书的师生和其他读者给予批评指正。

编　者

第1版前言

本书是根据教育部电子电气基础课程教学指导分委员会"电工学课程教学基本要求"，为非电类少学时电工学课程编写的教材。

编写本书的课程组教师经过多次研讨，认为随着电工学课程学时的不断减少，编写的宗旨应是在确保系统性和实用性的基础上，强调"顺"，即教师使用本书在内容上、逻辑思维上，尤其讲起课来觉得"顺"，学生学起来觉得不困难，容易感兴趣和接受。本书的编写突出"基本"，着重讲授基本概念、基本原理和基本应用。通过本书的使用，学生能在少学时的情况下，顺利地掌握电工电子技术必要的基本理论、基本知识和基本技能，了解电工电子技术应用。同时能把学生的能力培养贯穿在教学过程中，既使学生掌握基本的要求，又让学生有能力拓展，为今后电工电子技术后续相关知识的学习和工作打下基础。

本书力图在以下几方面体现特色：

（1）精选内容、降低深度和难度，以"必需、够用"为度，做到"好用"。用言简意赅的语言着重讲解基本概念，讲清原理，突出重点定理、定律及解题方法，使教材简明扼要，强调基础性。

（2）基础理论知识的讲授以应用为目的，回避繁杂的理论推导和内部电路，注重理论联系实际，突出应用性。如一阶电路求解只要求掌握三要素法；三相异步电动机减少了冗长的理论分析，把重点放在电动机的使用及控制上；电子技术强调"管路结合、管为路用"，将分立元件、集成器件和电路紧密结合起来讲授，结合实际讲解实例；差分电路、功放电路等只讲清楚概念，为理解集成运算放大器打下基础，重点放在集成运算放大器的应用；数字电路删减了分立元件组成的复杂电路，强调集成芯片的典型应用等。

（3）在教材结构上，能完整地表达该课程所要求的基本知识，结构严谨，编排上相互衔接配合，做到和谐统一。内容上深入浅出，层次分明，条理清楚，力求不只做简单的删减，而是整合系统和逻辑，既有利于教学，又便于学生自学，从而体现出适用性。

（4）教材注重学生能力的培养，体现从元件、电路到系统这一应用体系，把模拟电子技术与电路分析融合在一起，通过 A/D 转换和 D/A 转换，将模拟电路和数字电路结合在一起，逐步渗透融合，最终解决系统问题，从而增强学生分析问题和解决问题的能力，培养学生思维的逻辑性和系统性。

（5）注重例题、习题、思考题的选择，加强基本题，不选偏题、难题，习题注重考查和帮助理解相关概念和知识，并配合例题，加深学生对所学内容的理解及灵活运用，特别是通过一题多解学生可以做到融会贯通，起到提高和引申的作用，强调启发性。

本书由付扬和黎明担任主编并统稿。第4、5章，第8章的8.2节和附录由付扬编写；第1、3章由黎明编写；第2章由陈媛媛编写；第6章和第8章的8.1节由梁丽编写；第7

章由李文编写。本书承蒙北京航空航天大学于守谦教授主审。于守谦教授是北京市高教学会电工学研究会理事长，是长期从事本课程教学的专家。于守谦教授不辞辛苦地审阅了全部书稿，提出了很多非常宝贵的意见，在此表示衷心的感谢。

　　由于编者水平有限，书中难免有错误和不妥之处，敬请读者批评、指正。

编　者

目　　录

第1章 直流电路

本章是电工电子技术课程的重要基础,主要内容有:电路的基本概念;电压源、电流源及其等效变换;电路定律、定理和基本分析方法;一阶电路以及 Multisim 应用举例。

1.1 电路的基本概念

1.1.1 电路和电路模型

1. 电路

电路是为了实现某种功能,由电工、电子元器件或电气设备按一定方式连接,为电流提供通路的整体。电路主要由电源、负载和中间环节组成。以图1-1为例,图中干电池为电路的电源,主要给电路提供电能;白炽灯为负载,消耗电能(或将电能转换为其他形式的能量);导线和开关是中间环节。

电路的结构形式和作用多种多样,根据其作用,主要可分为两大类:①用于电能的传输和转换,如发电和供电系统、电力拖动系统、照明等,通常把这类电路称为"强电"系统;②用于信号的传递、处理及运算,如通信设备、计算机、电视机等,通常把这类电路称为"弱电"系统。

2. 电路模型

在电路分析中,为了便于分析,通常在一定条件下,需要忽略某些次要因素,用理想的电路元件等效替代实际的电路元件,比如图1-2a所示,将一个实际的电压源用一个理想的电压源(无内阻、电压恒定的电压源)和一个大小等于电压源内阻的电阻串联等效替代;再如图1-2b所示,将一个实际的电感元件,用一个理想的电感元件(无电阻)串联一个相应的电阻等效替代,这种理想化后的电路元件组成的电路就是实际电路的电路模型。今后所画的电路图其实都是电路模型。

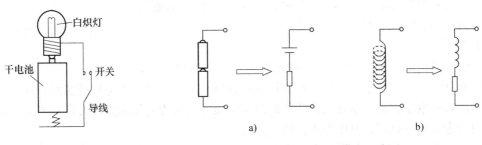

图1-1 电路举例

图1-2 电路模型示意图

a)直流电压源电路模型 b)电感元件电路模型

3. 理想电路元件

从现在开始,后面所讲的电路元件均指理想电路元件,简称电路元件,常用的电路元件有电压源、电流源、电阻元件、电感元件和电容元件。前两种元件是电路中提供电能的元件，故称为有源元件；后三种元件均不产生电能，故称为无源元件。无源元件中又分为耗能元件和储能元件两类。电阻元件是耗能元件，电感元件和电容元件是储能元件，这两种元件分别可将电能转化为磁场能和电场能存储起来。常用电路元件符号如图1-3所示。

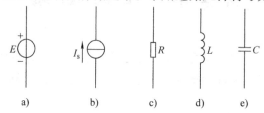

图1-3　常用电路元件符号

a）理想电压源　b）理想电流源　c）电阻　d）电感　e）电容

1.1.2　电流、电压及其参考方向

1. 电流

习惯上规定正电荷移动的方向（负电荷移动的反方向）为各支路电流的实际方向，但对于比较复杂的电路（见图1-4），往往在进行电路分析前很难确定电流的实际方向。为分析方便，这时可以任意选择一个方向作为电流的参考方向，需要注意的是，电流的参考方向是人为任意规定的，在进行电路分析时，参考方向一旦选定，就把它标在电路图上，不再变动，后续所列写的电流方程、电压方程都要根据电流的参考方向列写。可以通过许多手段（比如测量、计算等）得知电流的实际方向，它既可能与电流的参考方向相同，也可能与电流的参考方向相反，因此用代数量来表示电流，如果电流的实际方向与其参考方向相同，用正值表示，反之，用负值表示。

例如，在图1-4所示电路中，设流过电阻R_3上的电流I_3参考方向为从上到下，如果I_3的实际方向确实是由上而下的，大小为1A，则表示为$I_3 = 1A$，反之，如果I_3的实际方向是由下而上的，则表示为$I_3 = -1A$。本书中电路图上所标注的电流的方向均为参考方向，根据电流的参考方向及电流的代数值可知其实际方向。在分析电路时，如果电路图中没有给出电流的参考方向，可自行任意给定并标明在电路图中。只有在标明电流的参考方向后，电流的代数值才有意义。

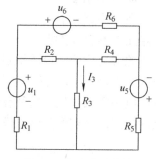

图1-4　复杂电路举例

2. 电压

习惯上规定电压的实际方向是从高电位点指向低电位点，是电位降低的方向。同电流一样，在进行电路分析前经常很难确定电压的实际方向，于是需要人为假设一电压方向，这种人为任意假设的电压方向称为电压的参考方向。当电压的实际方向与参考方向一致时，电压为正，反之为负。

例如，图1-5为某一电路中的一部分，元件两端电压的参考方向设为A(+)、B(−)，而$U = -3V$，说明电压的实际方向为B(+)、A(−)，与电压的参考方向相反，数值为3V。

3. 关联参考方向

电路中电流和电压的参考方向可以各自独立地任意给定，而不含电源的电路部分，通常情况下电流从高电位流向低电位。如果在规定电压和电流的参考方向时遵循这一规律，使电流的参考方向与电压的参考方向一致，即规定电流的参考方向从电压参考方向的"+"极性的一端流向"−"极性的一端，按这种方式规定的电压、电流的参考方向称为关联参考方向。

如图 1-6 所示，I 与 U 为关联参考方向，如果选电流的参考方向为 I' 方向，则电压与电流的参考方向称为非关联参考方向，在关联参考方向下 $U=RI$，而在非关联参考方向下 $U=-RI'$。因为 $I=-I'$，而 $U=RI=-RI'$。

图 1-5 电压参考方向   图 1-6 关联参考方向

1.1.3 电路的功率

1. 电路的功率

在电路分析中，将消耗电能的电气设备及元件统称为负载，将释放电能的电气设备及元件统称为电源，无论是负载还是电源都可以看作电路元件。电路元件在单位时间内吸收或释放的电能称为电功率，简称功率，用 P 表示，单位为瓦（W）或千瓦（kW）。如规定在电压、电流采用关联参考方向时 $P=UI$（非关联时 $P=-UI$），则当求出 P 为"+"时，说明电场力做功，将电荷从高电位推向低电位，使电荷的电势能降低，元件吸收电功率（电势能被元件吸收转换成了其他形式的能量，说明该元件为负载元件）；反之，若求出 P 为"−"时，说明元件吸收"负"的电功率，即释放电功率（说明该元件为电源）。以图 1-7 为例，$I=\dfrac{6}{1+5}\text{A}=1\text{A}$，$U=R_\text{L}I=5\text{V}$，$U_0$ 与 I 为非关联参考方向，故 $U_0=-R_0I=-1\text{V}$，电路右侧为负载电阻，其两端电压、电流为关联参考方向，负载电阻吸收的功率为 $P_\text{L}=UI=5\text{W}>0$；对直流电压源，由于 U_S 与 I 为非关联参考方向，所以理想电压源 U_S 的功率为 $P_\text{S}=-U_\text{S}I=-6\text{W}<0$，负号说明该元件释放电功率，为电源；对电压源内阻 R_0 而言，由于 U_0 与 I 为非关联参考方向，故 R_0 所吸收的电功率为 $P_0=-U_0I=-(-1)\times1\text{W}=1\text{W}>0$，计算出来的结果为正值，说明 R_0 为负载元件。

2. 负载大小概念

负载大小是指流过负载的电流的大小，而不是指负载电阻的大小。如图 1-7 所示电路中，当 R_L 减小时 I 增大，即负载增大；而 R_L 增大时，流过负载电阻的电流减小，称之为负载减小。

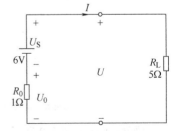

3. 电气设备及元件的额定值

各种电气设备及元件的电压、电流和功率都有其额定值，额定值是制造厂家为使电气设备及元件在其规定的条件

图 1-7 功率计算举例

下能正常有效地运行而规定的限额值。按照额定值使用电气设备及元件可以保证安全可靠，充分发挥其功效，并且保证正常的使用寿命。额定值通常用 I_N、U_N、P_N 等表示，标记在设备的铭牌上。工作时应尽量使各参量等于其额定值（额定状态），这种工作状态称为额定运行或称满载运行；负载消耗低于额定值的工作状态称为轻载运行；高于额定值的工作状态称为过载运行。

思 考 题

1-1-1　简述电路三种状态的特征及额定值的含义。

1-1-2　额定电压220V、额定功率为60W的灯泡,它的额定电流是多少?如果接到380V或127V电源上使用,各有什么问题?

1-1-3　电阻元件和电位器的规格用阻值和最大容许功率的瓦数表示,现有100Ω、1W的电阻,它允许流过的最大电流是多少?

1.2　电压源、电流源及其等效变换

由于电流在纯电阻电路中流动时会不断地消耗能量,电路中必须要有能量的来源——电源,由它不断提供能量。没有电源,在一个纯电阻电路中是不可能存在电流和电压的。而一个实际电源可以用两种不同的电路模型来表示,一种是电压源模型,简称为电压源;另一种是电流源模型,简称为电流源。

1.2.1　电压源

在电路分析中,实际电源的电路模型可以是一个不含内阻的理想电压源和大小等于内阻的电阻 R_0 的串联组合。所谓理想电压源,定义为无论电流为何值,其两端输出的电压保持恒定或按特定规律变化的二端元件,理想的直流电压源无论输出电流为多大,其输出电压始终保持恒定。

图1-8a为理想电压源模型,图1-8b是电池符号,专指理想直流电压源。U_S 表示电源的电压,方向指向电位降的方向。图1-8c为理想直流电压源的伏安特性曲线,理想电压源的伏安特性可写为 $U=U_S$。

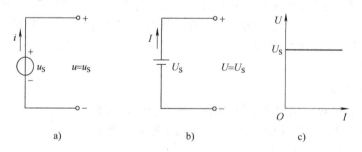

图1-8　理想电压源

a) 理想电压源模型　b) 理想直流电压源　c) 理想直流电压源的伏安特性曲线

实际电压源如图1-9所示,图1-9a为实际电压源模型,图1-9b为其伏安特性曲线。伏安特性方程为 $U=U_S-R_0I$,当 $I=0$ 时 $U=U_S$,随着电流 I 的增大,U 减小,伏安特性曲线是一条始于 U_S 向下倾斜的直线。

1.2.2　电流源

实际电源还可以用电流源模型来描述。与理想电压源相对应,理想电流源定义为无论其两端电压为何值,输出电流保持恒定或按特定规律变化的二端元件。

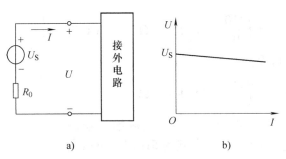

图 1-9　实际电压源

a) 实际电压源模型　b) 实际电压源的伏安特性曲线

图 1-10a 为理想电流源模型，I_S 带负载电阻 R_L，无论 R_L 如何变化，始终有 $I=I_S$，而负载电阻两端电压 U 随 R_L 变化而变化，图 1-10b 为理想电流源的伏安特性曲线。

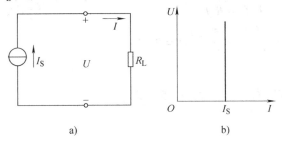

图 1-10　理想电流源

a) 理想电流源模型　b) 理想电流源的伏安特性曲线

如用电流源来描述实际电源的电路模型，应采用理想电流源与内阻的并联组合，理想电流源的电流减去内阻上的电流，剩下的是输出给负载的电流。实际电流源模型如图 1-11a 所示，其伏安特性曲线如图 1-11b 所示，即

$$I = I_S - \frac{U}{R_0} \tag{1-1}$$

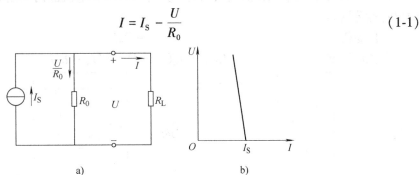

图 1-11　实际电流源

a) 实际电流源模型　b) 实际电流源的伏安特性曲线

【例 1-1】　图 1-12 所示电路中，已知开路电压 $U_0 = 110\text{V}$，负载电阻为 10Ω 时，$I=10\text{A}$，求（1）理想电压源电压 U_S 及内阻 R_0 各为多少？（2）负载电阻 R_L 为多大值时，负载电流 I 为 5A？

解：（1）因为开路时，$I=0\text{A}$，所以

$$U_S = U_0 = 110\text{V}$$

又　　　　　　　　　　　　$$U_S = (R_0 + R_L)I \tag{1-2}$$

故
$$R_0 = \frac{U_S}{I} - R_L = \left(\frac{110}{10} - 10\right)\Omega = 1\Omega \qquad (1\text{-}3)$$

（2）由式（1-2）可得
$$R_L = \frac{U_S}{I} - R_0 = \left(\frac{110}{5} - 1\right)\Omega = 21\Omega$$

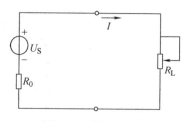

图 1-12 例 1-1 电路

【**例 1-2**】 图 1-13 所示电路中，当电流源输出短路（$R_L = 0\Omega$）时，短路电流 $I = 5\text{A}$；当负载为 5Ω 时，负载电流 $I = 4\text{A}$，求（1）理想电流源 I_S 及内阻 R_0；（2）欲使负载电流 $I = 2\text{A}$，负载电阻 R_L 应为多少？

解：（1）当输出端短路时，$I_S = I = 5\text{A}$

又 $R_L = 5\Omega$ 时，
$$R_0 I_0 = R_L I$$
$$R_0 = \frac{R_L I}{I_0} = \frac{R_L I}{I_S - I} = \frac{5 \times 4}{5 - 4}\Omega = 20\Omega$$

（2）$R_L I = R_0 I_0$
$$R_L = \frac{R_0 I_0}{I} = \frac{R_0(I_S - I)}{I} = \frac{20 \times (5 - 2)}{2}\Omega$$
$$= 30\Omega$$

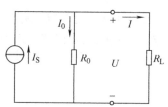

图 1-13 例 1-2 电路

1.2.3 电压源及电流源的等效互换

前面讲过，实际电源可以采用理想电压源串联内阻和理想电流源并联内阻两种电路模型来等效，这两种形式实际上是可以等效互换的，现在来讨论等效互换的条件。

在图 1-14 中，两个电路的负载相同，为有所区别，电流源内阻用 R_0' 表示，两种电源的输出特性分别为

电压源模型：
$$U = U_S - R_0 I \qquad (1\text{-}4)$$

电流源模型：
$$U = R_0' I_0 = R_0'(I_S - I) = R_0' I_S - R_0' I \qquad (1\text{-}5)$$

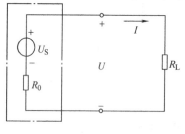 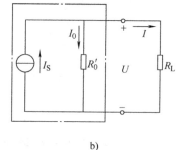

a)   b)

图 1-14 电源的两种模型

a) 电压源 b) 电流源

欲使两种模型的表达式能代表同一个实际电源，只要满足以下条件：
$$\begin{cases} R_0' = R_0 \\ U_S = R_0' I_S \end{cases} \qquad (1\text{-}6)$$

如图 1-15 所示，理想电压源串电阻可以用一个理想电流源并电阻等效替代，两个电路模型中电阻的阻值相等，用来等效替代的电流源的大小等于电压源的值除以串联电阻的阻值；反之，理想电流源并电阻可以用一个理想电压源串电阻等效替代，用来等效替代的电压源的大小应等于电流源的值乘以电阻的值，两个电路模型中电阻的阻值相等。

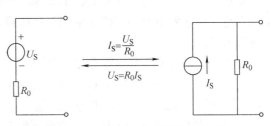

图 1-15　电压源与电流源的等效互换

值得注意的是以下几点：

1）两种电源模型中，电流源的电流流出端应与电压源的正极性端相对应。

2）等效变换前后对外电路的电压和电流的大小及方向都不变，即对外电路等效。

3）等效变换是对外电路等效，对电源内部并不等效。例如，当外电路开路时电压源模型中无电流，而电流源模型中仍有内部电流。此时，恒压源既不发出功率，电阻也不消耗功率，而在等效的电流源中，恒流源发出功率，并且全部被并联电阻所消耗。

电压源与电流源的等效互换可以推广到任意一个理想电压源与电阻串联和理想电流源与电阻并联之间的等效互换，通过这种等效互换有时能简化电路，给电路计算带来极大的方便，请看下面的例题。

【例 1-3】　求图 1-16a 中的电流 I。

解：利用电源等效变换，将图 1-16a 中的电路简化成如图 1-16d 中的单回路电路，变换过程如图 1-16b、c、d 所示。由化简后的电路，求得电流 $I=\dfrac{5-2}{1+1+1}A=1A$。

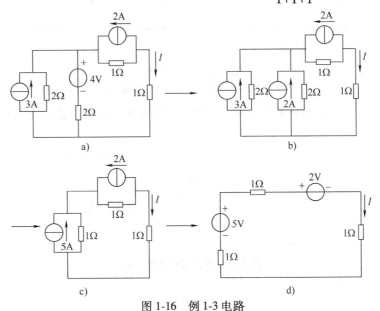

图 1-16　例 1-3 电路

a）例 1-3 电路　b）例 1-3 化简电路 1　c）例 1-3 化简电路 2　d）例 1-3 化简电路 3

1.2.4　受控电源

受控（电）源，又称为"非独立"电源。受控电源分为受控电压源和受控电流源两大类。受控电压源两端的电压和受控电流源输出的电流与独立电压源和独立电流源不同，后者是独立量，而前者要受到电路中某部分电压或电流的控制。为了和独立源区别，受控源符号用菱形表示。

受控电压源可分为电压控制电压源（简称压控压源，VCVS[⊖]）和电流控制电压源（简称流控压源，CCVS）。以图 1-17 为例，图 1-17a 中电路的右侧支路为一压控压源 μu_1，其中 μ 为比例系数，在线性受控源中为一常数。在电路中必能找到控制量 u_1，它是电路中某一元件（或某一支路）两端的电压，受控电压源两端电压受 u_1 的控制，比如，$\mu=3$ 时，则若 u_1 为 1V，压控压源两端电压为 3×1V = 3V；若 u_1 为 2V，压控压源两端电压为 3×2V = 6V。图 1-17b 所示电路中，右上侧有一流控压源 ri_1，其控制量为电路中某支路电流 i_1。与受控电压源类似，受控电流源可分为电压控制电流源（简称压控流源，VCCS）和电流控制电流源（简称流控流源，CCCS）。图 1-17c 和图 1-17d 分别为压控流源和流控流源的电路举例。

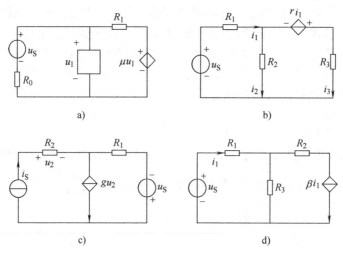

图 1-17 受控源举例

a）VCVS 举例 b）CCVS 举例 c）VCCS 举例 d）CCCS 举例

值得一提的是，受控电压源串电阻和受控电流源并电阻也可以进行等效互换，如图 1-18 所示。

图 1-18 受控源的等效互换

⊖ VCVS——Voltage Controlled Voltage Source；
CCVS——Current Controlled Voltage Source；
VCCS——Voltage Controlled Current Source；
CCCS——Current Controlled Current Source。

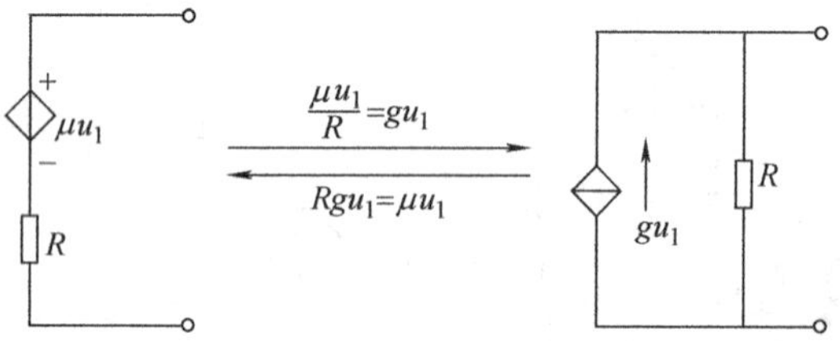

思 考 题

1-2-1　额定电压为 3V 的电池可否与额定电压为 1.5V 的电池并联使用？为什么？

1-2-2　实验测得某直流电源的开路电压 $U_{oc} = 16V$，内阻 $R_0 = 1\Omega$，试在 U-I 平面上绘出此电源的输出伏安特性曲线，并作出此电源的两种电路模型。

1.3　电路定律、定理和基本分析方法

本节内容是电路分析的基础及重点，这部分内容将直接影响对电工电子技术课程后续内容的理解与掌握。

1.3.1　基尔霍夫定律

基尔霍夫定律包含基尔霍夫电流定律（KCL）和基尔霍夫电压定律（KVL）两部分，它是电路分析的基本定律。在讲解基尔霍夫定律前，先介绍一些电路的基本概念。

图 1-19 所示电路中，每一个小方框代表一个理想的二端元件，如电阻、电容、电感、理想电压源、理想电流源等。箭头表示流过元件的电流的参考方向，在没有附加说明的情况下，认为各元件两端电压的参考方向与电流的参考方向相关联，如元件 1 的电压参考方向为由上向下，元件 3 的电压参考方向为由左向右。电路中每一个含有电路元件的分支称为支路，支路的连接点称为节点，由支路所构成的闭合路径称为回路。注意，称为回路的闭合路径必须满足以下两个

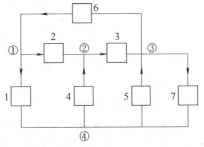

图 1-19　电路示例

条件：①首尾相接；②除首尾两个节点外，所经过的其他各节点只出现一次。回路的表示可以用两种方式：①用支路表示，如支路（1，5，6）、（7，1，2，3），前者表示由支路 1、5、6 构成的逆时针绕行的回路，后者表示由支路 7、1、2、3 构成的顺时针绕行的回路；②用节点序列表示，如节点序列（1，4，2，1）表示由支路 1、4、2 构成的逆时针绕行的回路，而节点序列（3，4，1，2，3）可以表示两个回路，一个是由支路 7、1、2、3 构成的顺时针绕行的回路，另一个是由支路 5、1、2、3 构成的顺时针绕行的回路，所以当回路中有两条并联支路时最好不用节点序列表示回路。

1. 基尔霍夫电流定律

基尔霍夫电流定律（KCL）指出：电路中任一节点，在任一瞬间，流入节点的电流总和等于流出该节点的电流总和。或者说，在任一瞬间，一个节点上电流的代数和为 0，即

$$\sum I_{入} = \sum I_{出} \qquad (1\text{-}7)$$

或

$$\sum I = 0 \qquad (1\text{-}8)$$

一般规定流入节点的电流在代数和中取正，流出节点的电流在代数和中取负。

例如在图 1-20 中，流入节点 a 的电流为 I_1 和 I_2，流出节点 a 的电流为 I_3，故得

$$I_1 + I_2 = I_3$$

或

$$I_1 + I_2 - I_3 = 0$$

基尔霍夫电流定律还可以从节点推广到闭合面，例如图 1-21 所示，对闭合面 S 有

$$I_1 - I_2 + I_3 = 0$$

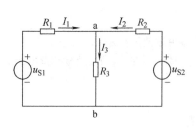

图 1-20 KCL

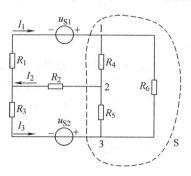

图 1-21 KCL 推广

【例 1-4】 图 1-22 所示电路中，已知 $I_1 = 3\text{A}$，$I_4 = -1\text{A}$，$I_5 = 2\text{A}$，求其余各支路电流。

解： 由 KCL 可得

$$I_2 = I_4 + I_5 = (-1 + 2)\text{A} = 1\text{A}$$
$$I_1 - I_2 - I_3 = 0$$
$$I_3 = I_1 - I_2 = (3 - 1)\text{A} = 2\text{A}$$
$$-I_1 + I_4 - I_6 = 0$$
$$I_6 = -I_1 + I_4 = (-3 - 1)\text{A} = -4\text{A}$$

提问：$I_6 = -4\text{A}$ 说明什么？

答案见脚注$^{\ominus}$。

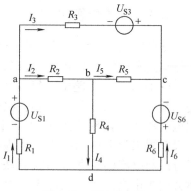

图 1-22 例 1-4 电路

2. 基尔霍夫电压定律

基尔霍夫电压定律（KVL）指出：在任一瞬间，沿闭合回路绕行一周，在绕行方向上的电位升之和必等于电位降之和。或者说，在任一瞬间，沿闭合回路绕行一周，回路中各部分电压的代数和恒等于零。例如在图 1-19 中，按顺时针方向沿着支路（2，3，5，1）绕行一周，在绕行方向上元件 2、3 上的电位为电位降，而元件 5、1 上的电位为电位升，应用 KVL 有

$$U_2 + U_3 = U_5 + U_1$$

上式可改写为

$$U_2 + U_3 - U_5 - U_1 = 0$$

即

$$\sum U = 0 \qquad (1\text{-}9)$$

在应用式（1-9）时，应先任意指定一个绕行回路的方向（绕行方向既可顺时针也可逆时针），绕行过程中凡电压的参考方向与回路绕行方向一致者，在该式中此电压前面取 "+"号，电压参考方向与回路绕行方向相反者，前面取 "-"号。

又如在图 1-19 中，支路（4，3，6，1）回路的 KVL 方程为 $U_4 + U_3 + U_6 + U_1 = 0$，支路（6，7，1）回路的 KVL 方程为 $-U_6 + U_7 - U_1 = 0$，支路（2，4，5，6）回路的 KVL 方程为 $U_2 - U_4 + U_5 + U_6 = 0$。

基尔霍夫电压定律的原理是，电荷从某节点出发，沿任一回路绕行一周回到原节点后，该节点电位不变，即绕行回路中电位升的总和与电位降的总和相等。

基尔霍夫电压定律不仅适用于闭合回路，也可推广到非闭合回路中求两点间的电压。例

$\ominus$ $I_6 = -4\text{A}$ 说明电流的实际方向与所标注的参考方向相反，大小为 4A。

如图 1-22 所示电路的节点序列（a，b，c，d，a）可列写 KVL 方程
$$R_2I_2 + R_5I_5 + U_{cd} + R_1I_1 - U_{S1} = 0$$
可求得
$$U_{cd} = U_{S1} - R_2I_2 - R_5I_5 - R_1I_1$$

【例 1-5】 图 1-23 所示电路中，设已知 $U_{S1} = 7V$，$U_{S2} = 4V$，$I_1 = 1A$，$R_1 = R_2 = 2\Omega$，求电压 U_3、电流 I_2 和 I_3。

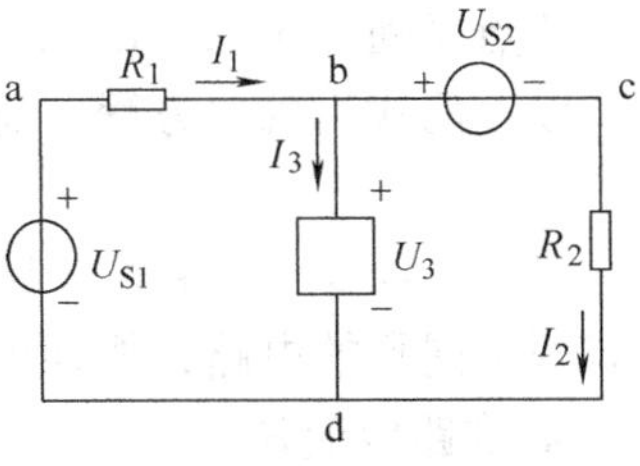

解： 对节点序列（a，b，d，a）回路列写 KVL 方程有
$$R_1I_1 + U_3 - U_{S1} = 0$$
$$U_3 = U_{S1} - R_1I_1 = (7 - 2 \times 1)V = 5V$$

对节点序列（b，c，d，b）回路列写 KVL 方程有
$$U_{S2} + R_2I_2 - U_3 = 0$$
故
$$I_2 = \frac{U_3 - U_{S2}}{R_2} = \frac{5 - 4}{2}A = 0.5A$$

对节点 b 列写 KCL 方程有
$$I_1 - I_3 - I_2 = 0$$
故
$$I_3 = I_1 - I_2 = (1 - 0.5)A = 0.5A$$

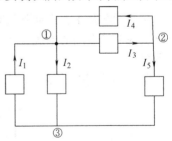

图 1-23　例 1-5 电路

1.3.2　支路电流法

1. 独立方程与非独立方程

支路电流法是电路分析的基本方法，这一方法涉及独立方程和非独立方程问题，下面先用一个简单的例子加以说明。
$$x_1 + x_2 + x_3 = 0$$
$$-x_1 + 2x_2 - 3x_3 = 0$$
$$3x_2 - 2x_3 = 0$$

观察以上三个方程，如果只有前两个方程，这两个方程之间相互独立，没有关系，可称为独立方程，而第三个方程是由前两个独立方程经四则运算得来的，是非独立方程。值得一提的是，独立方程与非独立方程是相对的，也可将上面的第一个方程和第三个方程称为独立方程，那么第二个方程就变成了非独立方程。在列方程求解未知数时，求解 n 个未知数必须有 n 独立方程才能求出，因此，在列 KCL、KVL 方程解题时有必要确认所列方程为独立方程。

2. KCL 独立方程数

可以证明，对于具有 n 个节点的电路只能列出 $(n-1)$ 个独立的 KCL 方程。

例如，对有三个结点的图 1-24 电路列 KCL 方程

节点① 　　　$I_1 - I_2 - I_3 + I_4 = 0$ 　　　(1-10-1)

节点② 　　　$-I_4 + I_3 - I_5 = 0$ 　　　(1-10-2)

节点③ 　　　$I_5 + I_2 - I_1 = 0$ 　　　(1-10-3)

如果将前两个方程作为独立方程，则第三个方程为非独立方程，即三个节点的电路可列出两个独立的 KCL 方程。

图 1-24　KCL 独立方程电路示例

3. KVL 独立方程数

平面电路图的 KVL 独立方程数与电路的网孔数有关。所谓"网孔"，是平面电路的一个自然的"孔"，它所限定的区域内不再有支路。例如，对于图 1-25 所示电路，节点序列（a，b，d，a）和（b，c，d，b）回路均为网孔，而节点序列（a，b，c，d，a）就不是一个网

孔。可以证明，平面电路图的 KVL 独立方程数恰好等于平面电路图的网孔数。

例如，对图 1-25 所示电路，网孔数为两个，列写 KVL 方程

节点序列（a，b，d，a）回路 $R_1 I_1 + R_3 I_3 - U_{S1} = 0$ (1-11-1)

节点序列（b，c，d，b）回路 $-R_2 I_2 + U_{S2} - R_3 I_3 = 0$ (1-11-2)

以上两式为独立方程。而对节点序列（a，b，c，d，a）回路列 KVL 方程

$$R_1 I_1 - R_2 I_2 + U_{S2} - U_{S1} = 0$$ (1-11-3)

式（1-11-3）可由式（1-11-1）和式（1-11-2）相加而得，是非独立方程。所以对这一具有两个网孔的电路，能列出两个独立的 KVL 方程。

4. 支路电流法

支路电流法是以支路电流为未知量列写独立的 KCL 方程和 KVL 方程，联立求解后求出各支路电流及电压的方法，下面用一道例题说明支路电流法的解题过程。

【例 1-6】 在图 1-25 所示电路中，已知 $U_{S1} = 3V$，$U_{S2} = 5V$，$R_1 = R_2 = R_3 = 1\Omega$，求各支路电流及 R_2 两端电压。

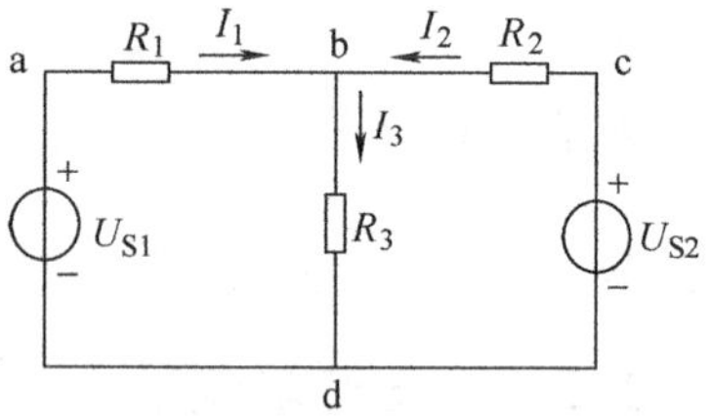

解： 以 I_1、I_2、I_3 为未知量，需列三个独立的 KCL、KVL 方程。电路中节点数为两个，故可列写一个独立的 KCL 方程，而电路的网孔数为两个，所以可列写两个独立的 KVL 方程，整好可列写出三个独立的方程。

图 1-25 KVL 方程

节点 b $I_1 - I_3 + I_2 = 0$ （KCL）

回路 abda $R_1 I_1 + R_3 I_3 - U_{S1} = 0$ （KVL）

回路 bcdb $-R_2 I_2 + U_{S2} - R_3 I_3 = 0$ （KVL）

代入数据并整理得

$$I_1 + I_2 - I_3 = 0$$

$$I_1 + I_3 = 3$$

$$I_2 + I_3 = 5$$

解得 $I_1 = 0.33A,\ I_2 = 2.33A,\ I_3 = 2.67A$

设 R_2 两端电压为 U_2，参考方向与 I_2 相关联，则 $U_2 = R_2 I_2 = 1 \times 2.33V = 2.33V$。

1.3.3 弥尔曼定理*

在实际电路中，常遇到只有两个节点、多条支路并联的情况，这类电路可以通过列方程求出这两个节点间的电压，然后求各支路电流的方法求解，下面以图 1-26 所示电路为例进行讲解。

图 1-26 电路中，有

$$
\begin{cases}
U_{ab} = U_{S1} - R_1 I_1, & I_1 = \dfrac{U_{S1} - U_{ab}}{R_1} \\[2ex]
U_{ab} = R_2 I_2, & I_2 = \dfrac{U_{ab}}{R_2} \\[2ex]
U_{ab} = R_3 I_3 - U_{S3}, & I_3 = \dfrac{U_{ab} + U_{S3}}{R_3} \\[2ex]
U_{ab} = -R_4 I_4 + U_{S4}, & I_4 = \dfrac{U_{S4} - U_{ab}}{R_4}
\end{cases}
$$ (1-12)

对节点 a 列 KCL 有

$$I_1 - I_2 - I_3 + I_4 = 0 \qquad (1\text{-}13)$$

将式（1-12）代入式（1-13）并整理得

$$U_{ab} = \frac{\dfrac{U_{S1}}{R_1} - \dfrac{U_{S3}}{R_3} + \dfrac{U_{S4}}{R_4}}{\dfrac{1}{R_1} + \dfrac{1}{R_2} + \dfrac{1}{R_3} + \dfrac{1}{R_4}} = \frac{\sum \dfrac{U_S}{R}}{\sum \dfrac{1}{R}} \qquad (1\text{-}14)$$

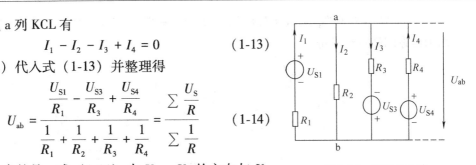

图 1-26　两节点电路

值得注意的是，式（1-14）中 U_{S1}、U_{S4} 的方向与 U_{ab} 的方向相同，两项前面为"+"，U_{S3} 的方向与 U_{ab} 的方向相反，此项前面为"-"，第二条支路没有电源，在分子中相应项为零。这个公式是弥尔曼于 1940 年提出的，称为"弥尔曼定理"。

【例 1-7】　用弥尔曼定理求【例 1-6】中各支路电流。

解：根据式（1-14）得

$$U_{bd} = \frac{\dfrac{U_{S1}}{R_1} + \dfrac{U_{S2}}{R_2}}{\dfrac{1}{R_1} + \dfrac{1}{R_3} + \dfrac{1}{R_2}} = \frac{3 + 5}{1 + 1 + 1}\text{V} = \frac{8}{3}\text{V}$$

$$U_{bd} = -R_1 I_1 + U_{S1}, \qquad I_1 = \frac{U_{S1} - U_{bd}}{R_1} = \frac{3 - \dfrac{8}{3}}{1}\text{A} = \frac{1}{3}\text{A}$$

$$U_{bd} = R_3 I_3, \qquad I_3 = \frac{U_{bd}}{R_3} = \frac{\dfrac{8}{3}}{1}\text{A} = \frac{8}{3}\text{A}$$

对节点 b 列 KCL 有

$$I_1 - I_3 + I_2 = 0, \qquad I_2 = I_3 - I_1 = \frac{7}{3}\text{A}$$

1.3.4　叠加原理

由独立电源和线性元件[⊖]组成的电路称为线性电路。叠加原理是体现线性电路特性的重要定理。

叠加原理指出：在有多个电源共同作用的线性电路中，任一支路中的电流（或电压）等于各个电源分别作用时在该支路中产生的电流（或电压）的代数和。

例如在图 1-27 所示电路中，有

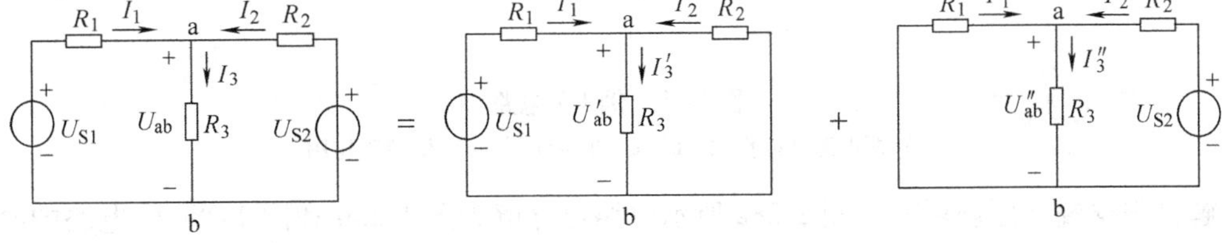

图 1-27　叠加原理例图 1

⊖　线性元件指元件的参数不随元件两端电压及流过元件电流的变化而变化的元件。

$$I_1 = I'_1 + I''_1, \qquad I_2 = I'_2 + I''_2, \qquad I_3 = I'_3 + I''_3, \qquad U_{ab} = U'_{ab} + U''_{ab}$$

因为由弥尔曼定理可得

$$U'_{ab} = \dfrac{\dfrac{U_{S1}}{R_1}}{\dfrac{1}{R_1} + \dfrac{1}{R_2} + \dfrac{1}{R_3}}, \qquad I'_3 = \dfrac{U'_{ab}}{R_3} = \dfrac{1}{R_3} \times \dfrac{\dfrac{U_{S1}}{R_1}}{\dfrac{1}{R_1} + \dfrac{1}{R_2} + \dfrac{1}{R_3}} \qquad (1\text{-}15)$$

$$U''_{ab} = \dfrac{\dfrac{U_{S2}}{R_2}}{\dfrac{1}{R_1} + \dfrac{1}{R_2} + \dfrac{1}{R_3}}, \qquad I''_3 = \dfrac{U''_{ab}}{R_3} = \dfrac{1}{R_3} \times \dfrac{\dfrac{U_{S2}}{R_2}}{\dfrac{1}{R_1} + \dfrac{1}{R_2} + \dfrac{1}{R_3}} \qquad (1\text{-}16)$$

$$U_{ab} = \dfrac{\dfrac{U_{S1}}{R_1} + \dfrac{U_{S2}}{R_2}}{\dfrac{1}{R_1} + \dfrac{1}{R_2} + \dfrac{1}{R_3}} = \dfrac{\dfrac{U_{S1}}{R_1}}{\dfrac{1}{R_1} + \dfrac{1}{R_2} + \dfrac{1}{R_3}} + \dfrac{\dfrac{U_{S2}}{R_2}}{\dfrac{1}{R_1} + \dfrac{1}{R_2} + \dfrac{1}{R_3}} \qquad (1\text{-}17)$$

$$I_3 = \dfrac{U_{ab}}{R_3} = \dfrac{1}{R_3} \times \dfrac{\dfrac{U_{S1}}{R_1}}{\dfrac{1}{R_1} + \dfrac{1}{R_2} + \dfrac{1}{R_3}} + \dfrac{1}{R_3} \times \dfrac{\dfrac{U_{S2}}{R_2}}{\dfrac{1}{R_1} + \dfrac{1}{R_2} + \dfrac{1}{R_3}} \qquad (1\text{-}18)$$

比较式（1-15）~式（1-18）可得

$$U_{ab} = U'_{ab} + U''_{ab}, \qquad I_3 = I'_3 + I''_3$$

同理可求得

$$I_1 = I'_1 + I''_1, \qquad I_2 = I'_2 + I''_2$$

在叠加原理中，电源单独作用是指：电路中某一电源起作用，而其他电源置零（即不起作用）。具体处理方法如下：理想电压源不作用时，该电压源处短路（即令 $U_S = 0$，用短路线替代），理想电流源不作用时，该电流源处开路（即令 $I_S = 0$，用开路替代）。

【例 1-8】 电路如图 1-28a 所示，其中 $R_1 = 6\Omega$，$R_2 = 4\Omega$，$U_{S1} = 10\text{V}$，$I_{S2} = 4\text{A}$，应用叠加原理求支路电流 I_1 和 I_2 及电流源两端电压 U_2。

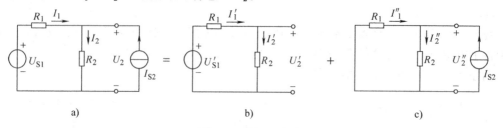

图 1-28　例 1-7 电路

a）两电源共同作用　b）U'_{S1} 单独作用　c）I_{S2} 单独作用

解：根据叠加原理可知，图 1-28a 所示电路可分解为图 1-28b 和图 1-28c 两电路的叠加，由图 1-28b 所示电路可得

$$I'_1 = I'_2 = \dfrac{U_{S1}}{R_1 + R_2} = \dfrac{10}{6 + 4}\text{A} = 1\text{A}$$

$$U_2' = R_2 I_2' = 4 \times 1V = 4V$$

由图 1-28c 所示电路可得

$$U_2'' = \frac{R_1 R_2}{R_1 + R_2} I_{S2} = \frac{6 \times 4}{6 + 4} \times 4V = 9.6V$$

$$I_1'' = -\frac{U_2''}{R_1} = -\frac{9.6}{6}A = -1.6A$$

$$I_2'' = \frac{U_2''}{R_2} = \frac{9.6}{4}A = 2.4A$$

$$I_1 = I_1' + I_1'' = [1 + (-1.6)]A = -0.6A$$

$$I_2 = I_2' + I_2'' = (1 + 2.4)A = 3.4A$$

$$U_2 = U_2' + U_2'' = (4 + 9.6)V = 13.6V$$

应用叠加原理时应注意以下几点：

1）叠加原理只适用于线性电路。

2）解题时要标明各支路电流、电压的参考方向。各分电压、分电流的参考方向最好与原电路中的参考方向相同，反之，叠加时"+"应改为"−"，"−"应改为"+"。

3）叠加原理只能用于电压或电流的计算，不能用来求功率。比如，图 1-27 所示电路中，求电阻 R_3 所消耗的电功率时，

$$P_3 \neq (I_3')^2 R_3 + (I_3'')^2 R_3$$

因为

$$I_3 = I_3' + I_3''$$

故

$$P_3 = I_3^2 R_3 = (I_3' + I_3'')^2 R_3$$

4）运用叠加原理时也可以把电源分组求解，每个分电路的电源个数可能不止一个。比如图 1-29a 所示电路可以分解成图 1-29b 和图 1-29c 所示电路的叠加，$I_3 = I_3' + I_3''$。

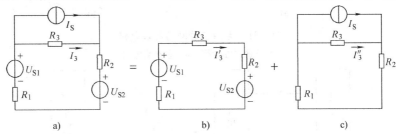

图 1-29 叠加原理图例 2

a）三个电源共同作用 b）两个电源共同作用 c）一个电源单独作用

1.3.5 戴维南定理

1. 基本概念

在讲解戴维南定理前，有必要先介绍一些相关的概念。

有两个出线端的电路称为二端网络，含电源的二端网络称为有源二端网络，不含电源的二端网络称为无源二端网络。

在图 1-30 所示电路中，小方框 A、B、C、D 为四个二端网络，如果将电路 B 替代电路 A 后，电路中除 A、B 内部电路以外，其他各支路电压、电流均不变，则称电路 A 和电路 B 可以等效互换（或称等效替代）。在电路分析过程中，经常用简单电路去等效替代复杂电路

使电路得到简化，以便求解。

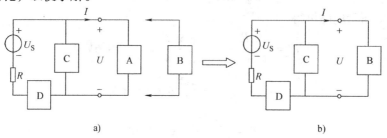

a)　　　　　　　　　　　　　　b)

图 1-30　等效电路示意图

a）某电路　b）电路 B 替换电路 A

任何无源线性二端网络可以用一个电阻（R_0）等效替代，这个电阻 R_0 称为无源线性二端网络的等效电阻。例如图 1-31 中，$R_0 = R_3 + R_4 /\!/ R_5$。

2. 戴维南定理

戴维南定理指出：任何线性有源二端网络可以用一个理想电压源（U_S）和电阻（R_0）相串联的支路来等效。如图 1-32 所示，等效电路中的 U_S 等于该网络的开路电压，电阻 R_0 则等于网络中所有电源置零后所得无源二端网络 a、b 间的等效电阻。所谓电源置零，是指将有源二端网络中的独立恒压源 U_S 用短路替代，独立恒流源用开路替代。

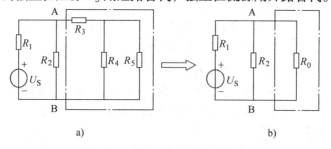

a)　　　　　　　　　　　　　　b)

图 1-31　无源二端网络等效电路

a）无源二端网络　b）替换后电路

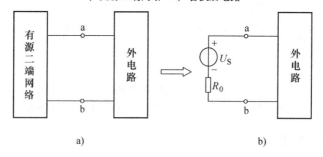

a)　　　　　　　　　　　　　　b)

图 1-32　戴维南定理

a）有源二端网络　b）戴维南等效电路

戴维南定理的证明此处从略，学习此定理的目的在于运用。特别是在电路计算中，可以运用戴维南定理，将一个较复杂的电路化简为一个简单的电路，进而使计算得到简化。尤其是只需计算电路中某一个支路的电流或电压时，应用这个定理更为方便。此时只要保留待求的支路，而把电路的其余部分转化为戴维南等效电路，电路的计算就会变得很简单。

【例 1-9】　图 1-33 所示电路中，已知 $U_{S1} = 3V$，$U_{S2} = 5V$，$R_1 = R_2 = R_3 = 1\Omega$，应用戴维南

定理求 R_3 支路的电流 I_3。

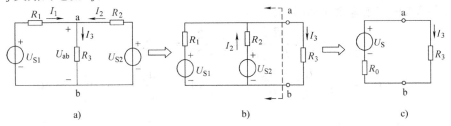

图 1-33 例 1-9 电路

a) 某电路 b) 电路变换 c) 戴维南等效电路

解：将图 1-33a 转化成图 1-33b 不会改变各支路电流、电压的大小及方向，再将图 1-33b 左侧有源二端网络进行戴维南等效变换，得到图 1-33c。图 1-33c 中 U_S 为 a、b 有源二端网络的开路电压，R_0 为将左侧有源二端网络中的各电源置零后 a、b 二端的等效电阻。

（1）求 U_S（见图 1-34a）

方法一：此时将 R_3 断开，故此支路无电流，在这种情况下，只可能在 R_1、R_2 两支路中存在一个回路电流 I，通过列 KVL 方程可得到

$$I = \frac{U_{S2} - U_{S1}}{R_1 + R_2} = \frac{5 - 3}{1 + 1}A = 1A$$

$$U_S = U_{abo} = R_1 I + U_{S1} = (1 \times 1 + 3)V = 4V$$

方法二：应用弥尔曼定理可求出

$$U_S = U_{abo} = \frac{\dfrac{U_{S1}}{R_1} + \dfrac{U_{S2}}{R_2}}{\dfrac{1}{R_1} + \dfrac{1}{R_2}} = \frac{\dfrac{3}{1} + \dfrac{5}{1}}{\dfrac{1}{1} + \dfrac{1}{1}}V = 4V$$

（2）求 R_0

图 1-34a 中，独立恒压源 U_{S1}、U_{S2} 置零后所得无源二端网络电路如图 1-34b 所示，有

$$R_0 = \frac{R_1 R_2}{R_1 + R_2} = \frac{1 \times 1}{1 + 1}\Omega = 0.5\Omega$$

至此由图 1-33c 可得

$$I_3 = \frac{U_S}{R_0 + R_3} = \frac{4}{0.5 + 1}A \approx 2.67A$$

【**例 1-10**】 图 1-35 所示的电路中，已知 $U_{S1} = 40V$，$U_{S2} = 40V$，$R_1 = 4\Omega$，$R_2 = 2\Omega$，$R_3 = 5\Omega$，$R_4 = 10\Omega$，$R_5 = 8\Omega$，$R_6 = 2\Omega$，求通过 R_3 的电流 I_3。

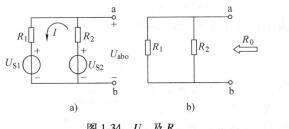

图 1-34 U_{abo} 及 R_0

a) 开路电压 b) 等效电阻

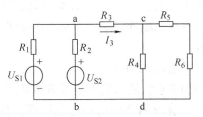

图 1-35 例 1-10 电路

解：（1）首先应用戴维南定理，将（U_{S1}、R_1）支路和（U_{S2}、R_2）支路所构成的二端网络用戴维南等效电路来置换（如图 1-36a 所示），其中，

$$R_{01} = \frac{R_1 R_2}{R_1 + R_2} = \frac{4 \times 2}{4 + 2}\Omega \approx 1.33\Omega$$

$$U_{OC1} = R_2 I + U_{S2} = \frac{U_{S1} - U_{S2}}{R_1 + R_2}R_2 + U_{S2} = \left(\frac{40 - 40}{4 + 2} \times 2 + 40\right)\text{V} = 40\text{V}$$

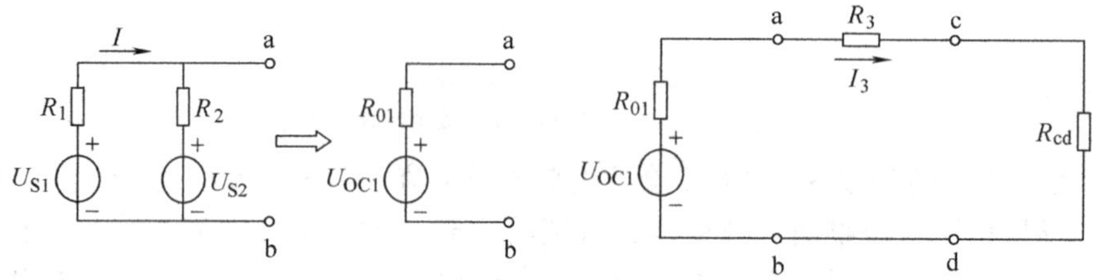

图 1-36　例 1-10 等效电路

a）a、b 端戴维南等效电路　b）简化电路

（2）其次，将 R_4 支路和 R_5、R_6 支路化简，求出 R_{cd}：

$$R_{cd} = \frac{R_4(R_5 + R_6)}{R_4 + (R_5 + R_6)} = \frac{10 \times (8 + 2)}{10 + (8 + 2)}\Omega = 5\Omega$$

于是图 1-35 所示电路可以简化为图 1-36b 所示电路。这样，通过电阻 R_3 的电流为

$$I_3 = \frac{U_{OC1}}{R_{01} + R_3 + R_{cd}} = \frac{40}{1.33 + 5 + 5}\text{A} \approx 3.53\text{A}$$

3. 戴维南等效电阻的其他求法

在求戴维南等效电阻时，有时原电路电源置零（理想电压源处短路，理想电流源处开路）后，剩下的无源二端网络不能用电阻的简单串并联关系求解等效电阻，这时需要用其他的方法求解戴维南等效电阻，下面介绍两种求解方法。

（1）开路短路法

如图 1-37 所示，如果在实验室，可将有源二端网络端口开路并测出其开路电压 U_{abo}，再将有源二端网络端口短路并测出其短路电流 I_S，于是有源二端网络的等效电阻 R_0 为

$$R_0 = \frac{U_{abo}}{I_S}$$

而作为笔头计算，应计算有源二端网络的端口开路电压 U_{abo}，再求出有源二端网络端口短路时的短路电流 I_S，再用上式求出等效电阻 R_0。

（2）加压求流法

用加压求流法求戴维南等效电阻的步骤是先将有源网络变成无源网络（有源网络中的理想电压源短路，理想电流源断路），然后将变换后的无源网络端口加电压 U，于是端口处有输入电流 I（见图 1-38），导出 U 与 I 之间的关系必为成比例的线性关系，其比例常数

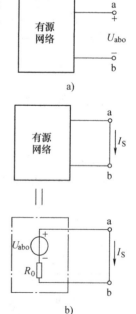

图 1-37　开路短路法

即为等效电阻 R_0：

$$R_0 = \frac{U}{I}$$

这是因为，将有源网络变成无源网络后求其等效电阻 R_0 时，如果有条件（比如在实验室）可以在此无源二端网络的端口处加一个已知电压 U，然后在端口测出相应的输入电流 I，则用电压 U 除以电流 I 便可求出相应的等效

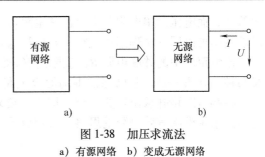

图 1-38 加压求流法
a）有源网络 b）变成无源网络

电阻 R_0。根据这一思路可以联想到，在进行电路的理论计算时，可以假设在将有源网络变成无源网络后，在端口处加电压 U，设输入的电流为 I，则有

$$R_0 = \frac{U}{I}$$

这一方法经常用于含有受控源的有源线性二端网络中戴维南等效电阻的计算。值得注意的是，受控源与独立电源（理想电压源、理想电流源）最本质的区别在于，受控源不是真正的电源，不能独自输出电能，它只是一种电压或电流的比例转换器，因此一个只含有受控源（不含独立电源）的二端网络也是无源二端网络。对同时含有独立电源和受控源的二端网络，求网络的戴维南等效电阻时，将有源网络变成无源网络的做法是：独立电压源（理想电压源）处短路，独立电流源（理想电流源）处断路，而受控源保持原状不变。下面通过例 1-10 讲解这类二端网络的戴维南等效电路的求解方法。

【例 1-11】 求图 1-39a 所示电路的戴维南等效电路。

解：（1）求开路电压 U_{abo}

当二端网络端口开路时，端口处电流 $I = 0$，故流控流源支路的电流（$2I$）也为"0"，此时原电路图 1-39a 转化为图 1-39b，于是开路电压为

$$U_{abo} = (4 - 2)\text{V} = 2\text{V}$$

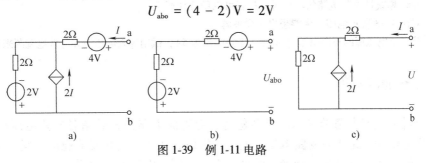

图 1-39 例 1-11 电路

（2）求戴维南等效电阻 R_0

首先将有源二端网络（见图 1-39a）变为无源二端网络，独立电压源处短路，其他元件保持原状，变换后的电路如图 1-39c 所示，根据 KVL 方程可得到

$$U = 2I + 2(I + 2I) = 8I$$

$$R_0 = \frac{U}{I} = 8\Omega$$

至此，可得到图 1-39a 所示电路的戴维南等效电路如图 1-40 所示。

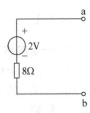

图 1-40 戴维南
等效电路

4. 诺顿定理

戴维南定理的内容是任何线性有源二端网络可用电压源与电阻串联等

效替代，而电压源串电阻与电流源并电阻可等效互换，由此引申出诺顿定理：任何线性有源二端网络可以用一个理想电流源（I_S）和电阻（R_0）相并联的支路来等效。

诺顿定理中的并联电阻 R_0 与戴维南等效电阻大小相等，求法也相同，而电流源的求法有两种：方法一是，若已知戴维南等效电路，可用电源等效变换的方法求电流源；方法二是，将端口短路并求出短路电流，即为所要求的 I_S，如图 1-41 所示。后一种方法可从开路短路法求戴维南等效电阻的思路中得到启示。

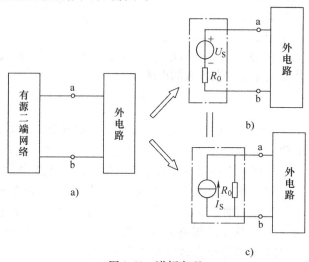

图 1-41　诺顿定理

思 考 题

1-3-1　按顺时针或逆时针方向绕行时列出的回路电压方程是否相同？

1-3-2　在计算线性电阻电路的功率时，是否可以用叠加原理？

1-3-3　对图 1-33 所示电路，你能想出多少种解法？

1-3-4　某直流电压源的开路电压为 100V，短路电流为 5A，试用等效电压源和等效电流源来表示该电路。

1.4　一阶电路

前面分析了直流电路的稳态。所谓稳态，对直流电路而言是指各支路电压电流保持恒定，对交流电路而言是指各支路电压、电流的幅值、频率、变化规律稳定不变。本节主要研究电路从一种稳态变化到另一种稳态的过程中，电压、电流的变化规律。

1.4.1　一阶电路及换路定律

1. 一阶电路

只含有一个电容或电感的动态电路（处于非稳态的电路）称为一阶电路。后面将介绍，这类电路列出的电压或电流方程为一阶常系数线性微分方程，故称为一阶电路。

2. 换路

电路从一种结构状态转换到另一种结构状态称为换路。所谓换路有可能是电路的结构发生变化，如电源或无源元件的断开或接入，信号的突然注入等；也有可能是电路结构不变，而电路中某些元件的参数发生了变化。通常将换路时刻记为 $t=0$，则换路前一瞬间记为

"0_-",换路后一瞬间记为"0_+"。电路从换路前的稳态到换路后进入稳态需要经历一个过程,这个过程称为过渡过程(或瞬变过程)。

3. 换路定律

换路定律指出:在换路后瞬间,电容两端的电压和流过电感的电流保持换路前瞬间的数值,不发生跃变。即

$$u_C(0_+) = u_C(0_-) \qquad (1\text{-}19)$$

$$i_L(0_+) = i_L(0_-) \qquad (1\text{-}20)$$

这是因为电容为储能元件,不论是处于充电还是放电状态,其两端的电压值都是随着两个极板上的正负电荷的逐渐增加或减少而逐渐增加或减少的,是一个渐变的过程,不会发生跃变。同样,电感也是储能元件,它可以将电能转化为磁场能,反过来又可以将磁场能转化为电能。对于线性电感元件,当电流流过时所产生的磁通量是 $\Psi = Li$,L 为电感元件的电感系数,i 为流过电感的电流。根据楞次定律可知,磁通量的变化过程也是一个渐变的过程,不会突然增大或消失,所以换路后瞬间磁通量不发生跃变,进而电流 i 不发生跃变。

【例 1-12】 图 1-42a 所示电路中,在打开开关 S 前,电路已处于稳态,求打开开关 S 瞬间的 $u_C(0_+)$、$i_L(0_+)$。

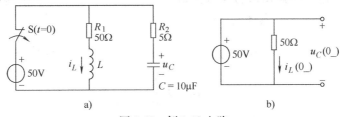

图 1-42 例 1-12 电路

解: 打开开关 S 前,电路已处稳态,即 C 开路 $[i_C(0_-) = 0]$、L 短路 $[u_L(0_-) = 0]$,此时电路如图 1-42b 所示,有

$$u_C(0_-) = 50\text{V}$$

$$i_L(0_-) = \frac{50}{50}\text{A} = 1\text{A}$$

开关 S 打开后瞬间,根据换路定律有

$$u_C(0_+) = u_C(0_-) = 50\text{V}$$

$$i_L(0_+) = i_L(0_-) = 1\text{A}$$

1.4.2 一阶电路的三要素分析法

一阶电路有两种:一种是电路中只含有一个电容的动态电路,称为 RC 一阶电路;另一种是电路中只含有一个电感的动态电路,称为 RL 一阶电路。本节主要研究电路从换路前的第一稳态到换路后进入第二稳态之间的过渡过程中,电容两端电压或流过电感的电流(以及电路中其他元件上的电压或电流)与时间 t 之间的变化关系。

1. RC 一阶电路

RC 一阶电路从换路瞬间开始,进入第二种结构状态,这时如将电容支路作为负载支路,电路的其他部分用戴维南等效电路替代,可得到如图 1-43 所示电路。根据 KVL 方程可得到

$$Ri_C + u_C = U_S \qquad (1\text{-}21)$$

$$i_C = C \frac{\mathrm{d}u_C}{\mathrm{d}t} \tag{1-22}$$

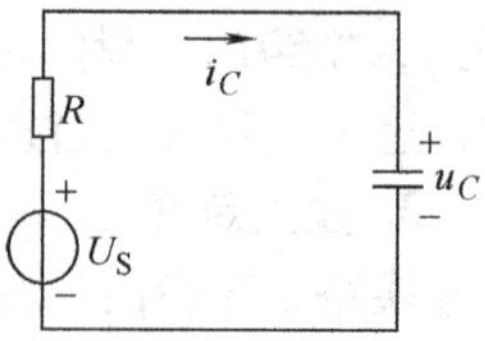

将式（1-22）代入式（1-21）得

$$RC \frac{\mathrm{d}u_C}{\mathrm{d}t} + u_C = U_\mathrm{s} \tag{1-23}$$

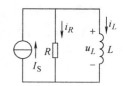

图 1-43　RC 一阶电路

解该一阶微分方程得

$$u_C(t) = u_C(\infty) + [u_C(0_+) - u_C(\infty)]\mathrm{e}^{-\frac{t}{\tau}} \tag{1-24}$$

式（1-24）是 RC 一阶电路三要素解析式，其三要素分别为：

初始值 $u_C(0_+)$——换路后瞬间电容两端电压；

稳态值 $u_C(\infty)$——换路后电路进入第二稳态时电容两端的电压；

时间常数 τ——RC 一阶电路，$\tau = RC$（单位：秒）。

2. RL 一阶电路

RL 一阶电路从换路瞬间开始，到进入第二种结构状态，这时如将电感支路作为负载支路，电路的其他部分用诺顿等效电路替代，可得到如图 1-44 所示电路。根据 KCL 方程可得到

$$i_R + i_L = I_\mathrm{s} \tag{1-25}$$

$$i_R = \frac{u_L}{R} \tag{1-26}$$

图 1-44　RL 一阶电路

$$u_L = L \frac{\mathrm{d}i_L}{\mathrm{d}t} \tag{1-27}$$

将式（1-26）、式（1-27）代入式（1-25）并整理得

$$\frac{L}{R} \frac{\mathrm{d}i_L}{\mathrm{d}t} + i_L = I_\mathrm{s} \tag{1-28}$$

解得

$$i_L(t) = i_L(\infty) + [i_L(0_+) - i_L(\infty)]\mathrm{e}^{-\frac{t}{\tau}} \tag{1-29}$$

式（1-29）是 RL 一阶电路三要素的解析式，其三要素分别为：

初始值 $i_L(0_+)$——换路后瞬间流过电感的电流；

稳态值 $i_L(\infty)$——换路后电路进入第二稳态时流过电感的电流；

时间常数 τ——RL 一阶电路，$\tau = \dfrac{L}{R}$（单位：秒）。

3. 一阶电路瞬变过程的一般求解方法

比较式（1-24）和式（1-29），可得出一阶电路瞬变过程的一般求解方法——三要素法。对于一阶线性电路，无论是求 RC 电路中的 $u_C(t)$ 还是求 RL 电路中的 $i_L(t)$，均可以根据下式求出：

$$f(t) = f(\infty) + [f(0_+) - f(\infty)]\mathrm{e}^{-\frac{t}{\tau}} \tag{1-30}$$

如果所求为电容电压 $u_C(t)$，则 $f(t)$ 用 $u_C(t)$ 代入；若所求为电感电流 $i_L(t)$，则 $f(t)$ 用 $i_L(t)$ 代入。$f(0_+)$ 指初始值，$f(\infty)$ 指稳态值，τ 为时间常数（单位：秒），RC 一阶电路 $\tau = RC$，RL 一阶电路 $\tau = \dfrac{L}{R}$。值得注意的是，R 为除电容或电感以外二端网络的戴维南等

效电阻。

4. 三要素分析法举例

【例 1-13】 如图 1-45a 所示，S 闭合前电路已处于稳态，已知 $C=1\text{F}$，求 $t\geqslant0$ 时的 $u_C(t)$ 及 $i(t)$。

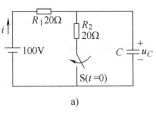
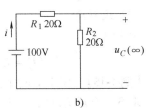
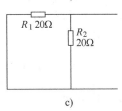

图 1-45 例 1-13 电路
a) 例题电路 b) 求 $u_C(\infty)$
c) 求 R

解：（1）求 $u_C(t)$

① 求 $u_C(0_+)$

$t<0$ 时 S 断开，处于直流稳态时的电容相当于开路，故有

$$u_C(0_-)=100\text{V}$$

根据换路定律有

$$u_C(0_+)=u_C(0_-)=100\text{V}$$

② 求 $u_C(\infty)$

$t\to\infty$ 时，电路如图 1-45b 所示，此时有

$$u_C(\infty)=20\times\frac{100}{20+20}\text{V}=50\text{V}$$

③ 求时间常数 τ

时间常数 $\tau=RC$，其中 R 为换路后除电容以外二端网络的戴维南等效电阻，电路如图 1-45c 所示，有

$$R=\frac{20}{2}\Omega=10\Omega$$

$$\tau=RC=10\times1\text{s}=10\text{s}$$

④ 求 $u_C(t)$

$$u_C(t)=u_C(\infty)+\left[u_C(0_+)-u_C(\infty)\right]e^{-\frac{t}{\tau}}$$
$$=\left[50+(100-50)e^{-\frac{t}{10}}\right]\text{V}=(50+50e^{-\frac{t}{10}})\text{V}$$

（2）求 $i(t)$

根据图 1-45a 列 KVL 方程，可得

$$20i(t)+u_C(t)=100$$

$$i(t)=\frac{100-(50+50e^{-\frac{t}{10}})}{20}\text{A}=(2.5-2.5e^{-\frac{t}{10}})\text{A}$$

【例 1-14】 图 1-46 所示电路中，S 闭合前电路已处于稳态，已知 $U_S=10\text{V}$，$I_S=2\text{A}$，$R=2\Omega$，$L=4\text{H}$，求 S 闭合后的 $i_L(t)$ 及 $i(t)$。

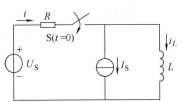

图 1-46 例 1-14 电路

解：（1）求 $i_L(t)$

① 求 $i_L(0_+)$

S 闭合前电路已处于稳态，在直流稳态时电感相当于短路，故有

$$i_L(0_+)=i_L(0_-)=-I_S=-2\text{A}$$

② 求 $i_L(\infty)$

S 闭合且电路进入第二稳态后，电感相当于短路，根据叠加原理有

$$i_L(\infty)=\frac{U_S}{R}-I_S=\left(\frac{10}{2}-2\right)\text{A}=3\text{A}$$

③ 求时间常数 τ

$$\tau = \frac{L}{R} = \frac{4}{2}\text{s} = 2\text{s}$$

④ 求 $i_L(t)$

$$i_L(t) = i_L(\infty) + [i_L(0_+) - i_L(\infty)]e^{-\frac{t}{\tau}}$$
$$= [3 + (-2-3)e^{-\frac{t}{2}}]\text{A} = (3 - 5e^{-\frac{t}{2}})\text{A}$$

(2) 求 $i(t)$

由 KCL 得

$$i(t) = I_S + i_L(t) = (2 + 3 - 5e^{-\frac{t}{2}})\text{A} = (5 - 5e^{-\frac{t}{2}})\text{A}$$

【例 1-15】 图 1-47a 所示电路中，开关 S 闭合前已处稳态，求 S 闭合后 $i_L(t)$、u_L 和 $i(t)$。

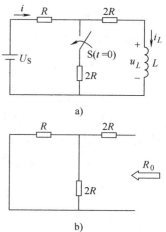

图 1-47 例 1-15 电路

a) 例题电路 b) 求 R_0 电路

解：（1） 求 $i_L(t)$

① 求 $i_L(0_+)$

$$i_L(0_+) = i_L(0_-) = \frac{U_S}{3R}$$

② 求 $i_L(\infty)$

$$i_L(\infty) = \frac{1}{2}i(\infty) = \frac{1}{2}\frac{U_S}{R + \frac{2R}{2}} = \frac{U_S}{4R}$$

③ 求时间常数 τ

$\tau = \dfrac{L}{R_0}$，其中 R_0 为换路后除电感 L 以外二端网络的戴维南等效电阻，电路如图 1-47b 所示，故

$$R_0 = 2R + \frac{R \cdot 2R}{R + 2R} = \frac{8}{3}R$$

$$\tau = \frac{L}{\frac{8}{3}R} = \frac{3L}{8R}$$

④ 求 $i_L(t)$

$$i_L(t) = i_L(\infty) + [i_L(0_+) - i_L(\infty)]e^{-\frac{t}{\tau}}$$
$$= \frac{U_S}{4R} + \left(\frac{U_S}{3R} - \frac{U_S}{4R}\right)e^{-\frac{t}{\frac{3L}{8R}}}$$
$$= \frac{U_S}{4R} + \frac{U_S}{12R}e^{-\frac{8R}{3L}t}$$

(2) 求 u_L

$$u_L = L\frac{di_L}{dt} = \frac{LU_S}{12R}\left(-\frac{8R}{3L}\right)e^{-\frac{8R}{3L}t} = -\frac{2U_S}{9}e^{-\frac{8R}{3L}t}$$

(3) 求 $i(t)$

根据 KVL 方程可得

$$Ri(t) + 2Ri_L(t) + u_L(t) = U_S$$

$$i(t) = \frac{U_S - 2Ri_L(t) - u_L(t)}{R} = \frac{U_S}{2R} + \frac{U_S}{18R}e^{-\frac{8R}{3L}t}$$

思 考 题

1-4-1 换路定律的理论基础是什么?

1-4-2 用三要素法求 RC 电路中电容两端的电压时,初始值和稳态值的物理含义各是什么?

1-4-3 用三要素法求 RL 电路中流过电感的电流时,初始值和稳态值的物理含义各是什么?

1.5 Multisim 仿真举例

本节主要结合 Multisim10 软件,对电路的基本原理和基本定律进行仿真分析。

1.5.1 叠加原理仿真实验

根据叠加原理绘制仿真原理图,如图 1-48 所示,其仿真电路图如图 1-49 所示。其中,左侧双向开关 J_1、J_2 和右侧双向开关 J_3、J_4 均由两个 SPDT 开关组成,其选取如图 1-50 所示。通过这个仿真实验可以看到,当两个电压源共同作用时,各支路上的电流等于两个电压源单独作用时各支路电流之和;各元件上的电压等于两个电压源单独作用时各元件电压之和。

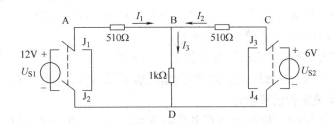

图 1-48 电路仿真原理图

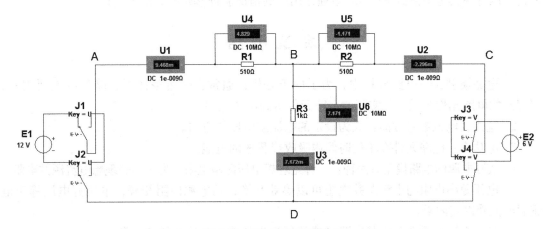

图 1-49 叠加原理仿真电路

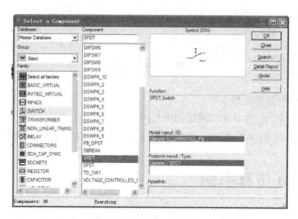

图 1-50   开关选取

1.5.2　基尔霍夫定律仿真实验

使用图 1-49 所示仿真电路还可以做基尔霍定律（KVL）验证实验。

1. 基尔霍夫电压定律仿真验证

在图 1-49 的仿真电路中，选取两个电压源同时作用的情况，根据节点序列（ABCDA）回路绕行一周，可以看到各元件上的电位降与电位升之和为零。电压表 U4 和 U5 分别显示的是电阻 R1 和电阻 R2 上的电压（注意电压表的正负极性即电压的参考方向），在节点序列（ABCDA）回路中，其 KVL 方程为 $[4.829-(-1.171)+6-12]V=0V$。由此验证了基尔霍夫电压定律在图 1-49 所示仿真电路中的正确性。

若选择回路节点序列（BCDB）进行验证，其 KVL 方程为 $[-(-1.171)+6-7.171]V=0V$。读者也可以选择 E1 或 E2 单独作用时的情况验证基尔霍夫电压定律。

2. 基尔霍夫电流定律仿真验证

同理，也可以使用图 1-49 所示仿真电路验证基尔霍夫电流定律（KCL）。选取两个电压源同时作用的情况，并选取节点 B，其 KCL 方程为 $(9.468-2.296-7.172)mA=0mA$。读者也可以选择其他节点或 E1、E2 单独作用时的情况验证基尔霍夫电流定律。

本 章 小 结

1. 电路模型：在电路分析中，为了便于分析，通常在一定条件下忽略某些次要因素，用理想的电路元件等效替代实际的电路元件所画出的电路。

2. 电流、电压参考方向：人为设定的电流或电压的方向。

3. 电功率：电路元件在单位时间内吸收或释放的电能。

4. 实际电源的电路模型有两种：一种是理想电压源串电阻，另一种是理想电流源并电阻。

5. 电压源串电阻与电流源并电阻可以等效互换：两电源内阻相等，电压源电压等于电流源电流乘以其内阻。

6. 受控电源：受电路中某支路（或元件）电压或电流控制的"电源"。

7. 基尔霍夫电流定律：电路中任一节点，在任一瞬间，流入该节点的电流总和等于流出该节点的电流总和。或者说，在任一瞬间，一个节点上电流的代数和为零。

基尔霍夫电压定律：在任一瞬间，沿闭合回路绕行一周，在绕行方向上的电位升之和必等于电位降之和。或者说，在任一瞬间，沿闭合回路绕行一周，回路中各部分电压的代数和恒等于零。

8. 支路电流法：以支路电流为未知量列写独立的 KCL 方程和 KVL 方程，联立方程后求出各支路电流及电压的方法。

9. 弥尔曼定理：对只有 a、b 两个节点且多条支路并联的电路，可用下式求出 a、b 两节点间电压：

$$U_{ab} = \frac{\sum \dfrac{U_S}{R}}{\sum \dfrac{1}{R}}$$

10. 叠加原理：在有多个电源共同作用的线性电路中，任一支路中的电流（或电压）等于各个电源分别作用时在该支路中产生电流（或电压）的代数和。

11. 戴维南定理：任何线性有源二端网络可以用一个理想电压源（U_S）和电阻（R_0）相串联的支路来等效，等效电路中的 U_S 等于该网络的开路电压，电阻 R_0 则等于该网络中所有电源置零后所得无源二端网络的等效电阻。

12. 换路定律：在换路后瞬间，电容两端的电压和流过电感的电流保持换路前瞬间的数值，不发生跃变。

13. 三要素法公式：

$$f(t) = f(\infty) + [f(0_+) - f(\infty)]e^{-\frac{t}{\tau}}$$

式中 $f(t)$ 为待求量，在 RC 一阶电路中，$\tau = RC$；在 RL 一阶电路中，$\tau = \dfrac{L}{R}$。

习　题

1-1　图 1-51a、b、c 所示分别为从某一电路中取出的一条支路 AB，试问各电流的实际方向如何？

1-2　图 1-52a、b、c 分别为某电路中的一元件，试问各元件两端电压的实际方向如何？

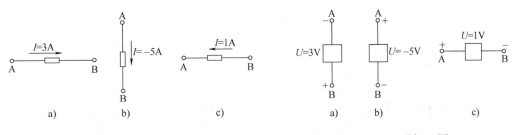

图 1-51　题 1-1 图　　　　　　　　　　　图 1-52　题 1-2 图

1-3　有一台直流电动机，经两根电阻 $R_1 = 0.2\Omega$ 的导线接在 220V 的电源上，已知电动机消耗的功率为 10kW，求电动机的端电压 U 和取用的电流 I。

1-4　现有 100W 和 15W 两盏白炽灯，额定电压均为 220V，它们在额定工作状态下的电阻各是多少？可否把它们串联起来接到 380V 电源上使用？

1-5 电路如图 1-53 所示，已知 $I_{S1} = 50A$，$R_{01} = 0.2\Omega$，$I_{S2} = 50A$，$R_{02} = 0.1\Omega$，$R_3 = 0.2\Omega$，求 R_3 上电流和 R_{01}、R_{02} 两端电压各为何值（自标参考方向）？电阻 R_3 消耗多少功率？

1-6 电路如图 1-54 所示，已知 $I_{S1} = 40A$，$R_{01} = 0.4\Omega$，$U_2 = 9V$，$R_{02} = 0.15\Omega$，$R_3 = 2.2\Omega$，试求：

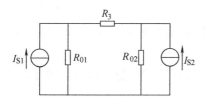

图 1-53 题 1-5 图

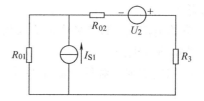

图 1-54 题 1-6 图

（1）R_{01}、R_{02} 上的电流和电流源、电阻 R_3 的端电压各为何值（自标参考方向）？

（2）左边电流源和上边电压源输出（或输入）多少功率（包含内阻）？电阻 R_3 消耗多少功率？

1-7 已知图 1-55a 所示电路中 $U_{S1} = 24V$，$U_{S2} = 6V$，$R_1 = 12\Omega$，$R_2 = 6\Omega$，$R_3 = 2\Omega$，图 1-55b 所示为经电源变换后的等效电路，试求 I_S 和 R；分别求出电阻 R_1 和 R_2 以及 R 所消耗的功率，它们是否相等？为什么？

1-8 在图 1-56 所示电路中，已知 $R = 5\Omega$，求 R 上的电压。

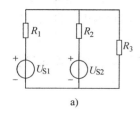
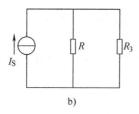

a)

b)

图 1-55 题 1-7 图

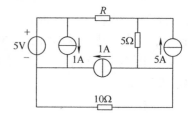

图 1-56 题 1-8 图

1-9 计算图 1-57 所示电路中 2Ω 电阻上的电流。

1-10 在图 1-58 所示电路中，根据给定的电流，尽可能多地确定其他各电阻中的未知电流。

1-11 在图 1-59 中，根据下列给定的电压，$U_{12} = 2V$，$U_{23} = 3V$，$U_{25} = 5V$，$U_{37} = 3V$，$U_{67} = 1V$，尽可能多地确定其他各元件的电压。

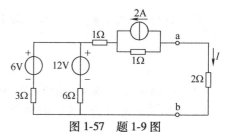

图 1-57 题 1-9 图

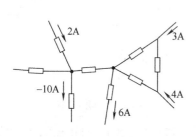

图 1-58 题 1-10 图

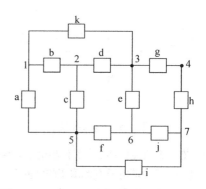

图 1-59 题 1-11 图

1-12 求图 1-60 所示电路中的电压 U 和电流 I。

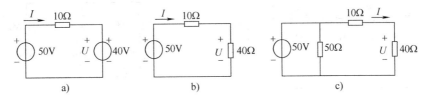

图 1-60 题 1-12 图

1-13 电路如图 1-61 所示,试求:

(1) 图 1-61a 中电压 U 和电流 I;

(2) 串入一个电阻 10kΩ(见图 1-61b),重求电压 U 和电流 I;

(3) 再并接一个 2mA 的电流源(见图 1-61c),重求电压 U 和电流 I。

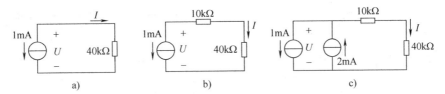

图 1-61 题 1-13 图

1-14 电路及其已知参数如图 1-62 所示,试用支路电流法求 I_1、I_2(自标参考方向)和 U_3 各为何值?

1-15 用弥尔曼定理求图 1-63 所示电路中的电流 I。

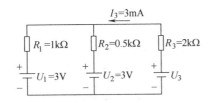

图 1-62 题 1-14 图

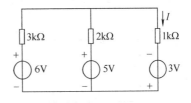

图 1-63 题 1-15 图

1-16 应用叠加原理计算图 1-64 所示电路中各支路的电流。

1-17 图 1-65 所示电路中,已知 $R_1 = R_2 = R_3 = R_4 = 1\Omega$,$I_S = 1A$,$U_S = 6V$,求 R_4 两端的电压。

1-18 试用叠加原理计算图 1-66 所示电路中的电流 I_1 和 I_2。

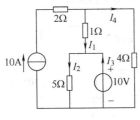

图 1-64 题 1-16 图

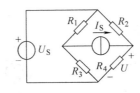

图 1-65 题 1-17 图

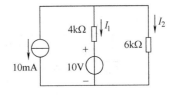

图 1-66 题 1-18 图

1-19 图 1-67 所示电路中,当开关 S 在位置 1 时,毫安表的读数为 $I' = 40mA$;当开关 S 拨向位置 2 时,毫安表的读数为 $I'' = -60mA$。如果把开关 S 拨向位置 3,则毫安表的读数为多少?设已知 $U_{S1} = 10V$,$U_{S2} = 15V$。

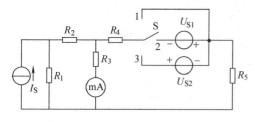

图 1-67 题 1-19 图

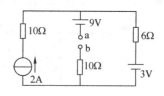

图 1-68 题 1-21 图

1-20 应用戴维南定理计算题 1-16 中 1Ω 电阻中的电流。

1-21 用戴维南定理求图 1-68 所示电路的二端网络的等效电路。

1-22 求图 1-69 所示电路中 a、b 两端的戴维南等效电路。

1-23 用戴维南定理求图 1-70 所示电路中的 U_{AB}。

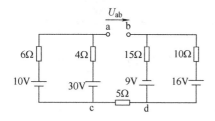

图 1-69 题 1-22 图

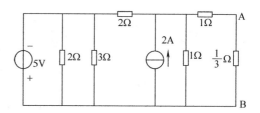

图 1-70 题 1-23 图

1-24 求图 1-71 所示电路中开关 S 闭合和断开两种情况下 a、b、c 三点的电位。

1-25 求图 1-72 所示电路中 A 点的电位。

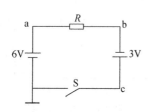

图 1-71 题 1-24 图

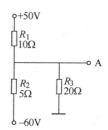

图 1-72 题 1-25 图

1-26 图 1-73 所示电路中，开关在 $t=0$ 时打开（在 $t<0$ 时电路已达稳态），（1）求 $u(0_+)$；（2）求 $t \geqslant 0$ 时 $u(t)$、$i_C(t)$、$i(t)$。

1-27 图 1-74 电路中，开关 S 原在位置 1 已久，$t=0$ 时合向位置 2，求 u_C 及 i（$t \geqslant 0$）。

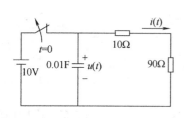

图 1-73 题 1-26 图

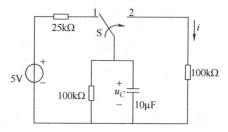

图 1-74 题 1-27 图

1-28 在图 1-75 所示电路中，$I_S = 10\text{mA}$，$R_1 = 3\text{k}\Omega$，$R_2 = 3\text{k}\Omega$，$R_3 = 6\text{k}\Omega$，$C = 2\mu\text{F}$。在开关 S 闭合前电路已处于稳态，求在 $t \geqslant 0$ 时的 u_C 和 i_1。

1-29　电路如图 1-76 所示，换路前已处于稳态，试求换路后（$t \geqslant 0$）的 u_C。

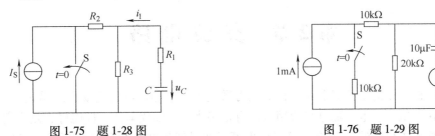

图 1-75　题 1-28 图　　　　　图 1-76　题 1-29 图

1-30　图 1-77 所示电路中，在 $t=0$ 时，开关 S 打开，求 u_C（换路前已处稳态）。

1-31　（1）求图 1-78 所示电路开关 S 接通后的 $i_L(t)$，设 S 接通前电路已处于稳态；（2）求电路接通稳定后再断开的 $i_L(t)$。

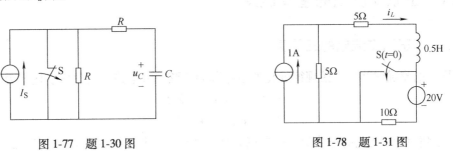

图 1-77　题 1-30 图　　　　　图 1-78　题 1-31 图

1-32　图 1-79 中 $t=0$ 时，开关 S 合上（在 $t<0$ 时电路已达稳态），求 $i_L(t)$。

1-33　在图 1-80 所示电路中，已知 $U=12\text{V}$，$R_1=6\Omega$，$R_2=2\Omega$，$L=0.2\text{H}$。当 $t=0$ 时开关 S 闭合，把电阻 R_1 短接，问短接后需经多少时间电流才达到 4.5A（在 $t<0$ 时电路已达稳态）。

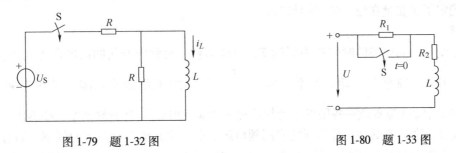

图 1-79　题 1-32 图　　　　　图 1-80　题 1-33 图

1-34　使用 Multisim 10 软件，搭建如图 1-65 所示的仿真电路，求 R_4 的电压并核对其结果是否与理论计算结果相等。

1-35　在本章习题中任选几个电路进行仿真，并核对仿真结果是否与理论计算结果相等。

第2章 交流电路

第1章分析介绍的是直流电路。目前电力系统中供电和用电的主要形式是正弦交流电，正弦交流电在发电、输电、配电和应用方面有很多优点，如成本低、性能好、效率高等。而一些在电子技术中出现的非正弦周期信号也可以通过傅里叶级数分解为不同频率的正弦信号。因此，本章重点介绍正弦交流电路的分析与计算。

2.1 正弦交流电的基本概念

2.1.1 正弦交流电的三要素

电压、电流随时间按正弦规律变化的电路称为正弦交流电路。其数学表达式为

$$u = U_m \sin(\omega t + \psi_u)$$
$$i = I_m \sin(\omega t + \psi_i)$$

(2-1)

u 和 i 都是随时间 t 变化的正弦量。以电流 i 为例说明，式中 i 为瞬时值，代表任意瞬间的电流值，用小写字母来表示；I_m 是正弦电流的最大值，又称为幅值；ω 称为角频率，指的是单位时间内变化的角度；ψ_i 是 $t = 0$ 时的相位，称为初相位或初相角。如果 I_m、ω、ψ_i 确定了，则一个正弦量 i 也唯一确定了。因此称幅值、角频率、初相角为正弦量的三要素。上述三个要素确定了正弦量在任一时刻的状态。

1. 频率

正弦量变化一周所需的时间称为周期 T，单位为秒，每秒内变化的次数称为 f，它的单位是赫兹（Hz）。频率是周期的倒数，即 $f = \dfrac{1}{T}$。我国的工业标准频率（简称工频）是 50Hz。世界上很多国家如欧洲各国的工业标准频率也是 50Hz，只有少数国家，如美国、日本为 60Hz。除工频外，在其他各种不同的应用领域还需要采用其他各种不同的频率，如有线通信的频率为 300~5000Hz，无线电通信的频率为 30kHz~300GHz，在光通信中频率则更高。

因为正弦量每变化一周的时间正好经历了 2π 弧度，即 $\omega T = 2\pi$。故角频率与周期、频率的关系为

$$\omega = \frac{2\pi}{T} = 2\pi f \qquad (2\text{-}2)$$

因此电流 i 的瞬时值还可以写成如下形式：

$$i = I_m \sin(\omega t + \psi)$$
$$= I_m \sin\left(\frac{2\pi}{T} t + \psi\right)$$
$$= I_m \sin(2\pi f t + \psi) \qquad (2\text{-}3)$$

对应的波形如图 2-1 所示。

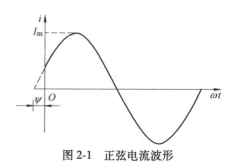

图 2-1　正弦电流波形

2. 有效值

交流电的瞬时值 i 反映了正弦电流在某一个特定瞬间的数值，而 I_m 表征了正弦电流能够达到的最大值。但它们都不能用来计量交流电，不能表征交流电做功能力的大小。因此，引入一个特定的物理量"有效值"来衡量交流电做功能力的大小。有效值是根据做功的效果，即电流的热效应来规定的。如果交流电流在一个周期 T 内通过某一个电阻时消耗电能所产生的热量，与某直流电流通过同一电阻在相同时间内消耗的电能所产生的热量相等的话，就把这一直流电流的数值定义为交流电流的有效值，有效值用大写字母 I 来表示，和表示直流的字母一样。根据这一定义，有

$$\int_0^T i^2 R \mathrm{d}t = I^2 R T \tag{2-4}$$

故得

$$I = \sqrt{\frac{1}{T}\int_0^T i^2 \mathrm{d}t} \tag{2-5}$$

即有效值等于瞬时值的平方在一个周期内的平均值的开方，故有效值又称方均根值。有效值的定义及它与瞬时值的关系不仅适用于正弦交流电，也适用于任何其他周期性变化的电流。

对正弦交流电来说，用正弦量 $i = I_m \sin \omega t$ 代入式（2-5）得

$$I = \sqrt{\frac{1}{T}\int_0^T I_m^2 \sin^2 \omega t \mathrm{d}t} = \sqrt{\frac{I_m^2}{T}\int_0^T \frac{1-\cos 2\omega t}{2}\mathrm{d}t} = \frac{I_m}{\sqrt{2}} \tag{2-6}$$

同理，正弦交流电压的有效值与它们的最大值的关系为

$$U = \frac{U_m}{\sqrt{2}} \tag{2-7}$$

平时所说的交流电压和电流的大小以及一般交流测量仪表所测得的数值都是指它们的有效值。

3. 相位

正弦交流电表达式中的 $(\omega t + \psi)$ 称为相位或相位角。交流电在不同的时刻 t 具有不同的相位 $(\omega t + \psi)$ 值，交流电也就变化到不同的数值。$t=0$ 时的相位即为初相位 ψ。初相位与所选计时的起点有关。一般来说，同一个电路中只选择一个公共的计时起点，所有的电流、电压都从该时刻点开始计时，此时它们的相位就是它们各自的初相位。通常会选择以其中某个正弦量的初相位为零的时刻点作为计时起点，该正弦量也相应地被称为参考量。

两个同频率正弦量之间的初相角之差称为相位差，用字母 φ 表示。设两个正弦量分别为

$$u = U_m \sin(\omega t + \psi_1)$$
$$i = I_m \sin(\omega t + \psi_2) \tag{2-8}$$

则两个正弦量 u 和 i 的相位差为

$$\varphi = \psi_1 - \psi_2 \tag{2-9}$$

其波形如图 2-2 所示。

由图 2-2 所示的波形可见，虽然两个同频率的正弦量其各自的相位随时间在发生变化，但两者之间的相位差始终保持不变。图中 $\varphi > 0$，则 u 比 i 先经过零

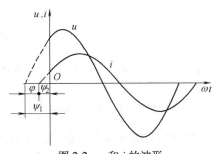

图 2-2　u 和 i 的波形

值或最大值，故称在相位上 u 比 i 超前 φ，或者说在相位上 i 比 u 滞后 φ。反之，若 $\varphi<0$，则称 u 滞后于 i。特殊情况下，$\varphi=0$，即 $\psi_1=\psi_2$ 时，则称 u 和 i 同相，如图 2-3a 所示；$\varphi=\pm\pi$，即 $\psi_1=\pm\pi+\psi_2$ 时，则称 u 和 i 反相，如图 2-3b 所示。

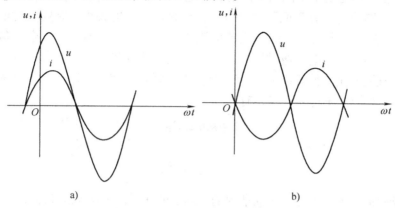

a)   b)

图 2-3 u 和 i 的特殊相位关系

a) 同相   b) 反相

2.1.2 正弦量的相量表示法

正弦交流电无论是用函数式还是波形图来表示，其运算都十分烦琐，因此需要引入新的表示方法来处理正弦量。

数学上在复平面上的有向线段 OA 可以表示为一个复数，其模为 r，辐角为 ψ（见图 2-4）。而一个复数用数学表达式可表示为

代数形式：$A=a+jb=r\,(\cos\psi+j\sin\psi)$

指数形式：$A=re^{j\psi}$

极坐标形式：$A=r\,\underline{/\psi}$

这三种表达式代表的是同一个复数 A，相互之间可用式（2-10）互相转化：

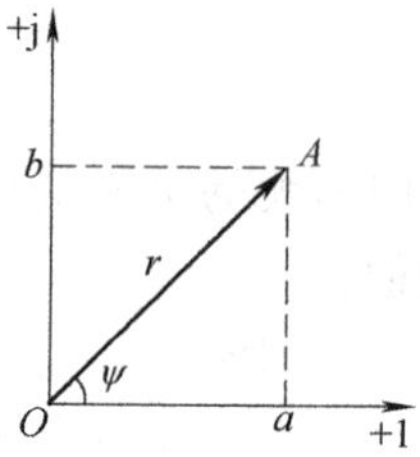

图 2-4   复数

$$a=r\cos\psi,\quad b=r\sin\psi$$

$$r=\sqrt{a^2+b^2},\quad \tan\psi=\frac{b}{a}$$

$$\cos\psi=\frac{e^{j\psi}+e^{-j\psi}}{2}$$

$$\sin\psi=\frac{e^{j\psi}-e^{-j\psi}}{2j}$$

$$e^{j\psi}=\cos\psi+j\sin\psi$$

(2-10)

注意，$-\pi\leqslant\psi\leqslant\pi$，计算时注意 ψ 所在象限。当 ψ 位于第一、四象限时，$\psi=\arctan\left(\dfrac{b}{a}\right)$；当 ψ 位于第二象限时，$\psi=\arctan\left(\dfrac{b}{a}\right)+\pi$；当 ψ 位于第三象限时，$\psi=\arctan\left(\dfrac{b}{a}\right)-\pi$。

而在常见的交流电问题中，正弦交流量的角频率通常是已知的常数，因此只计算出幅值和初相位即可。对比正弦量和复数，发现在认为正弦量角频率固定不变的条件下，可以用复

数的模来表示正弦量的幅值，用复数的辐角来表示正弦量的初相角，从而用一个复数来代表正弦量。这种表示正弦量的复数称之为相量，用大写字母上面加点来表示。由于正弦量的幅值信息可以用其有效值或者最大值来表示，因此相应的模为正弦量有效值的复数称为有效值相量，模为正弦量最大值的复数称为最大值相量。它们代表的是同一个正弦量，其辐角都为正弦量的初相角。以电流 i 为例说明，其有效值相量为

$$\dot{I} = I(\cos \psi + \mathrm{j}\sin \psi) = I\mathrm{e}^{\mathrm{j}\psi} = I \underline{/\psi} \tag{2-11}$$

其最大值相量为

$$\dot{I}_\mathrm{m} = I_\mathrm{m}(\cos \psi + \mathrm{j}\sin \psi) = I_\mathrm{m}\mathrm{e}^{\mathrm{j}\psi} = I_\mathrm{m} \underline{/\psi} \tag{2-12}$$

注意，相量是复数，正弦量是随时间变化的正弦函数，相量能够代表相应的正弦量，但并不等于正弦量。相量只是为了正弦量运算方便引入的一种表示方法和工具。

有了相量的概念之后，就可以用复数来处理正弦量的运算，使正弦电路的分析计算变成了复数之间的运算，加、减、乘、除都变得十分简便。常用的方法有相量图法和复数式法。

1. 相量图法

在复平面中，两个复数的相加可以通过有向线段图形的平行四边形法则求解。而将正弦量转化为相量后，即可以利用相量图实现正弦量的加法。

2. 复数式法

除了图解法，也可以直接利用复数式进行相量的运算。

在应用复数式法求解时，要注意灵活应用复数的几种表示形式。显而易见，处理复数的加减运算时，用代数形式表示最有效。处理复数的乘除运算时，用极坐标形式或指数形式表示最有效。

【**例 2-1**】 已知 $i_1 = 20\sin(\omega t + 60°)$ A，$i_2 = 10\sin(\omega t - 45°)$ A，两者相加的总电流为 i，即 $i = i_1 + i_2$，求总电流 i。

解：解法 1：采用相量法，先将 i_1 和 i_2 用有效值相量来表示，并利用式（2-10）整理成代数形式，即

$$\dot{I}_1 = \frac{20}{\sqrt{2}} \underline{/60°} = 10\sqrt{2} \underline{/60°}\,\mathrm{A} = (7.07 + \mathrm{j}12.25)\,\mathrm{A}$$

$$\dot{I}_2 = \frac{10}{\sqrt{2}} \underline{/-45°} = 5\sqrt{2} \underline{/-45°}\,\mathrm{A} = (5 - \mathrm{j}5)\,\mathrm{A}$$

利用复数运算法则，则求得

$$\begin{aligned}\dot{I} = \dot{I}_1 + \dot{I}_2 &= (7.07 + \mathrm{j}12.25 + 5 - \mathrm{j}5)\,\mathrm{A}\\ &= [(7.07 + 5) + \mathrm{j}(12.25 - 5)]\,\mathrm{A}\\ &= (12.07 + \mathrm{j}7.25)\,\mathrm{A} = 14.08 \underline{/30.99°}\,\mathrm{A}\end{aligned}$$

则总电流 i 为

$$i = \sqrt{2}I\sin(\omega t + \psi) = 19.91\sin(\omega t + 30.99°)\,\mathrm{A}$$

解法 2：采用相量法，先将 i_1 和 i_2 用有效值相量来表示，即

$$\dot{I}_1 = 10\sqrt{2} \underline{/60°}\,\mathrm{A}, \quad \dot{I}_2 = 5\sqrt{2} \underline{/-45°}\,\mathrm{A}$$

在复平面中画出相量图（见图 2-5），利用平行四边形法则可知平行四边形的对角线即为总

电流 i 对应的有效值相量 $\dot{I} = 14.08\ \underline{/30.99°}$ A（具体计算从略），则总电流 i 为

$$i = \sqrt{2}I\sin(\omega t + \psi) = 19.91\sin(\omega t + 30.99°)\ \text{A}$$

显而易见，相量图法用于定性分析十分方便，但定量计算并不适合。所以一般采用复数式法进行定量计算，而画出相量图作为辅助分析的手段。

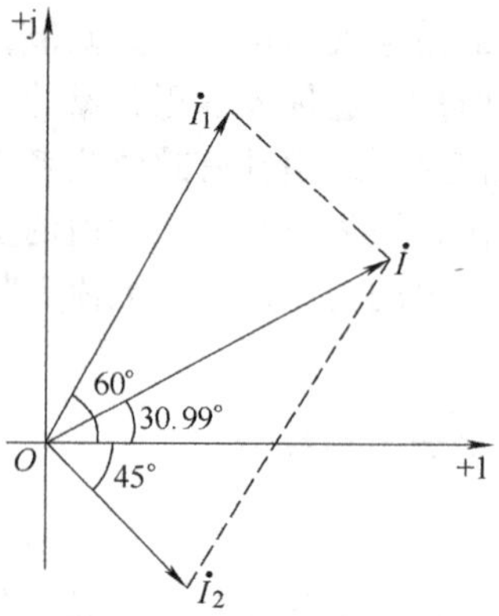

注意，$i=i_1+i_2$，但有效值 $I \neq I_1+I_2$。这是因为 i_1 和 i_2 的初相位不同，有效值之间不满足简单的代数叠加，而需要进行复数的加法运算。

3. 旋转因子

图 2-5 例 2-1 相量图

相量的乘除运算要采用复数的指数形式或极坐标形式。在相量运算中，任何一个相量和模为 1 的复数 $e^{+j\alpha}$ 相乘或相除时，只需将该相量逆时针或顺时针旋转 α 角度。因此也把模为 1 的复数 $e^{+j\alpha}$ 称为旋转因子。

特殊复数如 +j 写成指数形式或极坐标形式为 $+j = e^{j90°} = 1\ \underline{/90°}$，即为 $\alpha=90°$ 的旋转因子。

如图 2-6 所示，相量 $\dot{I}_1$ 和 +j 相乘得到相量 $\dot{I}'_1$：

$$\dot{I}'_1 = \dot{I}_1 \cdot (+j) = I_1\ \underline{/60°} \times 1\ \underline{/90°}\text{A} = I_1\ \underline{/150°}\text{A}$$

在相量图中，相量 $\dot{I}_1$ 逆时针旋转 90° 得到相量 $\dot{I}'_1$，$\dot{I}'_1$ 超前 $\dot{I}_1$ 90°。

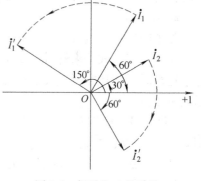

图 2-6 相量和+j 的乘除

相量 $\dot{I}_2$ 和 +j 相除得到相量 $\dot{I}'_2$：

$$\dot{I}'_2 = \dot{I}_2/(+j) = I_2\ \underline{/30°}\text{A}/1\ \underline{/90°} = I_2\ \underline{/-60°}\text{A}$$

在相量图中，相量 $\dot{I}_2$ 逆时顺旋转 90° 得到相量 $\dot{I}'_2$，$\dot{I}'_2$ 滞后 $\dot{I}_2$ 90°。注意，相量可以代表正弦量，但相量不等于正弦量。只有同频率的正弦量才可以用相量运算，也只有同频率的正弦量才可以画在一张相量图上。有时候为了简便，相量图中复平面的横轴和纵轴往往被省略。

思 考 题

2-1-1 非正弦交流电的有效值和瞬时值间是否符合式（2-5）的方均根值关系？有效值与最大值间是否符合式（2-6）的 $\sqrt{2}$ 倍关系？

2-1-2 正弦量、复数和相量的含义各是什么？它们之间有何对应关系？为什么正弦量瞬时值的加减可以通过它们的相量加减求解？

2.2 单一电路元件的正弦交流电路

理想的无源电路元件有三种：电阻、电感和电容。在直流电路中仅仅涉及电阻，它是耗能元件。在交流电路中，还将涉及储能元件电感和电容。

2.2.1　纯电阻电路

按图 2-7a 中所示方向，在纯电阻电路中由欧姆定律可知

$$u = Ri \tag{2-13}$$

为分析方便起见，选择电流 i 作为参考量，即设 $i = I_m\sin\omega t$，则

$$u = Ri = RI_m\sin \omega t = U_m\sin \omega t \tag{2-14}$$

电压与电流的正弦波形如图 2-7b 所示，比较电压和电流的关系，可以看出具有以下几个特点：

1）电压 u 和电流 i 是同频率的正弦量。

2）电压 u 和电流 i 是同相位的正弦量。

3）电压 u 和电流 i 的有效值（或最大值）之比为 $\dfrac{U}{I} = \dfrac{U_m}{I_m} = R$。

4）忽略掉频率信息，用相量来表示正弦量电压 u 和电流 i 的关系，则有效值相量 $\dot{U} = R\dot{I}$，最大值相量 $\dot{U}_m = R\dot{I}_m$。有效值相量的相量图如图 2-7c 所示。

知道了电流和电压的相互关系后，便可计算出电路中的功率。在任意瞬间，电压瞬时值 u 和电流瞬时值 i 的乘积称为瞬时功率，用小写字母 p 表示。电阻元件的瞬时功率为

$$p = ui = U_m I_m\sin^2\omega t \geqslant 0 \tag{2-15}$$

电阻电路中的瞬时功率 p 总是大于或等于零，表明电阻元件只能吸收电功率，是耗能元件。工程上把一个周期内电路消耗电能的平均速度，即瞬时功率的平均值称为平均功率，又称为有功功率，用大写字母 P 表示。电阻电路中的平均功率为

$$P = \frac{1}{T}\int_0^T p\,\mathrm{d}t = \frac{1}{T}\int_0^T U_m I_m\sin^2\omega t\,\mathrm{d}t$$

$$= \frac{U_m I_m}{T}\int_0^T \frac{1 - \cos 2\omega t}{2}\mathrm{d}t = \frac{U_m I_m}{2} = UI \tag{2-16}$$

式中，U 和 I 分别为电压、电流的有效值。功率波形如图 2-7d 所示。

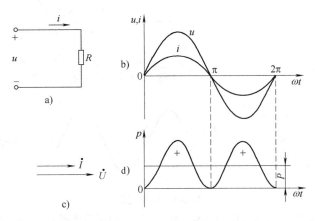

图 2-7　电阻元件

a）电路　b）电压与电流的正弦波形　c）电压与电流的相量图　d）功率波形

2.2.2 纯电感电路

按图 2-8a 中所示方向，在纯电感电路中由电感元件的特征方程可知

$$u = L \frac{di}{dt} \tag{2-17}$$

仍选择电流 i 作为参考量，即设 $i = I_m \sin \omega t$，则

$$u = L \frac{di}{dt} = \omega L I_m \sin(\omega t + 90°) = U_m \sin(\omega t + 90°) \tag{2-18}$$

电压与电流的正弦波形如图 2-8b 所示，比较电压和电流的关系，可以看出具有以下几个特点：

1）电压 u 和电流 i 是同频率的正弦量。

2）电压 u 的相位超前电流 i 的相位 90°。

3）电压 u 和电流 i 的有效值（或最大值）之比为 $\dfrac{U}{I} = \dfrac{U_m}{I_m} = \omega L$。显然，$\omega L$ 具有和电阻相同的单位欧姆。定义 $X_L = \omega L = 2\pi f L$，称为电感的电抗，简称感抗。在电压一定时，$X_L$ 越大，电流越小，X_L 是表征电感对电流阻碍作用大小的物理量。不像电阻 R 是一个固定值，感抗与正弦信号的频率有关，f 越大，X_L 越大。在直流电路中，由于 $f = 0$，$X_L = 0$，故电感可视作短路。

4）忽略频率信息，用相量来表示正弦量电压 u 和电流 i 的关系，则有效值相量 $\dot{U} = jX_L\dot{I}$，最大值相量 $\dot{U}_m = jX_L\dot{I}_m$。有效值相量的相量图如图 2-8c 所示。

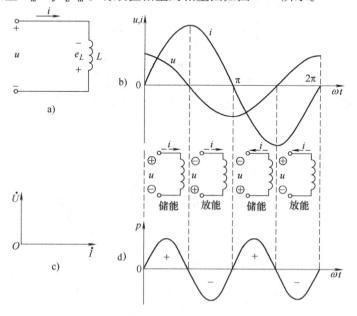

图 2-8　电感元件

a) 电路　b) 电压与电流的正弦波形　c) 电压与电流的相量图　d) 功率波形

电感元件的瞬时功率为

$$p = ui = U_m I_m \sin(\omega t + 90°)\sin\omega t = UI\sin 2\omega t \tag{2-19}$$

瞬时功率 p 是一个幅值为 UI、以 2ω 的角频率随时间变化的正弦量，其波形如图 2-8d 所示。在第一、第三个四分之一周期，$p>0$，电感元件吸收电功率，储存能量。在第二、第四个四分之一周期，$p<0$，电感元件对外提供电功率，释放能量。在一个周期内的平均功率为

$$P = \frac{1}{T}\int_0^T p\,\mathrm{d}t = \frac{1}{T}\int_0^T UI\sin 2\omega t\,\mathrm{d}t = 0 \tag{2-20}$$

可见，电感元件在交流电路中不消耗电功率，只是和电源之间进行能量交换，是储能元件。为了衡量这种能量交换的规模，工程上引入无功功率 Q，规定瞬时功率的最大值为无功功率 Q，即

$$Q = UI = X_L I^2 = \frac{U^2}{X_L} \tag{2-21}$$

为了和有功功率相区别，无功功率 Q 的单位用乏（var）表示。

【例 2-2】 已知电感元件电路中，$L = 200\mathrm{mH}$，$u = 220\sqrt{2}\sin 314t\,\mathrm{V}$，求 i、P 和 Q。

解： 由 $X_L = \omega L = 314 \times 200 \times 10^{-3}\,\Omega = 62.8\,\Omega$，得

$$\dot{I} = \frac{\dot{U}}{jX_L} = \frac{220\ \underline{/0°}}{62.8\ \underline{/90°}}\mathrm{A} = 3.5\ \underline{/-90°}\,\mathrm{A}$$

所以 $i = 3.5\sqrt{2}\sin(314t - 90°)$ A。

因电感元件不消耗有功功率，故

$$P = 0$$
$$Q = UI = 220 \times 3.5\,\mathrm{var} = 770\,\mathrm{var}$$

2.2.3 纯电容电路

按图 2-9a 中所示方向，在纯电容电路中由电容元件的特征方程可知

$$i = C\frac{\mathrm{d}u}{\mathrm{d}t} \tag{2-22}$$

选择电压 u 作为参考量，即设 $u = U_m\sin\omega t$，则

$$i = C\frac{\mathrm{d}u}{\mathrm{d}t} = \omega C U_m\sin(\omega t + 90°) = I_m\sin(\omega t + 90°) \tag{2-23}$$

电压与电流的正弦波形如图 2-9b 所示，比较电压和电流的关系，具有以下几个特点：

1）电压 u 和电流 i 是同频率的正弦量。

2）电压 u 相位滞后电流 i 相位 90°，即电流 i 相位超前电压 u 相位 90°。

3）电压 u 和电流 i 的有效值（或最大值）之比为 $\frac{U}{I} = \frac{U_m}{I_m} = \frac{1}{\omega C}$。定义 $X_C = \frac{1}{\omega C} = \frac{1}{2\pi f C}$，称为电容的电抗，简称容抗，单位为欧姆。在电压一定时，X_C 越大，电流越小，X_C 是表征电容对电流阻碍作用大小的物理量。容抗也与正弦信号的频率有关，f 越小，X_C 越大。在直流电路中，由于 $f=0$，$X_C \to \infty$，故电容可视作开路，起到隔离直流的作用。

4）忽略频率信息，用相量来表示正弦量电压 u 和电流 i 的关系，则有效值相量 $\dot{U} = -jX_C\dot{I}$，最大值相量 $\dot{U}_m = -jX_C\dot{I}_m$。有效值相量的相量图如图 2-9c 所示。

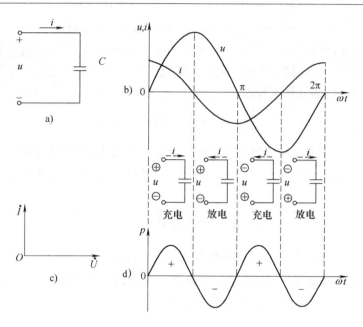

图 2-9　电容元件

a) 电路　b) 电压与电流的正弦波形　c) 电压与电流的相量图　d) 功率波形

电容元件的瞬时功率为

$$p = ui = U_m I_m \sin(\omega t + 90°) \sin \omega t = UI \sin 2\omega t \tag{2-24}$$

瞬时功率 p 是一个幅值为 UI、以 2ω 的角频率随时间变化的正弦量，其波形如图 2-9d 所示。在第一、第三个四分之一周期，$p>0$，电容元件吸收电功率，储存能量。在第二、第四个四分之一周期，$p<0$，电容元件对外提供电功率，释放能量。在一个周期内的平均功率为

$$P = \frac{1}{T} \int_0^T p \mathrm{d}t = \frac{1}{T} \int_0^T UI \sin 2\omega t \mathrm{d}t = 0 \tag{2-25}$$

可见，电容元件在交流电路中也不消耗电功率，只是和电源之间进行能量交换，是储能元件。能量交换的规模也用无功功率 Q 来表征。

为了同电感元件电路的无功功率 Q 相比较，也设电流为参考量，即 $i = I_m \sin \omega t$，则 $u = U_m \sin (\omega t - 90°)$，瞬时功率为

$$p = ui = U_m I_m \sin(\omega t - 90°) \sin \omega t = -UI \sin 2\omega t \tag{2-26}$$

故无功功率 Q 为

$$Q = -UI = -X_C I^2 = -\frac{U^2}{X_C} \tag{2-27}$$

单位为乏（var）。由此可见，电容的无功功率取负值，电感的无功功率取正值。

【例 2-3】　已知电容元件电路中 $C = 50\mu F$，把它接到 220V 的工频交流电源上工作，求电容器的电流和无功功率。若把它改接到 100V 的另一交流电源上工作时，测得电流为 3.14A，问此电源的频率是多少？$u = 220\sqrt{2} \sin 314t V$，求 i 和 p。

解：（1）接 220V 工频交流电源时，工频 $f = 50Hz$，有

$$X_C = \frac{1}{\omega C} = \frac{1}{2\pi f C} = \frac{1}{2 \times 3.14 \times 50 \times 50 \times 10^{-6}}\Omega = 63.69\Omega$$

$$\dot{I} = \frac{\dot{U}}{-\mathrm{j}X_C} = \frac{220\ \underline{/0°}}{63.69\ \underline{/-90°}}\mathrm{A} = 3.45\ \underline{/90°}\ \mathrm{A}$$

所以电流为

$$i = 3.45\sqrt{2}\sin\ (314t + 90°)\ \mathrm{A}$$

无功功率为

$$Q = -UI = -220 \times 3.45\mathrm{var} = -759\mathrm{var}$$

（2）接 100V 交流电源时，有

$$X_C = \frac{U}{I} = \frac{100}{3.14}\Omega \approx 31.85\Omega$$

$$f = \frac{1}{2\pi C X_C} = \frac{1}{2 \times 3.14 \times 50 \times 10^{-6} \times 31.85}\mathrm{Hz} \approx 100\mathrm{Hz}$$

则此电源的频率为 100Hz。

表 2-1 所示为单一电路元件的正弦交流电路特性一览表。

表 2-1　单一电路元件的正弦交流电路特性一览表

电路参数	电路图（参考方向）	特征方程	复阻抗	电压、电流关系				功率	
				瞬时值	有效值	相量图	相量式	有功功率	无功功率
R		$u = iR$	R	设 $u = \sqrt{2}\,U\sin\omega t$ 则 $i = \sqrt{2}\,I\sin\omega t$	$U = IR$ u、i 同相	u、i 同相	$\dot{U} = \dot{I}\,R$	UI I^2R	0
L		$u = L\dfrac{\mathrm{d}i}{\mathrm{d}t}$	$\mathrm{j}X_L = \mathrm{j}\omega L$	设 $i = \sqrt{2}\,I\sin\omega t$ 则 $u = \sqrt{2}\,\omega L\sin\ (\omega t + 90°)$	$U = IX_L$ $X_L = \omega L$	u 领先 $i\,90°$	$\dot{U} = \dot{I}\,(\mathrm{j}X_L)$	0	UI I^2X_L
C		$i = C\dfrac{\mathrm{d}u}{\mathrm{d}t}$	$-\mathrm{j}X_C = -\mathrm{j}\dfrac{1}{\omega C}$ $= \dfrac{1}{\mathrm{j}\omega C}$	设 $i = \sqrt{2}\,I\sin\omega t$ 则 $u = \sqrt{2}\,I/\omega C\sin\ (\omega t - 90°)$	$U = IX_C$ $X_C = 1/\omega C$	u 落后 $i\,90°$	$\dot{U} = \dot{I}\,(-\mathrm{j}X_C)$	0	$-UI$ $-I^2X_C$

思 考 题

2-2-1　结合图 2-8 和图 2-9 中的波形，思考瞬时功率 p 大于零时，u 和 i 的方向如何？p 小于零时又将如何？若在某一时刻 i 等于零，此时 u 是否也为零？p 呢？电流瞬时值等于零和有效值等于零的含义是否相同？

2-2-2　判断下列各式的正误。

在电阻电路中，$I = \dfrac{U}{R}$，$i = \dfrac{U}{R}$，$i = \dfrac{u}{R}$

在电感电路中，$I = \dfrac{U}{\omega L}$，$i = \dfrac{u}{X_L}$，$\dfrac{\dot{U}}{\dot{I}} = j\omega L$，$\dfrac{\dot{U}}{\dot{I}} = X_L$

在电容电路中，$I = U\omega C$，$i = j\omega Cu$，$\dfrac{\dot{U}}{\dot{I}} = -j\omega C$

2.3　正弦交流电路的分析

2.3.1　*RLC* 串联交流电路

2.2 节讨论了单一电路元件的正弦交流电路中电压、电流、功率的关系。本节开始分析多个电路元件的 *RLC* 串联电路中的问题。

RLC 串联电路如图 2-10 所示。电路中各元件流过同一电流 i，在各元件上分别产生电压 u_R、u_L、u_C。u_R、u_L、u_C 和 i 的关系可利用 2.2 节中单一电路元件时分析的结果。

根据基尔霍夫电压定律可列出

$$u = u_R + u_L + u_C = Ri + L\frac{\mathrm{d}i}{\mathrm{d}t} + \frac{1}{C}\int i\,\mathrm{d}t$$

(2-28)

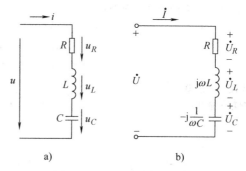

图 2-10　*RLC* 串联交流电路

a) 电路　b) 相量形式

直接处理正弦交流量比较复杂，因此可以转化成相量来进行分析计算，如图 2-11 所示。设电流为参考相量，即 $\dot{I} = I\,\underline{/0°}$，则

$$\dot{U}_R = R\dot{I} = RI\,\underline{/0°} = U_R\,\underline{/0°} \tag{2-29}$$

$$\dot{U}_L = j\omega L\dot{I} = X_L I\,\underline{/90°} = U_L\,\underline{/90°} \tag{2-30}$$

$$\dot{U}_C = -j\frac{1}{\omega C}\dot{I} = X_C I\,\underline{/-90°} = U_C\,\underline{/-90°} \tag{2-31}$$

故

$$\begin{aligned}
\dot{U} &= \dot{U}_R + \dot{U}_L + \dot{U}_C \\
&= U_R\,\underline{/0°} + U_L\,\underline{/90°} + U_C\,\underline{/-90°} = U\,\underline{/\varphi} \\
&= R\dot{I} + jX_L\dot{I} - jX_C\dot{I} \\
&= [R + j(X_L - X_C)]\dot{I}
\end{aligned} \tag{2-32}$$

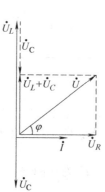

将式 (2-32) 写成

$$\frac{\dot{U}}{\dot{I}} = R + j(X_L - X_C) \tag{2-33}$$

图 2-11　*RLC* 串联电路相量图

定义 $X = X_L - X_C = \omega L - \dfrac{1}{\omega C}$，$X$ 称为串联交流电路的电抗。电抗叠加时，感抗 X_L 符号取正，容抗 X_C 符号取负。

再定义

$$Z = R + \mathrm{j}(X_L - X_C) = R + \mathrm{j}X \tag{2-34}$$

Z 称为串联交流电路的阻抗。注意，Z 只是一般的复数，不是相量，不能代表正弦量，因此在 Z 字母的顶部不加圆点。$\dot{U} = \dot{I}Z$ 称为交流电路的欧姆定律。

阻抗 Z 和其他复数一样，可以写成以下几种形式：

$$Z = R + \mathrm{j}X = |Z|(\cos\varphi + \mathrm{j}\sin\varphi) = |Z|\mathrm{e}^{\mathrm{j}\varphi} = |Z| \angle \varphi \tag{2-35}$$

式中，$|Z|$ 是 Z 的模，称为阻抗模，单位也是欧姆，则

$$|Z| = \frac{U}{I} = \sqrt{R^2 + (X_L - X_C)^2} = \sqrt{R^2 + \left(\omega L - \frac{1}{\omega C}\right)^2} \tag{2-36}$$

φ 是 Z 的辐角，称为阻抗角，则

$$\varphi = \arctan\frac{U_L - U_C}{U_R} = \arctan\left(\frac{I(X_L - X_C)}{IR}\right)$$

$$= \arctan\left(\frac{(X_L - X_C)}{R}\right) \tag{2-37}$$

由式(2-35)可见，阻抗的实部为"阻"，只与串联电路中的电阻有关，虚部为"抗"，与串联电路中的感抗和容抗有关。

阻抗反映了电路中电压与电流之间的关系，既包含大小关系(由阻抗模 $|Z|$ 体现)，又包含了相位关系(由阻抗角 φ 体现)。φ 的数值由电路元件的参数决定。对电感性电路($X_L > X_C$)，φ 为正；对电容性电路($X_L < X_C$)，φ 为负；对电阻性电路($X_L = X_C$)，$\varphi = 0$。阻抗角 φ 的取值范围为 $-90° \leqslant \varphi \leqslant 90°$。

常见串联电路的电压-电流关系见表 2-2。

表 2-2 串联电路的电压-电流关系

电路	一般关系式	相位关系	大小关系	复数式
R、L 串联	$u = Ri + L\dfrac{\mathrm{d}i}{\mathrm{d}t}$	$\varphi > 0$	$I = \dfrac{U}{\sqrt{R^2 + X_L^2}}$	$\dot{I} = \dfrac{\dot{U}}{R + \mathrm{j}X_L}$
R、C 串联	$u = Ri + \dfrac{1}{C}\int i\mathrm{d}t$	$\varphi < 0$	$I = \dfrac{U}{\sqrt{R^2 + X_C^2}}$	$\dot{I} = \dfrac{\dot{U}}{R - \mathrm{j}X_C}$
R、L、C 串联	$u = Ri + L\dfrac{\mathrm{d}i}{\mathrm{d}t} + \dfrac{1}{C}\int i\mathrm{d}t$	$\varphi > 0$ $\varphi = 0$ $\varphi < 0$	$I = \dfrac{U}{\sqrt{R^2 + (X_L - X_C)^2}}$	$\dot{I} = \dfrac{\dot{U}}{R + \mathrm{j}(X_L - X_C)}$

最后来讨论电路的功率。RLC 串联电路的瞬时功率为

$$p = ui = UI\cos\varphi(1 - \cos 2\omega t) + UI\sin\varphi\sin 2\omega t \tag{2-38}$$

式中，$i = \sqrt{2}I\sin\omega t$；$u = \sqrt{2}U\sin(\omega t + \varphi)$。则有功功率为

$$P = \frac{1}{T}\int_0^T p\mathrm{d}t = \frac{1}{T}\int_0^T \left[UI\cos\varphi(1 - \cos 2\omega t) + UI\sin\varphi\sin 2\omega t\right]\mathrm{d}t = UI\cos\varphi \tag{2-39}$$

由于电路中只有电阻元件实际消耗电能，对有功功率有贡献，其他电路元件都不消耗电能。故有功功率 P 完全来源于电阻上所消耗的电功率，即

$$P = P_R = U_R I = R I^2 = U I \cos \varphi \qquad (2\text{-}40)$$

电感和电容元件不消耗电能，只和电源进行能量交换。其能量交换的规模由无功功率 Q 来表征，无功功率 Q 为

$$Q = Q_L + Q_C = U_L I - U_C I$$

$$= (X_L - X_C) I^2 = U I \sin \varphi \qquad (2\text{-}41)$$

电感的无功功率 Q_L 符号为正，电容的无功功率 Q_C 符号为负，它们互相抵消。相应的总电抗 X 等于 $X_L - X_C$。

电压和电流有效值的乘积称为视在功率，用 S 来表示：

$$S = U I \qquad (2\text{-}42)$$

为区别起见，视在功率 S 的单位是 $\text{V} \cdot \text{A}$。显然，这三个功率之间有一定关系，即

$$S = \sqrt{P^2 + Q^2} \qquad (2\text{-}43)$$

它们可以用一个直角三角形来表示，称为功率三角形。

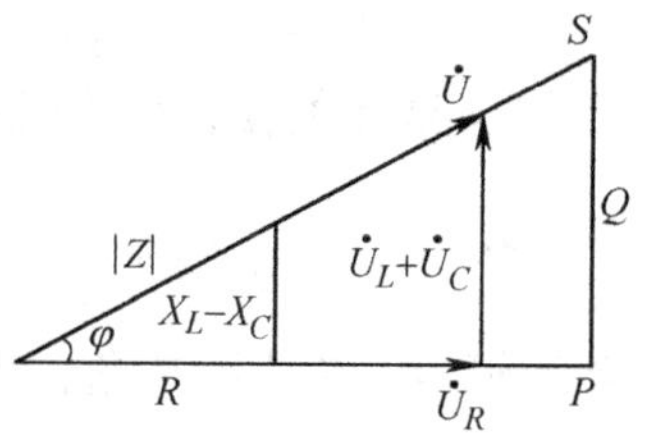

图 2-12 阻抗三角形、电压三角形、功率三角形

此外，$|Z|$、R、$X_L - X_C$ 三者之间，以及 $\dot{U}$、$\dot{U}_R$、$\dot{U}_L + \dot{U}_C$ 三者之间的关系也可以用直角三角形表示，分别称为阻抗三角形和电压三角形。如图 2-12 所示，这三个三角形是相似的。注意，功率和阻抗都不是正弦量，不能用相量来表示。

【例 2-4】 在 RC 串联电路中，（1）已知电源电压 $u = 200\sqrt{2} \sin 314t \text{V}$，电流有效值 $I = 4.2\text{A}$，有功功率 $P = 325\text{W}$，求 R、C；（2）若 $u = 200\sqrt{2} \sin 628t \text{V}$，求电路中的电流 i、无功功率 Q_C、视在功率 S。

解：（1）有功功率 P 完全来源于电阻上所消耗的电功率，故根据式（2-40）可得电阻为

$$R = \frac{P}{I^2} = \frac{325}{4.2^2} \Omega \approx 18.5 \Omega$$

又由式（2-36）可得

$$|Z| = \frac{U}{I} = \frac{200}{4.2} \Omega \approx 47.6 \Omega$$

$$X_C = \sqrt{|Z|^2 - R^2} = \sqrt{47.6^2 - 18.5^2} \Omega = 43.9 \Omega$$

则电容为

$$C = \frac{1}{\omega X_C} = \frac{1}{314 \times 43.9} \text{F} \approx 72.5 \mu\text{F}$$

（2）R 与频率无关。由 $X_C = \dfrac{1}{\omega C} = \dfrac{1}{2\pi f C}$ 可知，X_C 和频率成反比，频率增大为原频率的 2 倍，则 X_C 减小为原来的 1/2。故总复阻抗为

$$Z = \left(18.5 - j\frac{43.9}{2} \right) \Omega = 28.74 \underline{/-49.9°} \Omega$$

由交流电路的欧姆定律可得

$$\dot{I} = \frac{\dot{U}}{Z} = \frac{200 \ \underline{/0^\circ}}{28.74 \ \underline{/-49.9^\circ}} A = 6.96 \ \underline{/49.9^\circ} A$$

则

$$i = 6.96\sqrt{2}\sin(628t + 49.9^\circ) A$$
$$Q_C = -I^2 X_C = -6.96^2 \times 43.9/2 \text{var} \approx -1063.3 \text{var}$$
$$S = UI = 200 \times 6.96 V \cdot A = 1392 V \cdot A$$

2.3.2 阻抗的串并联电路

有了阻抗的概念之后，交流电路中的电路元件参数都可以用阻抗来表示。交流电路中的阻抗可以类比直流电路中的电阻，只不过电阻是实数，阻抗是复数。直流电路中电阻满足欧姆定律，其电压、电流都为实数。交流电路中电压、电流都可以表示为相量，满足复数形式的欧姆定律。同时，在交流电路中基尔霍夫电流、电压定律同样成立。据此可以对任意阻抗的串并联电路进行分析，求出整个电路的总阻抗。

1. 阻抗的串联电路

如果电路由若干个阻抗串联而成，如图 2-13 所示。由基尔霍夫电压定律可知 $\dot{U} = \dot{U}_1 +$ $\dot{U}_2 + \dot{U}_3$，将上式两边除以电流 $\dot{I}$，由阻抗的定义可知

$$Z_{\text{总}} = \frac{\dot{U}}{\dot{I}} = Z_1 + Z_2 + Z_3 \qquad (2\text{-}44)$$

推广到 n 个阻抗串联的电路，总阻抗为

$$Z = \sum_{k=1}^{n}(R_k + jX_k) = \sum_{k=1}^{n} R_k + j\sum_{k=1}^{n} X_k = R + jX \qquad (2\text{-}45)$$

串联电路的总阻抗等于各个阻抗之和。注意，阻抗是复数。阻抗相加时，实部和实部相加，虚部和虚部相加。虚部电抗叠加时，感抗 X_L 符号取正，容抗 X_C 符号取负。切不可以将阻抗模 $|Z|$ 直接相加。

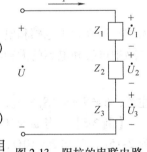

图 2-13　阻抗的串联电路

2. 阻抗的并联电路

如果电路由若干个阻抗并联而成，如图 2-14 所示。由基尔霍夫电流定律可知 $\dot{I} = \dot{I}_1 + \dot{I}_2 +$ $\dot{I}_3$，由阻抗的定义可将上式化成如下形式：

$$\frac{\dot{U}}{Z_{\text{总}}} = \frac{\dot{U}}{Z_1} + \frac{\dot{U}}{Z_2} + \frac{\dot{U}}{Z_3} \qquad (2\text{-}46)$$

约去式(2-46)两边的 $\dot{U}$，可得

$$\frac{1}{Z_{\text{总}}} = \frac{1}{Z_1} + \frac{1}{Z_2} + \frac{1}{Z_3} \qquad (2\text{-}47)$$

推广到 n 个阻抗并联的电路，总阻抗为

$$Z = \frac{1}{\sum_{k=1}^{N} \frac{1}{Z_k}} \qquad (2\text{-}48)$$

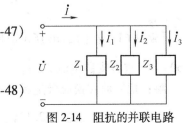

图 2-14　阻抗的并联电路

并联电路的总阻抗的倒数等于各部分阻抗的倒数之和。若只有两个阻抗 Z_1 和 Z_2 并联，显然总阻抗为

$$Z = \frac{Z_1 Z_2}{Z_1 + Z_2} \qquad (2-49)$$

3. 阻抗电路的功率

如果计算出了串并联的阻抗电路中的总阻抗 $Z = |Z| \angle \varphi$，总电压 U 和总电流 I 之间的关系可以利用交流电路的欧姆定律 $\dot U = \dot I Z$ 来进行分析计算。即有效值 $U = I|Z|$，辐角 $\varphi = \varphi_u - \varphi_i$，其中 φ_u 和 φ_i 分别为电压相量和电流相量的辐角。

电路中总的有功功率 P、无功功率 Q 和视在功率 S 分别为

$$P = UI\cos \varphi \qquad (2-50)$$

$$Q = UI\sin \varphi \qquad (2-51)$$

$$S = \sqrt{P^2 + Q^2} \qquad (2-52)$$

电路中总的有功功率也等于各部分电路元件有功功率的叠加，即

$$P = \sum P_k = P_1 + P_2 + P_3 + \cdots \qquad (2-53)$$

有功功率只来源于电阻，即总的有功功率实际上等于电路中各个电阻上消耗的有功功率的叠加。同样，电路中总的无功功率等于各部分电路元件无功功率的叠加，即

$$Q = \sum Q_k = Q_1 + Q_2 + Q_3 + \cdots \qquad (2-54)$$

无功功率来源于电感和电容，电感的无功功率 Q_L 为正，电容的无功功率 Q_C 为负。故一个电路中电感和电容的无功功率是相互补偿的。总的无功功率 S 为

$$S = \sqrt{\left(\sum P_k\right)^2 + \left(\sum Q_k\right)^2} \qquad (2-55)$$

注意，$S \neq S_1 + S_2 + S_3 + \cdots$。

【例2-5】 当 $\omega = 10\text{rad/s}$ 时，图 2-15a 所示电路可等效为图 2-15b，已知 $R = 10\Omega$，$R' = 12.5\Omega$，问 L 及 L' 各为多少？

解：图 2-15a 中，代入 ω 和 R 的值，有

$$Z = R + j\omega L = 10 + j10L$$

图 2-15b 中，代入 ω 和 R 的值并进行分母有理化，有

$$Z' = \frac{jR'\omega L'}{R' + j\omega L'} = \frac{100 \times 12.5L'^2 + j12.5^2 \times 10L'}{12.5^2 + 100L'^2}$$

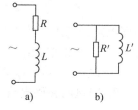

图 2-15 例 2-5 图

据题意 $Z = Z'$ 有

$$\frac{12.5 \times 100L'^2}{12.5^2 + 100L'^2} = 10, \quad L' = 2.5\text{H}$$

$$L = \frac{12.5^2 \times 10L'}{12.5^2 + 100L'^2} / 10\text{H} = 0.5\text{H}$$

【例2-6】 在图 2-16 所示电路中，已知 $Z_1 = (12+j16)\Omega$，$Z_2 = (10-j20)\Omega$，$\dot U = (120 + j160)\text{V}$，求各支路电流 $\dot I$、$\dot I_1$、$\dot I_2$，并画相量图（$\dot U$、$\dot I$、$\dot I_1$、$\dot I_2$）。

解：把复数转换成极坐标形式，有

$$\dot U = 200 \angle 53.1°\text{V}, \quad Z_1 = 20 \angle 53.1°\Omega, \quad Z_2 = 22.36 \angle -63.4°\Omega$$

则

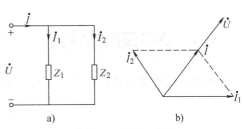

$$\dot{I}_1 = \frac{\dot{U}}{Z_1} = 10\ \underline{/0°}\ \text{A}$$

$$\dot{I}_2 = \frac{\dot{U}}{Z_2} = 8.94\ \underline{/116.5°}\ \text{A}$$

根据基尔霍夫电流定律，有

$$\dot{I} = \dot{I}_1 + \dot{I}_2 = 10\ \underline{/53.1°}\ \text{A}$$

相量图如图 2-16b 所示。

图 2-16　例 2-6 图

a) 电路　b) 相量图

【例 2-7】　在图 2-17 所示电路中，$R = R_1 = 16\Omega$，$X_L = 12\Omega$，$X_C = 16.67\Omega$，$\dot{U}_1 = 100\ \underline{/0°}\ \text{V}$，求：(1)各支路电流 i、i_1、i_2；(2)电源电压 $\dot{U}$；(3)电路的有功功率。

解： (1)由交流电路的欧姆定律可得

$$\dot{I}_1 = \frac{\dot{U}_1}{R_1 + jX_L} = (4 - j3)\ \text{A} = 5\ \underline{/-36.9°}\ \text{A}$$

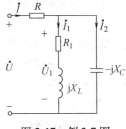

$$\dot{I}_2 = \frac{\dot{U}_1}{-jX_C} = j6\ \text{A}$$

根据基尔霍夫电流定律，有

$$\dot{I} = \dot{I}_1 + \dot{I}_2 = (4 + j3)\ \text{A} = 5\ \underline{/36.9°}\ \text{A}$$

图 2-17　例 2-7 图

则

$$i_1 = 5\sqrt{2}\sin(\omega t - 36.9°)\ \text{A}, \quad i_2 = 6\sqrt{2}\sin(\omega t + 90°)\ \text{A}, \quad i = 5\sqrt{2}\sin(\omega t + 36.9°)\ \text{A}$$

(2)根据基尔霍夫电压定律，有

$$\dot{U} = \dot{U}_1 + \dot{I}R = 170.9\ \underline{/16.3°}\ \text{V}$$

(3)电路上的有功功率 P 完全来源于电阻上所消耗的电功率，因此有

$$P = I_1^2 R_1 + I^2 R = 800\ \text{W}$$

思 考 题

2-3-1　设一个阻抗($|Z_1|$、φ_1)和另一个阻抗($|Z_2|$、φ_2)的电路元件相串联，其总阻抗按下式计算 $|Z| = |Z_1| + |Z_2|$，结果是否正确？如阻抗角 $\varphi_1 = \varphi_2$，按上式计算的结果对不对？

2-3-2　在并联交流电路中，支路电流是否有可能大于总电流？

2-3-3　在 R、L、C 串联电路中，设 $\dot{I} = I\ \underline{/0°}$，判断下列各式的正误。

$$U = U_R + U_L + U_C = IR + I(X_L - X_C), \quad \dot{U} = \dot{U}_R + \dot{U}_L + \dot{U}_C$$

$$I = \frac{U}{|Z|}, \quad i = \frac{u}{|Z|}, \quad \dot{I} = \frac{\dot{U}}{|Z|}$$

$$U = \sqrt{U_R^2 + U_L^2 + U_C^2}, \quad U = I\sqrt{R^2 + (X_L - X_C)^2}, \quad \dot{U} = \dot{I}[R + j(X_L - X_C)]$$

$$\varphi = \arctan\left(\frac{X_L - X_C}{R}\right), \quad \varphi = \arctan\left(\frac{U_L - U_C}{U_R}\right), \quad \varphi = \arctan\left(\frac{U_L - U_C}{U}\right), \quad \varphi = \arctan\left(\frac{\omega L - \omega C}{R}\right)$$

2.4　功率因数的提高

电路中有功功率和视在功率的比值 λ，定义为功率因数，其数学表达式为

$$\lambda = \frac{P}{S} = \cos\varphi \tag{2-56}$$

φ 为功率因数角，就是电路中电压和电流间的相位差角 $\psi_u - \psi_i$，也等于电路负载的阻抗 Z 的阻抗角。因此电路负载的性质不同，功率因数就不同。对于纯电阻电路，$\cos\varphi = 1$；对于纯电感或纯电容电路，$\cos\varphi = 0$；对于电感性或电容性电路，$0 < \cos\varphi < 1$。

日常的各种用电设备多为感性负载（含 R、L），这就造成了电力用户的 $\cos\varphi < 1$。电路中发生能量交换，出现无功功率 $Q = UI\sin\varphi$。功率因数过小会引起以下问题：

（1）供电设备的容量不能充分利用

电源的额定容量 $S_N = U_N I_N$ 标志着电源设备的做功能力，但当 $\cos\varphi < 1$ 时，发出的有功功率 $P < S_N$。供电设备的容量没有被充分利用，它的一部分容量被用作与电感形成的磁场能量进行交换，产生无功功率 Q，白白地占用了设备的容量。

对于 $S_N = 1000\text{kV}\cdot\text{A}$ 的变压器来讲，如果 $\cos\varphi = 1$，则能发出 1000kW 的有功功率；而当 $\cos\varphi = 0.7$ 时，则只能发出 700kW 的有功功率。

（2）增加了供电设备和传输线路的功率损耗

当发电机的额定电压 U 和输出功率 P 一定时，功率因数越低，输出电流 I 越大。显然，传输电流的增大会使供电系统的功率损耗 $\Delta P = I^2 r$ 增大。其中 r 为发电机组的绕阻和传输线路电阻。

生产上大量使用的异步电动机属于感性负载，功率因数较低，在 $0.5 \sim 0.85$ 之间，当使用不当、处在空载或轻载时，功率因数会低至 0.2。按照用电规则，高压供电用户必须保证用户功率因数在 0.95 以上，其他用户应保证在 0.9 以上。为了保证经济效益，提高功率因数十分必要。

电路的功率因数低是因为感性负载带来的无功功率多。无功功率越大，有功功率和视在功率的比值就越小。

$$\cos\varphi = \frac{P}{S} = \frac{P}{\sqrt{P^2 + Q^2}} \tag{2-57}$$

由于电感造成的感性无功功率（符号为正）可以通过电容造成的容性无功功率（符号为负）来补偿，故可以采用在供电线路中并联接入电力电容器的方法来提高电感性电路的功率因数，如图 2-18 所示。并联电容前，电路的总电流就是感性负载电流 $\dot{I}_L$，电路的功率因数就是感性负载的功率因数 $\cos\varphi_L$。并联电容后，电路的总电流变为 $\dot{I} = \dot{I}_L + \dot{I}_C$（其中 $\dot{I}_C = \dot{U}j\omega C$），且数值上 $I < I_L$。电路的功率因数变为 $\cos\varphi$，由于 $\varphi_L > \varphi$，所以 $\cos\varphi_L < \cos\varphi$，线路的功率因数得以提高。并联电容后，负载的工作未受影响，它本身的电压、电流和功率因数都没有变化，提高的是整个电路的功率因数，电压不变的情况下电路中的总电流减小。

注意，采用并联电容的方法并没改变原感性支路的工作状态，电容元件又不消耗有功功率，所以电路消耗的有功功率 $P = I_L^2 R$ 不变，即 $UI_L\cos\varphi_L = UI\cos\varphi$。

【例 2-8】　已知正弦交流电源 $U = 220\text{V}$，$f = 50\text{Hz}$，所接负载为日光灯，$\cos\varphi = 0.6$，$P = 8\text{kW}$。（1）如并联 $C = 530\mu\text{F}$，求并联电容后的功率因数？（2）若要将功率因数提高到 0.98，试求并联电容的电容值。

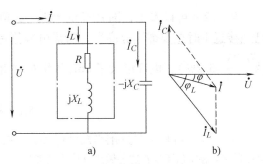

图 2-18　并联电容提高功率因数
a) 电路　b) 相量图

解：（1）日光灯为典型的感性负载，其电路可等效为电阻和电感的串联电路。通过并联电容可提高感性负载电路的功率因数，电路如图 2-18a 所示。

设 $\dot{U} = 220 \underline{/0°}\text{V}$，则日光灯电路电流为

$$I_L = \frac{P}{U\cos\varphi_L} = \frac{8\times10^3}{220\times0.6}\text{A} \approx 60.6\text{A}$$

由 $\cos\varphi_L = 0.6$，可知 $\varphi_L = 53.1°$。因为 $\varPsi_u = 0°$，所以

$$\varPsi_i = -53.1°$$

故

$$\dot{I}_L = 60.6\underline{/-53.1°}\text{A}$$

电容支路电流为

$$I_C = U\omega C = 220\times2\pi\times50\times530\times10^{-6}\text{A} = 36.6\text{A}$$

因为 $\dot{U} = 220\underline{/0°}\text{V}$，所以 $\dot{I}_C = 36.6\underline{/90°}\text{A}$。

由基尔霍夫电流定律可知

$$\dot{I} = \dot{I}_L + \dot{I}_C = (60.6\underline{/-53.1°} + 36.6\underline{/90°})\text{A}$$
$$= (36.5 - \text{j}48.5 + \text{j}36.6)\text{A} = (36.5 - \text{j}11.9)\text{A}$$
$$= 38.4\underline{/-18°}\text{A}$$

则 $\cos\varphi = \cos(\varPsi_u - \varPsi_i) = \cos[0° - (-18°)] = \cos18° = 0.95$

电路的相量图如图 2-18b 所示。

（2）从相量图中可以看出如下关系：

$$I_C = I_L\sin\varphi_L - I\sin\varphi = \frac{P}{U\cos\varphi_L}\sin\varphi_L - \frac{P}{U\cos\varphi}\sin\varphi$$

$$= \frac{P}{U}(\tan\varphi_L - \tan\varphi)$$

$$C = \frac{P}{U^2\omega}(\tan\varphi_L - \tan\varphi) \tag{2-58}$$

按题目要求 $\cos\varphi = 0.98$，则 $\tan\varphi = 0.20$

$$\cos\varphi_L = 0.6,\quad 则 \tan\varphi_L = 1.33$$

由式（2-58）可知，要将 $\cos\varphi$ 提高到 0.98，所并电容 C 为

$$C = \frac{8\times10^3}{220^2\times314}\times(1.33 - 0.20)\text{F} = 595\mu\text{F}$$

从例 2-8 可以看出，随着 C 的增大，φ 角随之减小，而 $\cos\varphi$ 随之增大，但当功率因数已经接近 1 时想要继续提高它，所需电容值是很大的。如例 2-8，$\cos\varphi$ 提高了 0.03（相对增值 $\frac{0.03}{0.95}=3.2\%$），电容增大了 $66\mu F$（相对增值 $\frac{66}{530}=12.5\%$），因此一般不必提高到 1。

思 考 题

2-4-1 能否用电容器与感性负载（原在额定电压下工作）串联以提高功率因数？此时负载的端电压是否仍能保持其额定值不变？这种做法有什么危害？

2-4-2 电感性负载并联电阻能否提高电路的功率因数？这种方法有什么缺点？

2.5 交流电路的谐振

在交流电路中，电感的感抗和电容的容抗都与频率有关，因此需要研究不同频率下电路的工作情况。本节主要介绍频率变化时电路中出现的谐振状态。在具有电感和电容元件的电路中，电路的总电压和总电流一般是不同相的。如果通过改变电路参数或电源频率使电路的总电压和总电流同相，这时电路中就会发生谐振现象。若电路中的电感和电容是串联连接的，则称为串联谐振电路。若电路中的电感和电容是并联连接的，则称为并联谐振电路。下面分别讨论这两种谐振的条件和特点。

2.5.1 电路串联谐振

在图 2-19a 所示 RLC 串联电路中，由谐振概念可知，当电路 $X_L=X_C$ 时电路处于谐振状态，即 $\omega L=\frac{1}{\omega C}$，所以谐振角频率 $\omega_0=\frac{1}{\sqrt{LC}}$。又由 $\omega=2\pi f$ 得到谐振频率为

$$f_0=\frac{1}{2\pi\sqrt{LC}} \qquad (2\text{-}59)$$

可见，通过改变电源频率 f 或通过改变电路参数 L、C 都能使电路处于谐振状态。谐振频率 f_0 取决于电路参数 L 和 C，是电路的一种固有属性，故称为电路的固有频率。

串联谐振具有下列特点：

1）当 $X_L=X_C$ 时，电路的阻抗模 $|Z|=\sqrt{R^2+(X_L-X_C)^2}=R$ 最小，电流 $I=\frac{U}{|Z|}$ 最大。图 2-20 给出了电抗、阻抗模、电流等跟随角频率变化的曲线。

2）电路中电压与电流同相（$\varphi=0$），呈现电阻性。电源供给电路的能量全部被电阻所消耗，电路与电源间不发生能量交换，无功功率 Q 为零。能量互换只发生在电感和电容之间。

3）由于 $X_L=X_C$，电感上的电压 $\dot U_L$ 和电容上的电压 $\dot U_C$ 大小相等、方向相反，电阻上的电压 $\dot U_R$ 等

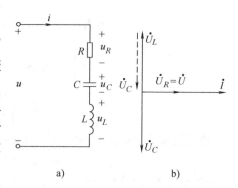

图 2-19 RLC 串联谐振
a）电路 b）相量图

于电源电压 $\dot{U}$，如图 2-19b 所示。串联谐振电路中 $U_L(U_C)$ 和电路总电压的比值称为品质因数 Q：

$$Q = \frac{U_L(U_C)}{U} = \frac{\omega_0 L}{R} = \frac{1}{\omega_0 CR} \tag{2-60}$$

RLC 串联谐振电路中 R 一般很小，因此一般 $Q \gg 1$。也就是说，电路在发生串联谐振时电感、电容两端的电压值比电源的总电压值大许多倍，故串联谐振也称为电压谐振。在电力工程中，一般应避免发生串联谐振，以防高电压损坏电气设备。在无线电通信工程上则恰好相反，由于其工作信号比较微弱，常利用串联谐振获得较高电压。

在电源电压 U 不变的情况下，RLC 串联电路中 I 随 ω 变化的曲线称为谐振曲线，如图 2-21 所示。两个谐振回路 L 和 C 相同，$R_1 < R_2$，则 $Q_1 = \dfrac{\omega_0 L}{R_1} > Q_2 = \dfrac{\omega_0 L}{R_2}$，可以看到，品质因数越大，则谐振曲线越尖，频率选择性就越好。

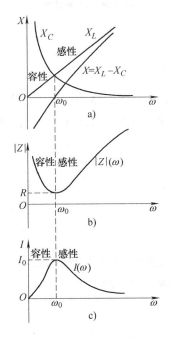

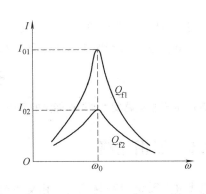

图 2-20   电抗、阻抗模、电流等跟随角频率
　　　　　变化的曲线图

图 2-21   串联谐振曲线

2.5.2 电路并联谐振

当 L 和 C 并联连接时，若电路的总电压和总电流同相，则电路就发生了并联谐振。在并联电路中，

$$\dot{I} = \dot{I}_R + \dot{I}_C + \dot{I}_L = \left(\frac{1}{R} + \frac{1}{-\mathrm{j}X_C} + \frac{1}{\mathrm{j}X_L} \right) \dot{U} \tag{2-61}$$

当 $X_L = X_C$ 时，$\dot{I}$ 与 $\dot{U}$ 相位相同，故并联谐振的谐振频率和串联谐振时相同。

并联谐振具有下列特点：

1）当 $X_L = X_C$ 时，$Z_{LC} = \dfrac{-jX_C \cdot jX_L}{jX_L - jX_C} \to \infty$，$L$ 和 C 并联部分相当于开路，电路的阻抗模 $|Z| = R$ 最大，电流 $I = \dfrac{U}{|Z|}$ 最小。

2）电路中电压与电流同相（$\varphi = 0$），呈现电阻性。电源供给电路的能量全部被电阻所消耗，电路与电源不发生能量交换，无功功率 Q 为零。能量互换只发生在电感和电容之间。

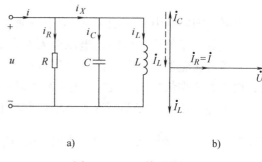

3）由于 $X_L = X_C$，电感上的电流 $\dot{I}_L$ 和电容上的电流 $\dot{I}_C$ 大小相等、方向相反，电阻上的电压 $\dot{I}_R$ 等于电源电压 $\dot{I}$，如图 2-22b 所示。$I_L(I_C)$ 和电路总电流 I 的比值称为并联谐振电路的品质因数 Q：

图 2-22 RLC 并联谐振
a）电路 b）相量图

$$Q = \frac{I_L(I_C)}{I} = \frac{R}{\omega_0 L} = \omega_0 CR \tag{2-62}$$

由于一般 $Q \gg 1$，也就是说，电路在发生并联谐振时电感、电容支路的电流值比电源的总电流大许多倍，故并联谐振也称为电流谐振。并联谐振在通信工程上也有着广泛的应用。

思 考 题

2-5-1 试分析电路发生谐振时能量的消耗和互换情况。

2.6 三相电路

现代电力系统中普遍采用三相交流电路。与前面讨论的单相正弦交流电相比，三相交流电路无论是从电能的产生还是电能的输送和使用都有着显著的优点。

2.6.1 对称三相电源

1. 三相电源的产生

三相电源（或三相电动势）是由三相交流发电机产生的。发电机由定子和转子部分组成，结构如图 2-23 所示。定子部分安放着相同的绕组 AX、BY、CZ，在空间位置上彼此相差 120°，称为三相绕组。转子部分由外力驱动旋转后，转子上的直流线圈产生旋转磁场。定子部分的三相绕组依次切割磁力线，产生频率相同、幅值相等、相位互差 120° 的三相正弦感应电动势 e_1、e_2、e_3，称为对称三相电动势。当磁极顺时针旋转时，以 A 相为参考，则三相绕组中感应电动势出现最大值的顺序为 A→B→C。三相交流电动势出现最大值的先后顺序称为三相电动势的相序。把三相电动势看成三个独立正弦电压

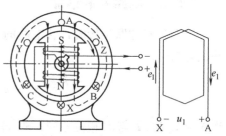

图 2-23 三相交流发电机结构

源，分别记为 u_1、u_2、u_3。它们的瞬时表达式为（以 u_1 为参考正弦量）

$$\begin{cases} u_1 = e_1 = U_m\sin\omega t \\ u_2 = e_2 = U_m\sin(\omega t - 120°) \\ u_3 = e_3 = U_m\sin(\omega t - 240°) = U_m\sin(\omega t + 120°) \end{cases} \tag{2-63}$$

如用相量表示这三个值，可写为

$$\begin{cases} \dot{U}_1 = U\underline{/0°} \\ \dot{U}_2 = U\underline{/-120°} \\ \dot{U}_3 = U\underline{/-240°} = U\underline{/120°} \end{cases} \tag{2-64}$$

对称三相电源的电压波形和相量图分别如图 2-24 和图 2-25 所示。

对称三相电源的电压瞬时值的和为零，即 $u_1+u_2+u_3=0$，且 $\dot{U}_1 + \dot{U}_2 + \dot{U}_3 = 0$。

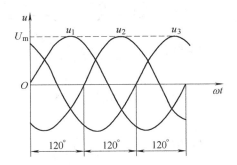

图 2-24　对称三相电源的电压波形

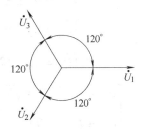

图 2-25　对称三相电源的电压相量图

2. 三相电源的联结方式

三相电源的联结方式一般为星形（Y）联结，较为常见的是星形联结的四线制供电系统，如图 2-26 所示。

在星形联结中，三相绕组的三个末端 X、Y、Z 连接在一起，成为一个公共点 N，称为中性点。从中性点引出的导线称为中性线。低压系统的中性点一般接地，故中性点又称为零点，中性线又称为零线或地线。从三相绕组的三个首端 A、B、C 引出的导线称为相线或端线，相线对地有电位差，常称为火线。

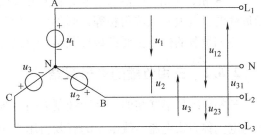

图 2-26　星形联结

三根相线和一根中性线都引出的供电方式称为三相四线制供电，中性线不引出的方式称为三相三线制供电。

3. 电源Y形联结时相、线电压的关系

为了正确使用三相电源，必须了解四根输电线（L_1、L_2、L_3、N）之间的电压关系。L_1、L_2、L_3 三根端线与中性线之间的电压，用 u_1、u_2、u_3 表示，称为相电压（即每相电源的电压）；端线与端线之间的电压，分别用 u_{12}、u_{23}、u_{31} 表示，称为线电压（即端线之间的电压）。因为各个电压都是同频率正弦量，故可以用相量表示。若忽略输电线上的电压降，相、线电

压之间的关系应用基尔霍夫电压定律有

$$\begin{cases} \dot{U}_{12} = \dot{U}_1 - \dot{U}_2 \\ \dot{U}_{23} = \dot{U}_2 - \dot{U}_3 \\ \dot{U}_{31} = \dot{U}_3 - \dot{U}_1 \end{cases} \tag{2-65}$$

相电压 $\dot{U}_1$、$\dot{U}_2$、$\dot{U}_3$ 有效值相等，用 U_P 表示，相位互差 120°，以相电压 $\dot{U}_1$ 为参考相量，作出电压相量图如图 2-27 所示。由图可知，三相线电压 $\dot{U}_{12}$、$\dot{U}_{23}$、$\dot{U}_{31}$ 也是对称的，且相位上分别超前 $\dot{U}_1$、$\dot{U}_2$、$\dot{U}_3$ 30°。线电压有效值用 U_l 表示，即 $U_{12} = U_{23} = U_{31} = U_l$。线电压的有效值 U_l 与相电压的有效值 U_P 的关系可由相量图求得，在图 2-27 中有 $U_{12} = 2 \times U_1 \cos 30° = \sqrt{3} U_1$，而 $U_{12} = U_l = \sqrt{3} U_1$，$U_1 = U_P$，所以 $U_l = \sqrt{3} U_P$。相电压、线电压的相量表达式如下：

$$\begin{cases} \dot{U}_1 = \dot{U}_P \underline{/0°} \\ \dot{U}_2 = \dot{U}_P \underline{/-120°} \\ \dot{U}_3 = \dot{U}_P \underline{/120°} \end{cases} \tag{2-66}$$

$$\begin{cases} \dot{U}_{12} = U_l \underline{/30°} = \sqrt{3} U_P \underline{/30°} \\ \dot{U}_{23} = U_l \underline{/-90°} = \sqrt{3} U_P \underline{/-90°} \\ \dot{U}_{31} = U_l \underline{/150°} = \sqrt{3} U_P \underline{/150°} \end{cases} \tag{2-67}$$

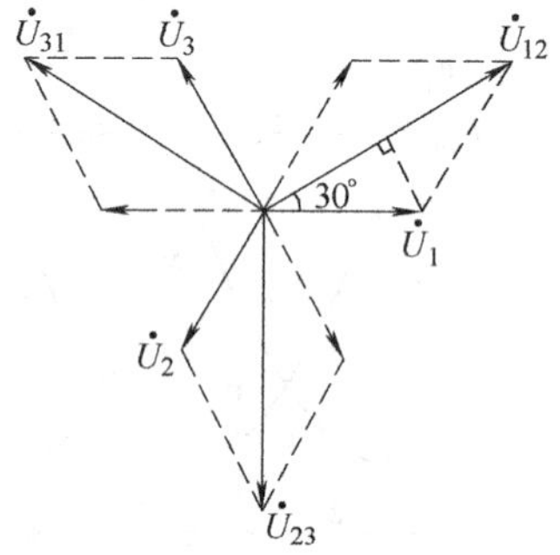

图 2-27　电压相量图

因此，三相四线制的供电系统可以供给负载两种不同的电压。我国通用的低压供电系统中，相电压 $U_P = 220V$，线电压 $U_l = 380V$（$\sqrt{3} \times 220V = 380V$）。

由 A 相、B 相、C 相三相电源供电的负载分别称为 A 相、B 相、C 相三相负载。如果三相负载的阻抗模和阻抗角相等，则称为三相对称负载，否则称为三相不对称负载。

三相负载的连接主要有星形联结（丫联结）和三角形联结（△联结）两种。

2.6.2　三相负载的星形联结

三相负载星形联结的三相四线制电路可画成图 2-28 所示的形式，端线 L_1、L_2、L_3 上流过的电流称为线电流，线电流的有效值用 I_l 表示。流过每相负载 Z_1、Z_2、Z_3 的电流称为相电流，相电流的有效值用 I_P 表示。由图可知，负载星形联结时线电流等于相电流，故有 $I_l = I_P$。如果不计连接导线的阻抗，各相负载承受的电压就是电源的相电压，故负载端电压相量图与电源端电压相量图一样，其线电压 U_l 与相电压 U_P 之间有 $U_l = \sqrt{3} U_P$ 的关系。

由图 2-28 可知，每相负载上的电压就是电源的相电压。各相构成一个单独回路，电流的计算方法和单相电路一样，即

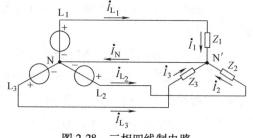

图 2-28　三相四线制电路

$$\begin{cases} \dot{I}_1 = \dfrac{\dot{U}_1}{Z_1} \\[2mm] \dot{I}_2 = \dfrac{\dot{U}_2}{Z_2} \\[2mm] \dot{I}_3 = \dfrac{\dot{U}_3}{Z_3} \end{cases} \tag{2-68}$$

对负载的中性点 N′应用基尔霍夫电流定律，可得中性线电流 I_N 为

$$\dot{I}_N = \dot{I}_1 + \dot{I}_2 + \dot{I}_3 \tag{2-69}$$

在负载的星形接法中，如果负载对称，即 $|Z_A| = |Z_B| = |Z_C| = |Z|$，且各阻抗角均为 φ，而三相对称电源有 $U_1 = U_2 = U_3 = U_P$，且电压相量互差 120°，所以有

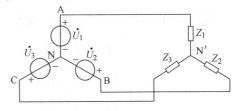

$$\begin{cases} \dot{I}_1 = \dfrac{U_P}{|Z|} \underline{/0° - \varphi} \\[2mm] \dot{I}_2 = \dfrac{U_P}{|Z|} \underline{/-120° - \varphi} = \dot{I}_1 \underline{/-120°} \\[2mm] \dot{I}_3 = \dfrac{U_P}{|Z|} \underline{/-240° - \varphi} = \dot{I}_1 \underline{/-240°} = \dot{I}_1 \underline{/120°} \end{cases}$$

$$(2\text{-}70)$$

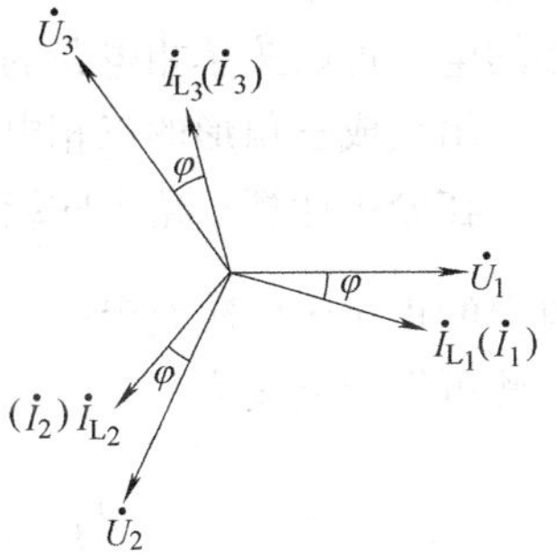

图 2-29　星形对称负载相量图

其电流相量图如图 2-29 所示。由于三相电流对称，所以计算时只要求出 $\dot{I}_1 (\dot{I}_{L_1})$，便可知 $\dot{I}_2 (\dot{I}_{L_2})$ 和 $\dot{I}_3 (\dot{I}_{L_3})$。由于三相电流对称，有

$$\dot{I}_N = \dot{I}_1 + \dot{I}_2 + \dot{I}_3 = 0 \tag{2-71}$$

此时，中性线上电流为零。既然中性线没有电流，就可以取消中性线，中性线取消后便成为三相三线制电路，如图 2-30 所示。星形联结的三相电动机和电炉都采用此供电制。三相三线制中，虽然没有中性线，但负载相电压仍然等于电源相电压，电源中性点 N 和负载中性点 N′的电位仍然相等。注意，星形联结中只有对称负载时才可以取消中

图 2-30　三相三线制电路

性线。不对称负载时若断开中性线，将会使有的负载端电压升高，有的负载端电压降低，因而负载不能在额定电压下正常工作，甚至可能引起用电设备的损坏。因此，对于星形联结的不对称负载，必须要接中性线。中性线断开是一种不希望出现的故障，应尽量避免。

【例 2-9】　对称三相三线制的电压为 380V，丫形对称负载每相阻抗 $Z = 10 \underline{/10°}\Omega$，求电流。

解：在三相电路问题中，如不加说明，电压都是指线电压，且为有效值。线电压为 380V，则相电压为 $380/\sqrt{3} = 220$V。设 A 相电压的初相位为零，则

$$\dot{U}_A = 220 \underline{/0°}\text{V}$$

因为 N′ 与 N 等电位，所以

$$\dot{I}_A = \frac{\dot{U}_A}{Z} = \frac{220\ \underline{/0^\circ}}{10\ \underline{/10^\circ}}A = 22\ \underline{/-10^\circ}A$$

其他两相电流为

$$\dot{I}_B = 22\ \underline{/-10^\circ - 120^\circ}A = 22\ \underline{/-130^\circ}A$$

$$\dot{I}_C = 220\ \underline{/-10^\circ + 120^\circ}A = 22\ \underline{/110^\circ}A$$

2.6.3 三相负载的三角形联结

图 2-31 所示为三相负载的三角形联结。三角形联结的特点是每相负载所承受的电压等于电源的线电压，由于各相负载的电压是固定的，故各相负载的工作情况不会相互影响，各相的电流可以按单相电路的方法进行计算。该接法经常用于三相对称负载，如正常运行时三个绕组接成三角形的三相电动机。

在分析计算三角形联结的电路时，各相负载的电压（就是线电压）和电流的正方向可按电源的正相序依次设定，即相电压为 $\dot{U}_{12}$、$\dot{U}_{23}$、$\dot{U}_{31}$，相电流为 $\dot{I}_1$、$\dot{I}_2$、$\dot{I}_3$，如图 2-32 所示。由此可得相电流为

$$\begin{cases} \dot{I}_1 = \dfrac{\dot{U}_{12}}{Z_1} \\\\ \dot{I}_2 = \dfrac{\dot{U}_{23}}{Z_2} \\\\ \dot{I}_3 = \dfrac{\dot{U}_{31}}{Z_3} \end{cases} \quad (2\text{-}72)$$

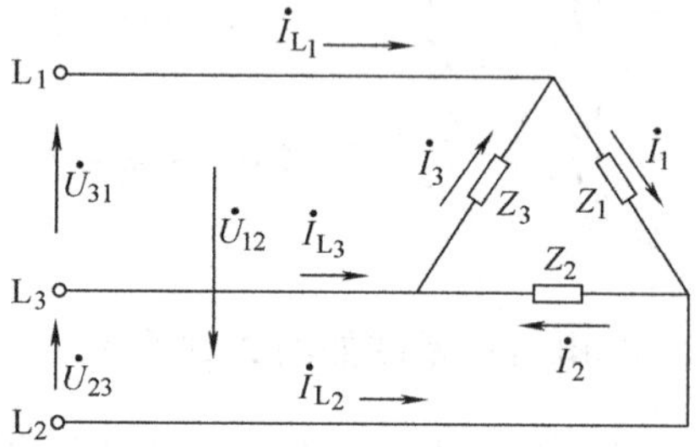

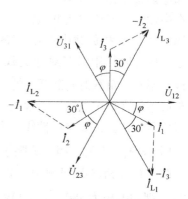

图 2-31 三相负载的三角形联结

根据基尔霍夫电流定律，线电流为

$$\begin{cases} \dot{I}_{L_1} = \dot{I}_1 - \dot{I}_3 \\\\ \dot{I}_{L_2} = \dot{I}_2 - \dot{I}_1 \\\\ \dot{I}_{L_3} = \dot{I}_3 - \dot{I}_2 \end{cases} \quad (2\text{-}73)$$

如果是三相对称负载，即 $Z_1 = Z_2 = Z_3$，那么相电流和线电流一定也是对称的，即

$$I_1 = I_2 = I_3 = I_P$$

$$I_{L_1} = I_{L_2} = I_{L_3} = I_l = 2 \times I_P\cos 30^\circ = \sqrt{3}\,I_P$$

它们的绝对值相等，在相位上相差120°。图 2-32 所示为对称三角形负载电压和电流的相量图。从相量图可以看出，三个对称三角形负载的线电流与相应的相电流的相位关系是：$\dot{I}_{L_1}$ 滞后于 $\dot{I}_1$30°，$\dot{I}_{L_2}$ 滞后于 $\dot{I}_2$30°，$\dot{I}_{L_3}$ 滞后于 $\dot{I}_3$30°。

图 2-32 对称三角形负载电压和电流的相量图

总结以上所述，三相负载中各电压与电流的关系见表 2-3。

表 2-3　三相负载中各电压与电流的关系

负载的联结		电　压		电　流	
		对称负载	不对称负载	对称负载	不对称负载
星形	有中性线	$U_l = \sqrt{3}\,U_P$	$U_l = \sqrt{3}\,U_P$	$I_l = I_P$ $I_N = 0$	$I_l = I_P$ 电流不对称 $I_N \neq 0$
	无中性线	$U_l = \sqrt{3}\,U_P$	相电压不对称	$I_l = I_P$	$I_l = I_P$ 电流不对称
三角形		$U_l = U_P$	$U_l = U_P$	$I_l = \sqrt{3}\,I_P$	相电流不对称 线电流不对称

【例 2-10】　在图 2-31 中，已知（1）Z_1、Z_2 和 Z_3 均为 $10\,\underline{/30°}\,\Omega$，电源线电压为 380V，求各相电流及线电流；（2）若 Z_2 改为 $5\,\underline{/30°}\,\Omega$，其余条件不变，求各相电流及线电流。

解：（1）由于各负载对称，故各相电流及线电流对称。

设 $\dot{U}_{12} = 380\,\underline{/0°}\,\text{V}$，$\dot{U}_{23} = 380\,\underline{/-120°}\,\text{V}$，$\dot{U}_{31} = 380\,\underline{/120°}\,\text{V}$，则

$$\dot{I}_1 = \frac{\dot{U}_{12}}{Z_1} = \frac{380\,\underline{/0°}}{10\,\underline{/30°}}\text{A} = 38\,\underline{/-30°}\,\text{A}$$

$\dot{I}_2$、$\dot{I}_3$ 依次为

$$\dot{I}_2 = 38\,\underline{/-30° - 120°}\,\text{A} = 38\,\underline{/-150°}\,\text{A}$$

$$\dot{I}_3 = 38\,\underline{/-30° + 120°}\,\text{A} = 38\,\underline{/90°}\,\text{A}$$

线电流为

$$\dot{I}_{L_1} = \sqrt{3}\,I_P\,\underline{/-30° - 30°}\,\text{A} = \sqrt{3} \times 38\,\underline{/-60°}\,\text{A} = 65.82\,\underline{/-60°}\,\text{A}$$

$\dot{I}_{L_2}$、$\dot{I}_{L_3}$ 依次为

$$\dot{I}_{L_2} = 65.82\,\underline{/-60° - 120°}\,\text{A} = 65.82\,\underline{/-180°}\,\text{A}$$

$$\dot{I}_{L_3} = 65.82\,\underline{/-60° + 120°}\,\text{A} = 65.82\,\underline{/60°}\,\text{A}$$

（2）由于仅 Z_2 改为 $5\,\underline{/30°}\,\Omega$，而其余条件不变，则有

$$\dot{I}_2 = \frac{\dot{U}_{23}}{Z_2} = \frac{380\,\underline{/-120°}}{5\,\underline{/30°}}\text{A} = 76\,\underline{/-150°}\,\text{A}$$

$\dot{I}_1$、$\dot{I}_3$ 仍保持原值不变，即 $\dot{I}_1 = 38\,\underline{/-30°}\,\text{A}$，$\dot{I}_3 = 38\,\underline{/90°}\,\text{A}$，根据式（2-73）得各线电流为

$$\dot{I}_{L_2} = \dot{I}_2 - \dot{I}_1 = (76\,\underline{/-150°} - 38\,\underline{/-30°})\,\text{A} = 100.54\,\underline{/-169.1°}\,\text{A}$$

$$\dot{I}_{L_3} = \dot{I}_3 - \dot{I}_2 = (38\,\underline{/90°} - 76\,\underline{/-150°})\,\text{A} = 100.54\,\underline{/49.1°}\,\text{A}$$

$\dot{I}_{L_1}$ 将保持 $65.82\,\underline{/-60°}\,\text{A}$。

2. 6. 4 三相负载的功率

三相负载取用的平均功率等于各相负载平均功率之和 $P=P_1+P_2+P_3$。如果负载对称，则各相负载取用的平均功率也相等，三相功率可以表示为

$$P = 3U_P I_P \cos \varphi \tag{2-74}$$

式中，U_P、I_P 分别为相电压和相电流；φ 为每相负载电压与电流的相位差，取决于负载的阻抗角。

一般为方便起见，常用线电压 U_l 和线电流 I_l 计算三相对称负载的功率。负载作星形联结时，相电流等于线电流，即 $I_P = I_l$，而负载相电压为 $U_P = U_l/\sqrt{3}$；负载作三角形联结时，则 $U_P = U_l$，而 $I_P = I_l/\sqrt{3}$，将上述关系代入式(2-74)可得

$$P = \sqrt{3} U_l I_l \cos \varphi \tag{2-75}$$

三相对称负载，不论是星形联结还是三角形联结，都可以用式(2-75)计算三相功率，必须注意的是，式(2-75)中的 φ 仍为一相负载阻抗的电压和电流的相位差。

同理，三相对称负载的无功功率为

$$Q = 3U_P I_P \sin \varphi = \sqrt{3} U_l I_l \sin \varphi \tag{2-76}$$

根据视在功率的定义 $S = \sqrt{P^2+Q^2}$，三相对称负载的视在功率为

$$S = 3U_P I_P = \sqrt{3} U_l I_l \tag{2-77}$$

【例 2-11】 某三相对称负载 $Z = (6+j8)\Omega$，接于线电压 $U_l = 380V$ 的三相对称电源上，试求：(1)负载作星形联结时所取用的电功率；(2)负载作三角形联结时所取用的电功率。

解：因为 $Z = (6+j8)\Omega = 10 \underline{/53.1°}\,\Omega$，即 $|Z| = 10\Omega$，$\varphi = 53.1°$。

(1) 负载作星形联结时，有

$$U_P = \frac{U_l}{\sqrt{3}} = \frac{380}{\sqrt{3}}V = 220V$$

$$I_l = I_P = \frac{U_P}{|Z|} = \frac{220}{10}A = 22A$$

三相功率为

$$P = \sqrt{3} U_l I_l \cos \varphi = (\sqrt{3} \times 380 \times 22\cos 53.13°)W = 8694W = 8.7kW$$

(2) 负载作三角形联结时，有

$$U_l = U_P = 380V, \quad I_P = \frac{U_P}{|Z|} = \frac{380}{10}A = 38A, \quad I_l = \sqrt{3} I_P = 65.82A$$

$$P = \sqrt{3} U_l I_l \cos \varphi = \sqrt{3} \times 380 \times 65.82\cos 53.1W = 26010W = 26kW$$

由此可见，当电源的线电压相同时，负载作三角形联结时的功率是负载作星形联结时的3倍。为什么有这一关系，请读者自己推导一下。例2-11也说明在同一电源下，负载的连接应按其额定电压进行正确接线。

思 考 题

2-6-1 某三相对称电源 U 相的电压瞬时值 $u_1 = 220\sqrt{2}\sin(\omega t+20°)$V，写出其他两相电压的瞬时表达式，

并画出波形图。

2-6-2 三相四线制供电系统中，中性线上的电流等于三相负载电流之和，所以中性线的截面积应选得比相线的截面积更大，这种说法对吗？

2-6-3 正常接法为三角形联结的三相电阻炉功率为 3kW，若误将其联结成星形在同一电源下使用，问耗用的功率是多少？

2.7 安全用电

2.7.1 触电

人体受到电流的伤害称为触电。伤及内部器官时称为电击，主要是电流伤害神经系统使心脏和呼吸功能受到障碍，极易导致死亡；只是皮肤表面被电弧烧伤时称为电伤。

对于工频交流电，实验资料表明，人体对触电电流的反应可划分为三级：

1) 引起人感觉的最小电流称为感知电流，约为 1mA；

2) 触电后人体能主动摆脱的电流称为摆脱电流，约 10mA；

3) 在较短时间内危及生命的电流称为致命电流，一般认为是 50mA 以上。

当人体的皮肤潮湿时，人体电阻大致为 1000Ω，故 50V 以下的电压认为是较安全的。我国有关部门规定工频交流电的安全电压有效值为 42V、36V、24V、12V 和 6V。凡手提照明灯等携带式电动工具，如无特殊安全措施时应采用 42V 和 36V 安全电压，在特殊危险场所要采用 12V 或 6V。

触电方式大致有三种，即单相触电(如图 2-33 所示)、两相触电(如图 2-34 所示)和跨步电压触电。跨步电压触电是指，当带有电的电线掉落到地面上后，以落地点为圆心，画许多同心圆，这些同心圆之间有不同的电位差，使处于事故现场的人两脚之间承受一定的电压而造成的触电事故。

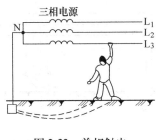

图 2-33 单相触电

图 2-34 两相触电

2.7.2 电气设备的接地与接零保护

为了防止电气设备意外带电，造成人体触电事故和保证电气设备正常运行，经常采取的技术措施有保护接地和保护接零。

1. 保护接地

保护接地是把电气设备不带电的金属部分与地作可靠的金属连接。它适用于中性点不接地的供电系统。例如，在中性点不接地的三相三线制供电系统中，当某电动机因内部绝缘损坏使得机壳带电(简称碰壳),若有人触及电动机外壳,将由电流经人体电阻 R_r 与分布电容构成回路,如图 2-35 所示,发生触电危险。

如果电动机接有保护接地,如图 2-36 所示,接地电阻 R_d 按规定不大于 4Ω,发生单相"碰壳"后,一方面由于小电阻 R_d 的并入使得三相负载不对称,以致中性点偏移,使故障点相对地的电压远远小于原相电压,另一方面人体电阻 R_r 在最不利的情况下为 1000Ω,是接地电阻的 250 多倍。人体电阻与接地电阻处于并联连接,有 $R_r I_r = R_d I_d$ 关系,故绝大部分电流从阻值很小的 R_d 上流过,只有很少的电流流过人体,大大减少了触电的危险。

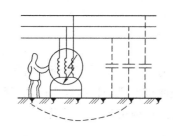
图 2-35 人碰外壳触电

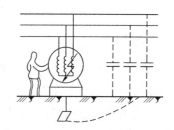
图 2-36 保护接地

2. 保护接零

保护接零用于三相电源中性点 N 接地的三相四线制供电系统中,它是将电气设备的外壳与系统的零线相连接,如图 2-37 所示。当发生单相"碰壳"时,使相线与零线发生单相短路,短路电流使熔断器中的熔断丝熔断或断电保护设备动作,使故障点迅速脱离电源。值得注意的是,在三相四线制供电系统中,不允许采用保护接地。否则,如图 2-38 所示,发生单相"碰壳"后,相应相的短路电流 $I_{SC} = \dfrac{U_P}{R_b + R_N}$,此值很可能不足以使熔丝熔断,故障将长期存在下去。此时,如果 $R_b = R_N$,$U_P = 220V$,那么 $R_b I_{SC} = R_N I_{SC} = U_P/2 = 110V$,这一电压远远高于安全电压。

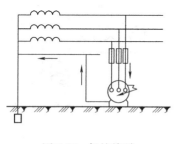
图 2-37 保护接零

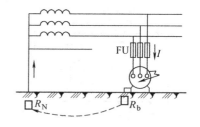
图 2-38 三相四线系统不允许用保护接地

3. 三相五线制供电系统

在三相四线制系统中,由于负载往往不对称,零线上电流不为零。为了确保设备外壳对地电压为零,专门从电源中性点引出一根零线用于保护接零。这种供电系统有五条引出电线,分别为三条相线 L_1、L_2、L_3,一条中性线(工作零线)及一条保护零线 PE。如图 2-39 所示,其中保护零线 PE 是专门以防止触电为目的用来与系统中各设备或线路的金属外壳、接地母线等作电气连接的导线。在正常工作时中性线中有电流,保护零线中不应有电流,如果保护零线中出现电流,则必定有设备漏电情况发生。

对于民用设施和办公场所的照明支线，通常采用双极开关，在相线和零线上都装有熔丝，以增加过电流时的熔断机会，在这种情况下必须配置保护零线。如图 2-40 所示，金属灯具、洗衣机和电冰箱等电器的金属外壳，以及单相三眼插座中的 PE 端子都要接在保护零线上。

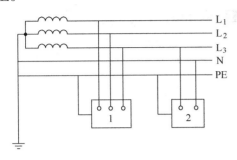 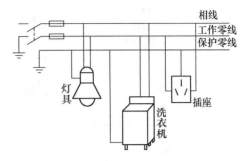

图 2-39 三相五线制低压配电系统   图 2-40 工作零线和保护零线

2.7.3 静电防护、防火与防爆

在工农业生产和日常生活中常会产生静电情况，产生静电的原因有很多，较常见的是摩擦起电。在有易燃易爆液体、气体或粉尘的环境中，由于静电放电可能会引发火灾或爆炸，所以在这类环境中必须采取一定的措施。消除静电的最基本方法是接地，将有可能摩擦生电的设备、物体用导线连接并可靠地接地，也可与其他的接地共用接地装置。

引发电火灾与爆炸的原因有很多。例如，①由于短路、过载、接触不良、通风散热条件恶化等原因都会使电气线路和电气设备整体或局部温度升高，从而引起火灾或引发电气爆炸；②电气线路和设备发生短路，接头松脱，电机炭刷冒火，过电压放电，熔断器熔体熔断，开关操作以及继电器触点开闭等会产生电火花和电弧，引燃或引爆易燃易爆物质；此外，静电放电也会引起同类火灾事故；③电热和照明设备使用不当也是引起火灾和爆炸的原因之一。因此，应严格遵守安全操作规程，经常检查电气设备运行情况，定期检修，在空气含有可燃固体粉尘（如煤粉、面粉等）和可燃气体达到一定程度时应选用防爆型的开关、变压器、电动机等电气设备，这类设备装有坚固特殊的外壳，使电气设备中电火花或电弧的作用不波及设备之外，具体规定可查阅电工手册。

思 考 题

2-7-1 什么是保护接地和保护接零？各用于什么场合？

2-7-2 什么是三相五线制？五线各是什么线？

2.8 Multisim 仿真举例

利用 Multisim 仿真，可以分析计算正弦交流电路，确定不同结构和不同参数的各种正弦交流电路中电流与电压之间的关系。

2.8.1 一般交流电路仿真

利用 Multisim 仿真分析习题 2-7，其仿真电路如图 2-41 所示。双击电压表或电流表改变

Value 选项中 Mode 为 AC(交流)模式，电压表或电流表测量值即为交流电压或电流的有效值。

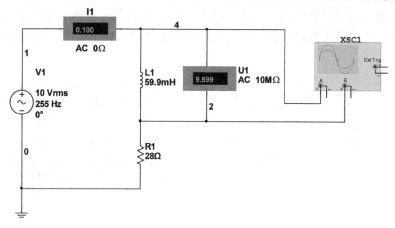

图 2-41 习题 2-7 仿真电路

从仿真结果可以看到，电路中电流的有效值为 0.1A，与理论计算结果相同。使用示波器分别观察电感和电阻两端的电压波形，发现电感两端电压超前电阻两端电压 90°，这是由于电阻的电压和电流同相，而电感的电压超前电流 90°。图 2-42 的波形形象地说明了电路元件的电压关系。

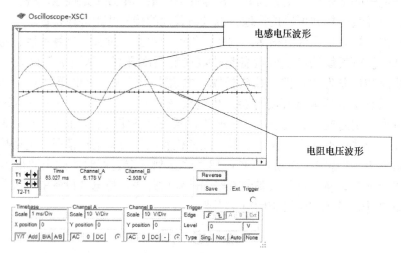

图 2-42 电感和电阻两端的电压波形

2.8.2 串联谐振电路仿真

谐振现象是交流电路的一种特定工作状态。利用 Multisim 仿真可以对串联谐振电路的谐振条件和特点进行分析。RLC 串联谐振仿真电路如图 2-43 所示，通过仿真发现，当谐振频率为 $f_0 = \dfrac{1}{2\pi\sqrt{LC}} = 160\text{Hz}$ 时，电路电流达到最大值，交流电流表测量的电流有效值为 10A。电容和电感上的电压大小相等，方向相反，互相抵消，电路发生串联谐振，表现出纯电阻性。

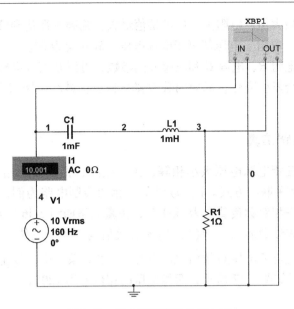

图 2-43 *RLC* 串联谐振仿真电路

在电路中接入伯德图仪对电路的频率特性进行观测。*RLC* 串联电路的幅频特性和相频特性分别如图 2-44 和图 2-45 所示。由于电阻上电压和电流同相，当频率达到谐振频率 160Hz

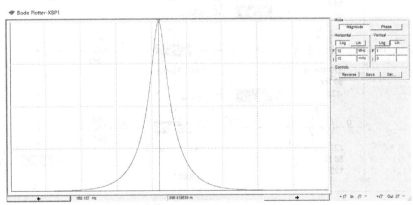

图 2-44 *RLC* 串联电路的幅频特性

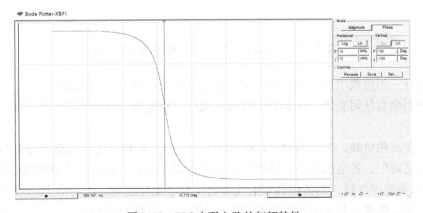

图 2-45 *RLC* 串联电路的相频特性

时，电路中电流达到最大值，电阻上电压的幅值最大，幅频特性达到峰值。同样，当频率达到谐振频率160Hz时，电阻上电压就等于电源电压，故相角为0°。

若改变电路元件电阻 R、电容 C 和电感 L 的参数，可以观察到电路谐振频率的变化，同时电路的频率曲线也会发生变化，品质因数 Q 随之改变。减小电阻 R 可以增大品质因数 Q，提高电路相频特性。

2.8.3 三相电路仿真

三相交流电路中三相电源电压大小相等、频率相同、相位彼此相差120°。三相负载部分有丫联结和△联结两种联结方式。以丫联结的三相四线制电路为例，利用 Multisim 可以对该电路进行分析，当三相对称负载均为1kΩ时，仿真电路如图2-46所示。由仿真结果可知，三相电路中三块电流表读数表示的相（线）电流有效值均相等；三块电压表读数表示的线电压有效值也都相等，且与相电压有效值之间存在 $\sqrt{3}$ 倍关系。中性线上电流为0。用示波器观察 A、B 两相的波形如图2-47所示，两相电压的相位差为120°。

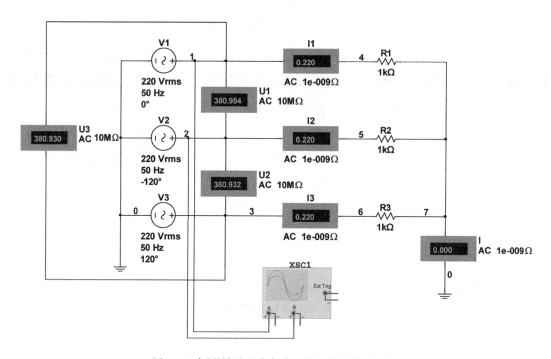

图2-46 丫联结的对称负载三相四线制仿真电路

如果断开三相负载中性点和大地之间的连接，电路变为三相三线制电路。三相电路的电流和电压都不会有任何变化，证明对于对称负载的三相电路，有中性线和没有中性线效果完全一样。

如果改变三相负载，变成1kΩ、2kΩ、3kΩ的不对称负载，仿真电路如图2-48所示。在三相四线制电路中，各电压大小依然相等，但各电流大小不再相等，且中性线电流值也不为0。此时如果去掉中性线，则各相负载电流和电压都会发生变化，有中性线和没有中性线效果完全不一样。因此，对于不对称负载的三相电路，中性线影响很大。

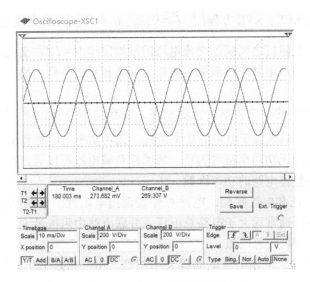

图 2-47 A、B 两相的波形

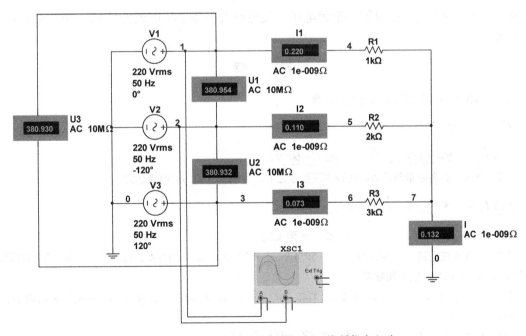

图 2-48 丫联结的不对称负载三相四线制仿真电路

本 章 小 结

1. 正弦量的三要素为幅值、频率、相位。正弦量和对应相量之间可以相互转化。

2. 相量法用来处理同频率正弦交流电路,其实质是把正弦量的计算转换成复数运算。交流电路中电压和电流都可以变换成对应的相量形式,而电路元件则变换成其对应的复阻抗,再利用电路元件所满足的元件约束(电阻 $\dot{U}=\dot{I}R$,电感 $\dot{U}=\dot{I}\mathrm{j}\omega L$,电容 $\dot{I}=\dot{U}\mathrm{j}\omega C$)和电路结构约束所满足的 KCL、KVL 方程($\sum \dot{I} =0$，$\sum \dot{U} =0$)，列出交流电路中的复数方程式。

电路总电压、电流和复阻抗之间满足交流电路的欧姆定律 $\dot{U} = \dot{I}Z$。交流电路分析中还可以借助相量图作为辅助。串联电路中一般取电流作为参考相量；并联电路中一般取电压作为参考相量。

3. 正弦交流电路中的有功功率、无功功率、视在功率分别为 $P = UI\cos \varphi$、$Q = UI\sin \varphi$、$S = \sqrt{P^2+Q^2}$。有功功率只来源于电阻的功率消耗。无功功率与电感和电容有关。电感的无功功率符号为正，电容的无功功率符号为负。故感性负载电路可以通过并联电容的方法去补偿减小无功功率，提高整体电路的功率因数。

4. 谐振电路中电压和电流同相，电路对外表现出电阻性。串联电路中阻抗最小，电流最大，电感或电容电压通常远大于电路总电压。并联电路中阻抗最大，电流最小，电感或电容支路电流通常远大于电流总电流。

5. 对称三相电路中，三相电源电动势大小相等，相位相差 120°。对于负载对称三相电路，星形联结时，线电压大小等于相电压的 $\sqrt{3}$ 倍，相位超前对应相电压 30°，线电流等于相电流；三角形联结时，线电压等于相电压，线电流大小等于相电流的 $\sqrt{3}$ 倍，相位滞后对应相电流 30°。

习 题

2-1 写出下列各相量所对应的时间函数。

(1) $\dot{I}_1 = 10 \underline{/72°}A$，$\dot{I}_2 = 5 \underline{/-150°}A$；

(2) $\dot{U}_{1m} = 200 \underline{/120°}V$，$\dot{U}_{2m} = 300 \underline{/-60°}V$。

2-2 试求下列各相量所代表的同频率正弦量之和，并写出它们的时间表达式。

(1) $\dot{I}_1 = 1.5 \underline{/17°}A$，$\dot{I}_2 = 700 \underline{/-42°}mA$；

(2) $\dot{I}_{1m} = 40 \underline{/150°}A$，$\dot{I}_{2m} = 0.025 \underline{/-30°}kA$。

2-3 设有正弦电流 $i_1 = 14.14\sin(\omega t - 50°)A$，$i_2 = 28.3\cos(\omega t - 50°)A$，写出它们的最大值和有效值相量表示式，并画出相应的相量图。

2-4 如图 2-49 所示，已知 $i_1 = 5\sqrt{2}\sin(314t-30°)A$，$i_2 = 10\sqrt{2}\cos314tA$，求 i_3 和三只电流表的读数(电流表的读数是有效值)。

2-5 对于图 2-50 所示的电容电路，试回答下列两个问题。

(1) 设 $u = 311\sin100\pi tV$，i 的值是多少？

(2) 设 $\dot{I} = 0.1 \underline{/-60°}A$，$f=50Hz$，$\dot{U}$ 的值是多少？

2-6 对于图 2-51 所示的电感电路，

(1) 已知 $i = 0.675\sin100\pi tA$，求 u 的值是多少？

(2) 设 $\dot{U} = 127 \underline{/-30°}V$，$f=50Hz$，求 i 的值。

2-7 已知一个线圈的电阻 $R = 28\Omega$，电感 $L = 59.9mH$，接于 10V、255Hz 的电源上，求电流 I 的值。

2-8 $R = 120\Omega$ 和 $X_L = 160\Omega$ 的线圈与 $X_C = 70\Omega$ 的电容相串联的电路，通过的电流为 0.2A，求总电压和线圈电压 U_{RL}。

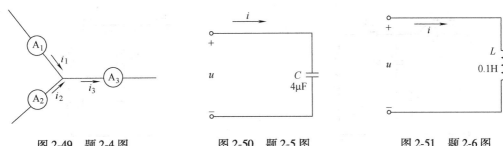

图 2-49　题 2-4 图　　　　图 2-50　题 2-5 图　　　　图 2-51　题 2-6 图

2-9　某电路的端电压 $u = 150\sin(5000t + 45°)$ V，电流 $i = 3\sin(5000t - 15°)$ A，设此电路是两个参数组成的串联电路，求电路的参数和功率（P、Q、S）。

2-10　一个串联电路的电源电压和电流的相量如图 2-52 所示，试确定电路的阻抗。

2-11　若图 2-52 代表一个电阻和电抗并联电路的电压和电流相量，求电路的电阻和电抗。

2-12　图 2-53 所示电路，$Z_1 = 3 \underline{/45°}\,\Omega$，$Z_2 = (10 + j10)\,\Omega$，$Z_3 = -j5\,\Omega$，已知 Z_1 的电压 $\dot{U}_1 = 27 \underline{/-10°}$ V，求 $\dot{U}$ 的值。绘相量图。

2-13　在图 2-54 的电路中，已知 $R = 20\,\Omega$，$C = 150\,\mu\text{F}$，$L = 40\,\text{mH}$，当外加电压 $U = 230$ V 和 $f = 50$ Hz 时，求各支路电流和总电流，绘制电压和电流的相量图，计算电路功率（P、Q、S）和功率因数。

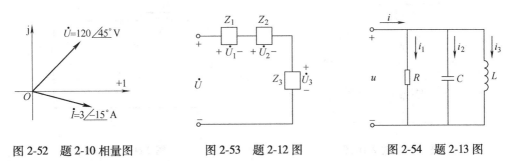

图 2-52　题 2-10 相量图　　　　图 2-53　题 2-12 图　　　　图 2-54　题 2-13 图

2-14　图 2-55 所示电路的参数为 $R = 12\,\Omega$，$L = 40\,\text{mH}$，$C = 100\,\mu\text{F}$，电源电压 $U = 230$ V，$f = 50$ Hz，求各支路电流、电路的总功率（P、Q、S）和功率因数 $\cos\varphi$。如需将 $\cos\varphi'$ 提高到 1，应增加多少电容？

2-15　如图 2-56 所示，设感性负载的额定电压 $U = 380$ V，$P_L = 50$ kW，$\cos\varphi_L = 0.5$，$f = 50$ Hz。并联电容将功率因数提高到 0.9（$\varphi > 0$，即感性），求所需电容 C 的数值和无功功率。

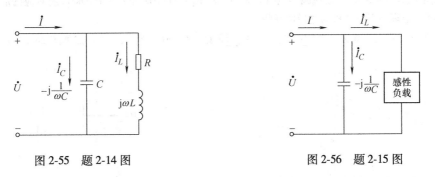

图 2-55　题 2-14 图　　　　　　图 2-56　题 2-15 图

2-16　图 2-57 所示电路中电流表 A_1 和 A_3 的读数各为 3.6A 和 6A，如 $\dot{U}$ 超前 $\dot{I}_1$ 的相位差 φ 为 60°，求 $\dot{I}_2$ 的值。又如 φ 为 $-60°$（$\dot{I}'_1$ 超前 $\dot{U}$），求 $\dot{I}'_2$ 的值。

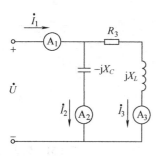

图 2-57　题 2-16 图

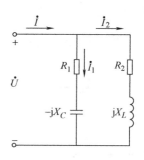

图 2-58　题 2-17 图

2-17　在图 2-58 所示的并联电路中，$R_1=6\Omega$，$X_C=4.5\Omega$，$R_2=5\Omega$，$X_L=8.66\Omega$，且知 I_2 等于 22A，求 U、I_1 和 I，并计算总有功功率和无功功率（P、Q）及功率因数 $\cos\varphi$？

2-18　图 2-59 所示电路中设 $\dot{I}=18\underline{/45°}$ A，试决定 a、b 两点间电压 $\dot{U}_{ab}$。

2-19　电路如图 2-60 所示，已知 $R_1=R_2=R_3=10\Omega$，$X_L=10\Omega$，$X_C=10\Omega$，$\dot{U}_1=200\underline{/45°}$ V，求电流 $\dot{I}_1$、$\dot{I}_2$、$\dot{I}_3$ 和电压 $\dot{U}_2$，绘出它们（包括 $\dot{U}_1$）的相量图。

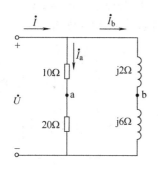

图 2-59　题 2-18 图

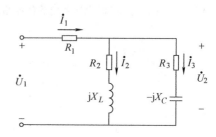

图 2-60　题 2-19 图

2-20　有一感性阻抗 Z_2 与一容抗 $-jX_C$ 并联，它们又与阻抗 Z_1 串联，如图 2-61 所示。设 $Z_1=(1+j2)\Omega$，$Z_2=(2+j8)\Omega$，$X_C=8\Omega$。已知 $\dot{U}_{ab}=220\underline{/0°}$ V，求电流 $\dot{I}_1$、$\dot{I}_2$ 和 $\dot{I}_3$ 以及总电压 $\dot{U}$。

2-21　某收音机输入电路的电感为 0.3mH，可变电容 C 为 25～360pF，问能否满足收听 535～1605kHz 中波段的要求（参考图 2-19）？设线圈的电阻为 25Ω，求 $f_{o1}=535$kHz 和 $f_{o2}=1605$kHz 所对应的品质因数 Q_{f1} 和 Q_{f2}，在哪一个频率下收音机的选择性好些？

2-22　非对称三相负载 $Z_1=5\underline{/10°}\Omega$，$Z_2=9\underline{/30°}\Omega$，$Z_3=10\underline{/80°}\Omega$，连接成如图 2-62 所示的三角形，

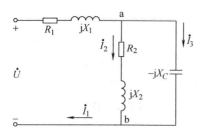

图 2-61　题 2-20 图

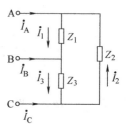

图 2-62　题 2-22 图

由线电压为 380V 的对称三相电源供电，求负载的线电流 I_A、I_B、I_C，并画出 $\dot{I}_A$、$\dot{I}_B$、$\dot{I}_C$ 的相量图。

2-23　三角形联结的三相对称电路中，已知线电压为 380V，三相对称负载为 $Z = 38\,\underline{/30°}\,\Omega$，求相电流及线电流。

2-24　在三相四线制的供电线路中，已知线电压为 380V，（1）三相负载对称均为 $Z = (12+j6)\,\Omega$，求各线电流及中性线电流，并绘制相量图；（2）三相阻抗分别为 $Z_1 = (12+j6)\,\Omega$，$Z_2 = (6+j9)\,\Omega$，$Z_3 = (18+j30)\,\Omega$，求各线电流及中性线电流，并绘制相量图；（3）在第（2）种情况下，若中性线断开，求各负载相电压，并绘制负载电压相量图。

2-25　利用 Multisim 仿真分析题 2-13，电路如图 2-54 所示，试通过仿真测量各支路电流和总电流的有效值，并验证交流电路的基尔霍夫电流定律。

2-26　利用 Multisim 仿真分析计算题 2-14，电路如图 2-55 所示，电路的参数为 $R = 12\Omega$，$L = 40\text{mH}$，$C = 100\mu\text{F}$，电源电压 $U = 230\text{V}$，$f = 50\text{Hz}$。求各支路电流和总电流的有效值。

2-27　利用 Multisim 仿真分析计算题 2-24。

第3章 电动机与常用电气控制

前面两章讨论了交、直流电路的基本概念、定理以及分析方法，这些是电工学课程的基础。下面将介绍一些在生产中常用的电气设备，如变压器、电动机，并以应用最普遍的三相异步电动机为被控对象，介绍几种常用的控制电器、保护电器及典型的控制电路。

3.1 变压器

3.1.1 变压器工作原理

1. 变压器的基本结构

变压器的种类繁多、应用甚广，但基本结构是一样的。主要可分为心式和壳式两种，其结构如图3-1所示。心式的特点是线圈包围铁心；壳式的特点是铁心包围线圈。变压器的主要由三部分组成：铁心、一次绕组和二次绕组。

（1）铁心

变压器铁心的作用是构成磁路。为减少涡流损耗和磁滞损耗，铁心用 $0.35 \sim 0.5\text{mm}$ 厚的硅钢片交错叠装而成。硅钢片的表层涂有绝缘漆，用以限制涡流。

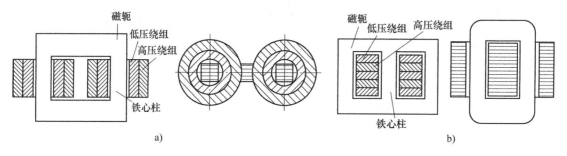

图 3-1 单相变压器的结构

a）心式变压器 b）壳式变压器

（2）绕组

一次绕组指接电源的绕组，二次绕组指接负载的绕组。

图3-2为三相心式变压器的结构图，高压和低压三相绕组分别套在截面相等的三个心柱上，上下两磁轭和心柱构成三相闭合铁心，大容量电力变压器，为了散去运行时由铁损和铜损产生的热量，铁心和绕组都浸在盛有绝缘油的油箱中，油箱外面还装有散热油管。

2. 变压器工作原理

图3-3为单相变压器的工作原理图，其中接电源的绕组称为一次绕组，接负载的绕组称为二次绕组，一次侧各电量均注有"1"下标。二次侧各电量均注有"2"下标，电流和感应电动势和参考方向如图所示，与磁通参考方向符合右手螺旋定则。

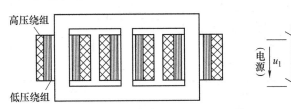

图 3-2　三相心式变压器的结构图

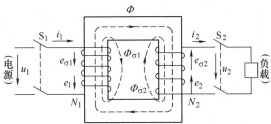

图 3-3　单相变压器的工作原理图

一次侧接入正弦交变的电压 u_1 后，在一次绕组中将产生交变的电流 i_1，交变的电流 i_1 经 N_1 匝一次绕组后将在铁心中产生交变的磁通 Φ_1（将经铁心构成闭合磁路的磁通称为主磁通），与此同时还有很少的一部分要通过空气后闭合，这部分称作漏磁通，一次侧的漏磁通用 $\Phi_{\sigma 1}$ 表示，交变的主磁通将在一次绕组中产生交变的感应电势 e_1，同时在二次绕组中产生交变的感应电势 e_2，而一次侧交变的漏磁通 $\Phi_{\sigma 1}$ 将在一次侧产生交变的漏感电势 $e_{\sigma 1}$；当二次侧开关 S_2 闭合后，交变的感应电势 e_2 成为二次侧的交流电源，将在二次侧产生感应电流 i_2，交变的感应电流 i_2 一方面给负载供电，另一方面经 N_2 匝二次绕组在主磁路中产生 Φ_2，同时还有少量的漏磁通 $\Phi_{\sigma 2}$，主磁路中的主磁通 Φ 是由 Φ_1 和 Φ_2 叠加而成的，二次绕组中交变的漏磁通 $\Phi_{\sigma 2}$ 将在二次侧产生漏感电势 $e_{\sigma 2}$。

如果忽略变压器一次、二次绕组中电阻和漏电抗的电压降，经理论推导可得到如下关系：

$$\frac{\dot{U}_1}{\dot{U}_2} = \frac{\dot{I}_2}{\dot{I}_1} = -\frac{N_1}{N_2} = -k \tag{3-1}$$

如只考虑大小，则有

$$\frac{U_1}{U_2} = \frac{I_2}{I_1} = \frac{N_1}{N_2} = k \tag{3-2}$$

【例 3-1】　某单相变压器额定电压为 3300/220V，今欲在二次侧接上 60W、220V 的白炽灯 166 盏，若不考虑一次、二次绕组阻抗，求一次、二次绕组电流各是多少？

解： 166 盏灯并联于变压器二次侧，其二次电流为

$$I_2 = 166 \times \frac{60}{220}\text{A} \approx 45.27\text{A}$$

$$I_1 = I_2 \frac{N_2}{N_1} = I_2 \frac{U_2}{U_1} = 45.27 \times \frac{220}{3300}\text{A} \approx 3.02\text{A}$$

3. 阻抗变换

在电路中，通常将变压器电路画成图 3-4a 的形式，一次、二次绕组分别用两个电感线圈的电路符号表示，两线圈中间的竖线表示铁心，交流的电压、电流分别转换为相量形式。

由式(3-1)可得

$$\dot{U}_1 = -k\dot{U}_2 \quad 及 \quad \dot{I}_1 = \frac{\dot{I}_2}{-k}$$

$$\frac{\dot{U}_1}{\dot{I}_1} = \frac{-k\dot{U}_2}{-\dfrac{\dot{I}_2}{k}} = k^2 \frac{\dot{U}_2}{\dot{I}_2} = k^2 Z$$

设 $Z' = \dot{U}_1/\dot{I}_1$，则

$$Z' = k^2 Z \qquad (3-3)$$

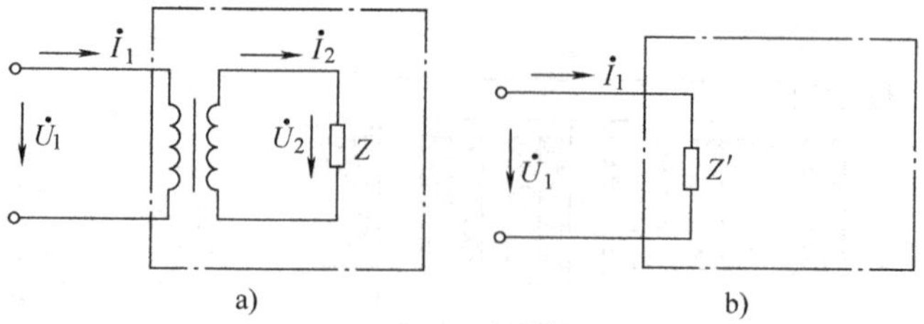

图 3-4　负载阻抗的等效变换

Z' 为从变压器一次绕组端口
看进去的等效负载阻抗，或称为折算到变压器一次侧电路的等效负载阻抗。如图 3-4 所示，它说明变压器在交流供电或传递信息的电路中能起阻抗变换作用，故在电子线路中常用于前、后环节之间的阻抗匹配。

【例 3-2】　某电阻为 8Ω 的扬声器，接于输出变压器的二次侧，输出变压器的一次侧接电压 $U_S = 10V$、内阻 $R_S = 200\Omega$ 的信号源。设输出变压器为理想变压器，其一次、二次绕组的匝数为 500/100，试求：(1)扬声器的等效电阻 R' 和获得的功率；(2)扬声器直接接信号源所获得的功率。

解：(1)8Ω 电阻折算到变压器的一次侧，其等效电阻 R' 为

$$R' = k^2 R = \left(\frac{N_1}{N_2}\right)^2 R = \left(\frac{500}{100}\right)^2 \times 8\Omega = 200\Omega$$

获得的功率为

$$P = R'I_1^2 = R'\left(\frac{U_S}{R_S + R'}\right)^2 = 200 \times \left(\frac{10}{200 + 200}\right)^2 \text{W} = 125\text{mW}$$

(2) 若 8Ω 扬声器直接接信号源，所获得的功率为

$$P = RI^2 = 8 \times \left(\frac{10}{200 + 8}\right)^2 \text{W} \approx 18\text{mW}$$

通过这道例题可以得到一个启示，即可通过增加变压器的方法，使用电设备获得更大的功率。由于变压器自身的损耗很小，故例题中扬声器和变压器共同获得的 125mW 的功率主要被扬声器吸收，扬声器吸收的功率越大，所能发出的音量就越大。

4. 变压器绕组的极性

在使用变压器之前，需正确判断绕组的同极性端(或称同名端)，如接法不当，变压器不能正常工作，甚至会损坏变压器。

(1) 绕组的极性与正确接线

图 3-5a 所示为一个多绕组变压器，图 3-5b 所示为其符号画法，图中一次侧有两个绕组，其抽头端子为 1、2 和 3、4，二次侧也为两个绕组，其抽头端子为 5、6 和 7、8，额定电压标于图中。

为了正确接线，首先必须明确各绕组线圈端子的同极性端，又称同名端，并用记号"·"或"*"表示。所谓同名端，即铁心中磁通所感应的电动势在各绕组端有相同的瞬时极性，这样电流同时从同极性端流入(或流出)时在铁心中产生的磁通方向相同，相互加强，如图 3-5 中标有"·"端。

在图 3-5 中，如电源电压为 220V 时，需将 2、3 两端接在一起，电源加到 1、4 两端；如电源电压为 110V 时，1、3 两端接在一起，2、4 两端接在一起(即两个一次绕组并联)，

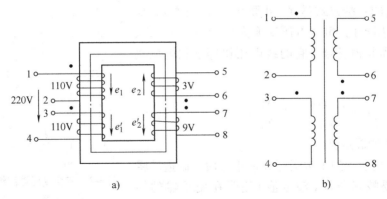

图 3-5　多绕组变压器极性的测定

a) 多绕组变压器　b) 符号画法

电源加到 1、3 两端和 2、4 两端上。二次侧欲得到 12V 时，将 6 和 8 两端(或 5 和 7 两端)接一起，从 5、7(或 6、8)两端引输出，相当 3V 加 9V；欲得到 6V，把 6 和 7(或 5 和 8)两端接在一起，从 5、8(或 6、7)两端引输出，相当于 9V 减去 3V。

(2) 同名端的测定方法

同极性端可由下述方法确定：通过开关把直流电压源(如干电池)接在任一绕组上，譬如接在 1-2 绕组上，如果电源的正极和 1 端相连，那么当开关突然闭合时，在其二次绕组上感应电压为正的那一端就和 1 端为同极性端。

3.1.2　三相变压器

1. 三相变压器

三相变压器用于变换三相电压。应用最广泛的是三相心式变压器，其结构示意图如图3-6所示。它的铁心有三个心柱，每个心柱上各套着一个相的一次、二次绕组，心柱和上下磁轭构成三相闭合铁心。变压器运行时，三个相的一次绕组所加电压是对称的，因此三个相的心柱中的磁通 Φ_U、Φ_V、Φ_W 也是对称的。由于每相的一次、二次绕组绕在同一心柱上，由同一磁通联系起来，其工作情况和单相变压器相同。三个单相变压器也可以把绕组联结起来变换三相电压，但三相变压器比总容量相等的三个单相变压器省料、省工，且造价低、所占空间小，因此电力变压器一般都采用三相变压器。

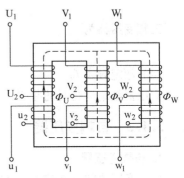

图 3-6　三相心式变压器结构示意图

三相变压器绕组最常见的联结方式是 Y、yn 联结，如图3-7a所示，用于把 6kV、10kV、35kV 高压变换为 400/230V 四线制低电压的场合。U_1、V_1、W_1 是输入端，接高压输电线，u_1、v_1、w_1、N 是输出端，引出低压供电线的相线和中性线(零线)，它的线电压比等于相电压比，即

$$\frac{U_{l1}}{U_{l2}} = \frac{\sqrt{3}\,U_{P1}}{\sqrt{3}\,U_{P2}} = \frac{N_1}{N_2} = k \tag{3-4}$$

其次常见的联结方式是 Y、d 联结(d 代表△),如图3-7b所示,用于把 35kV 电压变换为 3. 15kV、6. 3kV、10. 5kV 电压和其他场合,它的线电压比等于相电压比的$\sqrt{3}$倍,即

$$\frac{U_{l1}}{U_{l2}} = \frac{\sqrt{3}\,U_{P1}}{U_{P2}} = \sqrt{3}\,\frac{N_1}{N_2} = \sqrt{3}\,k \tag{3-5}$$

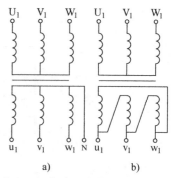

图 3-7 三相变压器绕组的连接方式
a) Yyn 联结   b) Yd 联结

2. 变压器的额定值

为了保证变压器的正常运行和使用寿命,制造厂将变压器的主要技术条件(额定值)注明在变压器的铭牌上。

(1) 额定电压 U_{1N} 和 U_{2N}

额定电压是根据变压器的绝缘强度和允许温升而规定的电压值,一次额定电压 U_{1N} 指一次侧应加的电源电压,U_{2N} 指一次侧加上 U_{1N} 时二次绕组的空载电压。在三相变压器中,一次、二次额定电压都是指其线电压。

(2) 额定电流 I_{1N} 和 I_{2N}

额定电流是根据变压器允许温升而规定的电流值。变压器的额定电流有一次额定电流 I_{1N} 和二次额定电流 I_{2N}。在三相变压器中 I_{1N} 和 I_{2N} 都是指其线电流。

(3) 额定容量 S_N

变压器的额定容量是指其二次侧的额定视在功率 S_N,额定容量反映了变压器传递功率的能力。

单相变压器为

$$S_N = U_{2N}I_{2N} \tag{3-6}$$

三相变压器为

$$S_N = \sqrt{3}\,U_{2N}I_{2N} \tag{3-7}$$

(4) 额定频率 f_N

变压器额定运行时的频率,我国规定标准工频频率为 50Hz。

3. 1. 3 自耦变压器

1. 自耦变压器

普通变压器的一次侧和二次侧只有磁路上的耦合,在电路上没有直接的联系,而自耦变压器的二次绕组取的是原绕组的一部分,其原理图如图 3-8 所示。设一次绕组匝数为 N_1,二次绕组匝数为 N_2,则一次、二次绕组的电压、电流关系依旧满足如下关系:

$$\frac{U_1}{U_2} = \frac{I_2}{I_1} = \frac{N_1}{N_2} = k \tag{3-8}$$

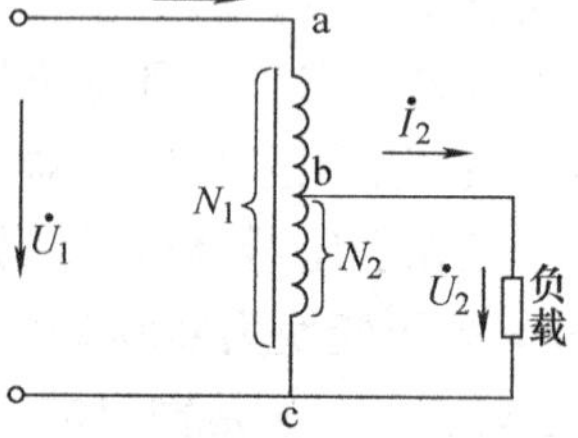

图 3-8 自耦变压器原理图

自耦变压器的优点是省材料、效率高、体积小、成本低,但低压电路和高压电路直接有电的联系,使用不够安全,因此一般变比很大的电力变压器

和输出电压为 12V、36V 的安全灯变压器都不采用自耦变压器。

实验室中常用的自耦调压器是一种二次绕组匝数可调的自耦变压器(如图 3-9 所示),因二次绕组匝数可调,其输出电压 U_2 可调,使用起来很方便。

2. 仪用互感器

仪用互感器是供测量、控制及保护电路用的一种特殊变压器,用于测量电压的称为电压互感器,用于测量电流的称为电流互感器。

(1)电压互感器

电压互感器是用于测量交流高电压的仪用变压器,如图 3-10 所示。当被测线路电压值很高时接入电压比 k 较大的电压互感器,将电压降低后再进行测量。这样测量端便可与高电压隔离,且测量用的电压表不需要很大的量程,测出的电压值乘以电压比 k 后,便是一次高压侧的电压值 U_1。通常电压互感器二次电压的额定值都设计成标准值 100V,而其一次额定电压值应选得与被测线路的电压等级相一致。

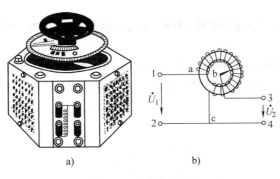

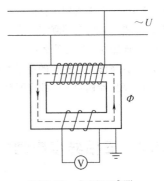

图 3-9 自耦变压器
a) 外形图 b) 电路原理图

图 3-10 电压互感器

为安全起见,使用电压互感器时,电压互感器的铁心、金属外壳及二次绕组的一端都必须可靠接地,以防绕组间绝缘损坏时,二次绕组上有高压出现。此外,电压互感器二次侧严禁短路,否则将产生比额定电流大几百倍,甚至几千倍的短路电流,烧坏互感器。电压互感器的一次侧、二次侧一般都装有熔断器作短路保护。

(2)电流互感器

电流互感器是用来扩大交流电流量程的仪用变压器,一次绕组匝数 N_1 小于二次绕组匝数 N_2,即 $N_1/N_2 = k < 1$,而 $I_2 = kI_1$,当 $k \ll 1$ 时,$I_2 \ll I_1$,如图 3-11 所示。电流互感器的一次绕组常用粗导线绕成,匝数很少。工作时一次绕组两端电压很低,所以二次绕组两端电压也很低。制造厂一般将二次绕组额定电流设计为 5A,故常接 5A 量程表指示。为了工作安全,电流互感器的二次绕组、铁心和外壳应接地。

钳形电流表是电流互感器和电流表组成的测量仪表,用它来测量电流时不必断开被测电路,使用十分方便,图 3-12 是一种钳形电流表的外形及结构原理图,测量时先按下压块使可动的钳形铁心张开,把通有被测电流的导线套进铁心内,然后放开压块使铁心闭合,这样,被套进的载流导体就成为电流互感器的一次绕组(即 $N_1 = 1$),而绕在铁心上的二次绕组与电流表构成闭合回路,从电流表上就可直接读出被测电流的大小。

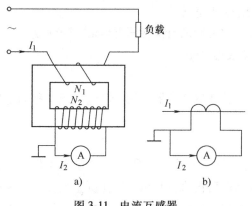

图 3-11 电流互感器

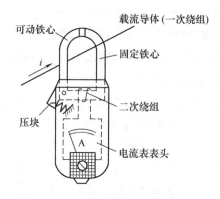

图 3-12 钳形电流表的外形及结构原理图

思 考 题

3-1-1 变压器能否用于直流变压？

3-1-2 在上述同名端测定方法中，如果开关从闭合稳态突然打开，其二次绕组感应电压为正的那一端和哪一端为同极性端？为什么？

3-1-3 如将图 3-5 中 e_2 的参考方向作相反的规定，所标注的同名端需不需要变更？

3-1-4 变压器铭牌上的额定值有什么意义？为什么变压器额定容量 S_N 的单位是 kV·A（或 V·A），而不是 kW（或 W）？

3.2 三相异步电动机

本节简要介绍三相异步电动机的结构、转动原理及使用。

3.2.1 三相异步电动机的结构

三相异步电动机由定子和转子两部分组成，所谓定子即为电动机的固定部分，转子为电机的转动部分。笼型三相异步电动机结构如图 3-13 所示。

1. 定子

定子主要由机座、定子铁心和定子绕组等组成。机座一般由铸铁或铸钢制成，起支撑和固定定子铁心的作用。定子铁心一般由 0.5mm 厚、相互绝缘的硅钢片叠压而成。铁心内圆周表面有均匀分布的槽，用于嵌放定子三相绕组（如图 3-14 所示）。三相定子

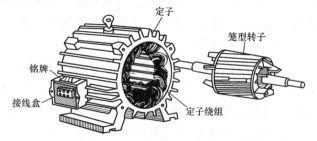

图 3-13 笼型三相异步电动机结构

绕组对称均匀地嵌放在定子铁心的槽中，首端分别为 U_1、V_1、W_1，末端分别为 U_2、V_2、W_2，这六个端子接到机座外侧的接线盒中的接线板上，如图 3-15a 所示，使用电动机时，可将定子绕组接成星形或三角形，如图 3-15b 或 c 所示。

2. 转子

转子由转轴、转子铁心、转子绕组等组成。转子铁心是由 0.5mm 厚、相互绝缘的硅钢

片叠压成的圆柱体，外表面上有分布均匀的槽，槽内放置转子绕组（如图 3-13 所示）。转子绕组根据其结构不同，分为笼型转子和绕线式转子。

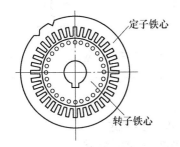
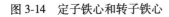

图 3-14　定子铁心和转子铁心

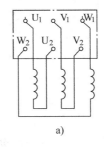
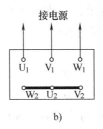
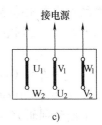

图 3-15　定子绕组接法
a) 内部　b) 星形　c) 三角形

笼型转子绕组是在转子铁心槽内放入铜条，铜条两端分别焊在铜环上，如图 3-16a 所示，如果去掉铁心，转子绕组的形状好似笼子，故而得名。为节省铜材，中、小型笼型异步电动机一般采用铸铝转子，将转子绕组和冷却用的风扇浇铸为一体，如图 3-16b 所示。

绕线式转子绕组是用绝缘导线按一定规律排放在转子槽内，组成三相对称绕组，并将三个绕组的末端连接在一起，组成星形联结，三个绕组的首端分别接到转轴上的三个集电环上，三个固定不动的电刷与集电环相接触，引出三条端线与外部设备（如三相变阻器）相连接，如图 3-17b 所示，转子绕组串电阻可提高电动机的起动转矩，故绕线式异步电动机常用于要求大起动转矩的场合。

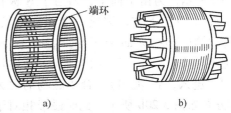

图 3-16　笼型转子
a) 铜条转子　b) 铸铝转子

绕线式异步电动机与笼型异步电动机在转子结构上不同，但它们的工作原理相同。

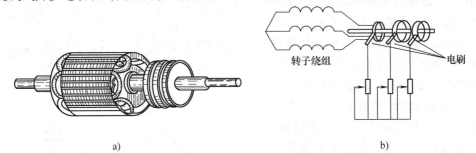

图 3-17　绕线式异步电动机转子
a) 绕线式转子形状　b) 结构示意图

3.2.2　三相异步电动机的转动原理

定子绕组通入三相对称电流后会在电动机内部产生旋转磁场，进而使转子产生电磁转矩，下面先简要介绍旋转磁场的产生原理。

1. 旋转磁场

图 3-18 为三相定子绕组的示意图，三相绕组 U_1U_2、V_1V_2、W_1W_2 在空间上互差 120°（电

角度），将三个末端 U_2、V_2、W_2 接在一起，三个首端 U_1、V_1、W_1 分别接于三相对称电源，构成星形联结。设电流流入纸面用 ⊗ 表示，电流流出纸面用 ⊙ 表示，三相电流表达式为

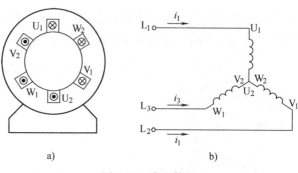

$$i_1 = I_m \sin\omega t$$

$$i_2 = I_m \sin(\omega t - 120°)$$

$$i_3 = I_m \sin(\omega t + 120°)$$

下面分别研究 ωt 为 0、60°、90° 及 180°时的磁场分布状况，如图 3-19 所示。

图 3-18　定子绕组

a) 分布示意图　b) 接线示意图

$\omega t = 0$ 时，定子绕组电流 $i_1 = 0$，$i_2 < 0$，即电流方向与参考方向相反，从 V_2 流入，V_1 流出；$i_3 > 0$，即电流方向与参考方向一致，从 W_1 流入，W_2 流出，根据右手螺旋定则，可画出此刻的合成磁场的磁力线方向如图 3-20a 所示，为由上向下，相当于 N 极在上方，S 极在下方，构成一个两极磁场，磁极对数为 $p = 1$。$\omega t = 60°$时，$i_3 = 0$，$i_1 > 0$（电流从 U_1 流入，U_2 流出），$i_2 < 0$（电流从 V_2 流入，V_1 流出），合成磁场的磁力线方向如图 3-20b 所示，此时磁极相对于 $\omega t = 0$ 时刻顺时针转过了 60°，同理可得到 $\omega t = 90°$ 和 $\omega t = 180°$时的合成磁场的方向分别如图 3-20c、d 所示。以此类推，当 $\omega t = 360°$时，磁极将旋转一周，回到最初的位置，随着时间的推移，进入下一个周期的旋转。由此可见，定子三相绕组在三相电流随时间周期性变化的作用下，在电动机内部可自动形成旋转磁场。

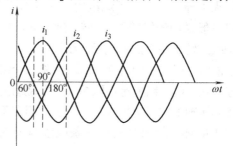

图 3-19　定子绕组三相电流

旋转磁场的磁极对数 p 与定子绕组的分布有关，适当安排定子三相绕组，还可制成两对、三对甚至更多对磁极的旋转磁场。

2. 旋转磁场的转速

旋转磁场的转速又称为同步转速，用 n_0 表示。根据前面的分析可知，电流在时间上变化一个周期，两极（极对数 $p = 1$）的旋转磁场在空间上将旋转一圈，而电流每秒钟变化的周期数为其频率 f 个，故有 $n_0 = 60f$ r/min（转/分）。而对四

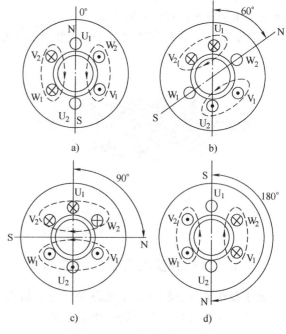

图 3-20　两级旋转磁场的形成

a) $\omega t = 0°$　b) $\omega t = 60°$ c) $\omega t = 90°$　d) $\omega t = 180°$

极($p=2$)的旋转磁场，可以证明，电流变化一个周期，旋转磁场在空间上将旋转半周，故 $n_0 = 60f/2$ r/min。进而可知，对 p 对极的旋转磁场，其转速为

$$n_0 = \frac{60f}{p}(\text{r/min}) \tag{3-9}$$

我国的工频为 $f=50$Hz，于是磁极对数 p 与同步转速 n_0 之间的对应关系见表 3-1。

表 3-1　磁极对数 p 与同步转速 n_0 之间的对应关系

p	1	2	3	4	5
n_0	3000	1500	1000	750	600

3. 旋转磁场的转向

旋转磁场的转向与通入定子绕组三相电流的相序有关，如前面的例子中(见图 3-21a)，通入定子绕组电流的相序为 U_1、V_1、W_1、$U_1\cdots$，旋转磁场的转向为 $U_1 \rightarrow V_1 \rightarrow W_1 \rightarrow U_1\cdots$，如将 L_2、L_3 两相对调一下(见图 3-21b)，则通入定子绕组电流的相序改为 $U_1 \rightarrow W_1 \rightarrow V_1 \rightarrow U_1\cdots$，于是旋转磁场的转向变为 $U_1 \rightarrow W_1 \rightarrow V_1 \rightarrow U_1\cdots$，这一结论可根据前面分析旋转磁场形成的原理得到。由此可知，要改变旋转磁场的转向，只需把定子绕组接到三相电源上的三根导线中的任意两根对调一下即可。

4. 转子转动原理和转差率

定子通入三相对称电流后，在电动机内部将自动形成旋转磁场，原本静止的转子导体切割旋转磁场的磁力线，在转子绕组中产生感应电势，其方向可根据右手螺旋定则判断，用⊗表示进入纸面方向，用⊙表示出纸面方向，如图 3-22 所示，感应电动势在转子绕组通路中形成感应电流，其方向与感应电动势的方向一致，带电的转子导体在磁场中将受到电磁力 F 的作用，其方向用左手定则判断，电磁力对转轴形成电磁转矩 T，在其带动下转子朝着与旋转磁场相同的方向旋转。

设旋转磁场的转速为 n_0，转子转速为 n，三相异步电动机在电动运行状态下 $n<n_0$，请读者思考一下这是为什么[○]。

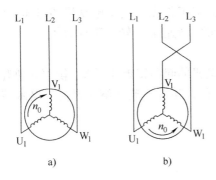
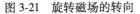

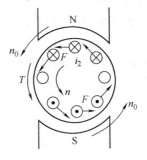

图 3-21　旋转磁场的转向　　　　　　图 3-22　转子转动原理

○　因为如果转子转速 n 达到旋转磁场的转速 n_0，则转子与旋转磁场之间就不存在相对运动，于是转子导体不切割磁力线，也就不产生感应电动势、感应电流、电磁转矩，转子转速 n 将下降，故始终有 $n<n_0$，这也是"异步"电动机名称的由来。

接下来介绍转差率。转差率 s 指旋转磁场的转速 n_0 和转子转速 n 之差值与旋转磁场转速 n_0 之比，即

$$s = \frac{n_0 - n}{n_0} \qquad (3\text{-}10)$$

转差率 s 是描述电动机运行状况的重要参数，一般正常运行时，$s = 0.01 \sim 0.05$；而起动瞬间 $n = 0$，$s = 1$。

5. 转子的旋转方向

根据转子转动原理可知，转子的旋转方向与旋转磁场的方向相同，因此如果要改变转子的旋转方向，需要改变旋转磁场的方向，即把定子绕组接到三相电源上的三根导线中的任意两根对调一下即可。

3.2.3　三相异步电动机的使用

1. 三相异步电动机的机械特性

根据电机学知识，可推导出带动转子旋转的电磁转矩 T 与转差率 s 之间的关系式为

$$T = K \frac{s R_2 U_1^2}{R_2^2 + (s X_{20})^2} \qquad (3\text{-}11)$$

式中，K 是与电机结构有关的常数；U_1 为加在定子绕组的线电压；R_2 为转子绕组电阻；X_{20} 为起动瞬间 $(n=0)$ 转子绕组电抗，为一定值。根据式 $(3\text{-}11)$ 可得出电动机电磁转矩 T 与转差率 s 之间的关系曲线，再根据式 $(3\text{-}10)$ 进行转换可得出电动机转速 n 与电磁转矩 T 之间的关系曲线，如图 3-23 所示，称之为三相异步电动机的机械特性。图中有几个特殊点需进一步说明：①起动瞬间，$n = 0$，$s = 1$，对应的电磁转矩为起动转矩，用 T_{st} 表示；②同步转速点 $n = n_0$，$s = 0$，$T = 0$；③临界转速点，$n = n_{\text{m}}$，$s =$

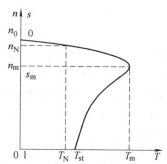

图 3-23　三相异步电动机的机械特性

s_{m}（称为临界转差率），$T = T_{\text{m}}$（称为最大转矩）；④额定工作点，这是电动机的电压、电流、转速、功率等都等于额定值时的状态，其转速称为额定转速 n_{N}，转差率称为额定转差率 s_{N}，转矩称为额定转矩 T_{N}。

从三相异步电动机的机械特性上可以看到，电动机的起动转矩并不大，随着转速升高电磁转矩将逐步增大，当 $n = n_{\text{m}}$ 时电磁转矩达到最大 T_{m}，随着转速 n 继续升高，电磁转矩会变小。

对式 $(3\text{-}11)$ 求极值，令 $\dfrac{\mathrm{d}T}{\mathrm{d}s} = 0$ 可得到

$$s_{\text{m}} = \frac{R_2}{X_{20}} \qquad (3\text{-}12)$$

将式 $(3\text{-}12)$ 代入式 $(3\text{-}11)$ 得

$$T_{\text{m}} = K \frac{U_1^2}{2 X_{20}} \qquad (3\text{-}13)$$

由式 $(3\text{-}12)$ 和式 $(3\text{-}13)$ 可知，$s_{\text{m}} \propto R_2$，$T_{\text{m}} \propto U_1^2$，如各参数不变，只增大转子绕组电阻

R_2，则有 s_m 变大，T_m 不变；如减小定子绕组线电压 U_1，则 T_m 减小，而 s_m 不变，如图 3-24 和图 3-25 所示。

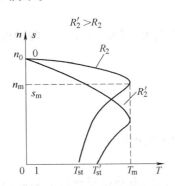

图 3-24 R_2 对机械特性的影响

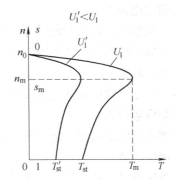

图 3-25 U_1 对机械特性的影响

2. 铭牌和技术数据

在每台异步电动机的机身上都能找到电动机的铭牌，铭牌上标有电动机的额定数据，为使用者安全高效地使用电动机提供参考，下面以 Y100L—2 型异步电动机为例说明，见表 3-2。

表 3-2　Y100L—2 型异步电动机铭牌

三相异步电动机					
型号	Y100L—2	功率	3.0kW	频率	50Hz
电压	380V	电流	6.4A	接法	Y
转速	2880r/min	绝缘等级	B	工作方式	连续
年　月　　编号			××电机厂		

（1）型号

通过电动机的型号，可以知道电机的类型、规格等，例如

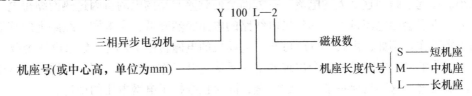

目前我国生产的异步电动机的产品代号及名称有：Y 代表异步电动机；YR 代表绕线转子异步电动机；YB 代表隔爆型异步电动机；YZ 代表起重冶金用异步电动机；YZR 代表起重冶金用绕线式异步电动机；YQ 代表高起动转矩异步电动机。

（2）额定功率 P_N

额定功率指电动机在额定运行时电动机轴上输出的机械功率。所谓"额定运行"，是指电动机定子绕组的线电压、线电流、电动机轴输出的功率及转速等均与铭牌上数据相符时的运行状态。

（3）额定电压 U_N

额定电压指电动机在额定运行时定子绕组应施加的线电压，它与定子绕组的连接方式有关。例如，某电动机铭牌上标有电压 220/380V，接法 △/Y，表示当电源线电压为 220V 时，定子绕组为三角形（△）联结；而电源线电压为 380V 时，定子绕组为星形（Y）联结。Y 系列

的电动机额定电压一般为380V，额定功率在3kW及以下时采用星形联结，在4kW及以上时采用三角形联结。

（4）额定电流 I_N

额定电流指电动机在额定运行时定子三相绕组的线电流。如定子绕组有两种连接方式，则铭牌上应标有两种对应的额定电流。

（5）额定转速 n_N

额定转速指电动机在额定运行时的转子转速。

（6）额定频率 f_N

额定频率指电动机在额定运行时加在定子三相绕组上的电压频率。

（7）绝缘等级

绝缘等级指电动机中所用绝缘材料的耐热等级，它决定电动机所允许的最高耐热温度，见表3-3。

表 3-3 绝缘等级和最高允许温度之间的关系

绝缘等级	A	E	B	F	H
最高允许温度/C°	105	120	130	155	180

（8）工作方式

工作方式有"连续""短时"和"断续周期"等。

3. 三相异步电动机的起动

三相异步电动机有一个特点，就是起动瞬间电流很大，这是因为在起动瞬间转子与旋转磁场之间的相对运动达到最大，故此时转子绕组切割磁力线所产生的感应电动势最大，感应电流最大。根据电磁感应原理，定子绕组电流也很大，是额定电流的5~7倍。而电动机在进入正常电动运行后，随着转子转速的升高，转子与旋转磁场的相对运动变得较小，电流也随之减小。在起动瞬间这么大的电流，一方面会使频繁起动的电动机因过热而缩短电动机的寿命，另一方面会因电流过大，导致供电线路的电压突然降低，影响同一线路上的其他电器设备的正常工作。例如，由式(3-11)可知，电动机的电磁转矩 $T \propto U_1^2$，如果电压突降，在同一线路上工作的其他电动机可能会出现异常而无法正常工作。在每个用户电源的入口处，都安装了限流装置，这不仅保护了用户的安全，同时也维护了电网电压的稳定。

接下来研究如何做到既保证电动机正常起动，同时又减小起动电流。

（1）直接起动

在容量小于供电变压器的20%、线路压降允许的前提下，10kW以下的小型异步电动机允许直接起动（或称全电压起动）。

（2）减压起动

减压起动的原理是，在电动机起动时采用某种措施，使起动时定子绕组电压低于电动机正常运行时的电压，从而降低起动电流，待转速接近正常运行转速时，再改换接法，使输入电压为额定电压，电动机进入正常运行状态。需要说明的是，电动机的电磁转矩与输入电压的二次方成正比，故减压起动只适用于空载或轻载的场合。减压起动的方法很多，在此介绍两种方法，星形-三角形(丫-△)起动和自耦变压器起动。

1)星形-三角形(丫-△)起动。这种起动方法适用于笼型异步电动机正常运行时定子绕组联结成三角形的情况，在起动时定子绕组先联结成星形，等电动机转速接近正常运行转速时，再将定子绕组改换成三角形联结，如图 3-26 所示。采用星形联结起动时，起动电流 I_{stY} 为

$$I_{stY} = \frac{U_l / \sqrt{3}}{|Z|} \tag{3-14}$$

而采用三角形联结直接起动时，起动电流 $I_{st\triangle}$ 为

$$I_{st\triangle} = \sqrt{3}\,\frac{U_l}{|Z|} \tag{3-15}$$

比较式(3-14)和式(3-15)可知

$$I_{stY} = \frac{1}{3}I_{st\triangle} \tag{3-16}$$

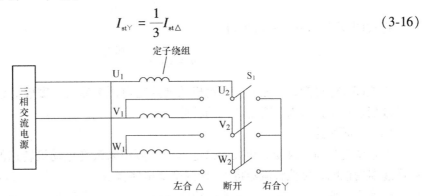

图 3-26　Y-△起动示意图

2) 自耦变压器起动。自耦变压器减压起动，适用于容量较大且正常运行时定子绕组是星形联结的三相异步电动机。起动时通过三相自耦变压器降低电动机的输入电压，以减小起动电流，等电动机转速接近正常运行转速时，再将自耦变压器切换掉，如图 3-27 所示。

起动时先将 Q_2 置于起动端，合上 Q_1，电动机起动，等电动机转速接近额定转速时再将 Q_2 切换到工作端，电动机与自耦变压器脱离，直接与三相电源连接，进入正常电动机运行状态。为了满足不同的需求，自耦变压器设备一般备有几个抽头，使自耦调压器输出为三相电源的 40%、60% 和 80%，或 55%、64% 和 73%。如设自耦变压器的电压比为 k，则采用自耦调压器起动的电流和起动转矩均下降为直接起动时的 $1/k^2$。

(3) 绕线转子异步电动机转子绕组串电阻起动

绕线转子异步电动机起动时转子绕组串电阻，可减小转子绕组电流，定子电流也随之减

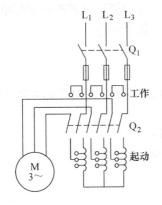

图 3-27　自耦变压器减压起动

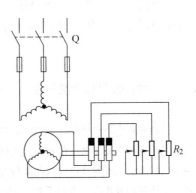

图 3-28　转子绕组串电阻起动

小，根据前面分析可知(见图 3-24)，转子绕组电阻适度增大，起动转矩增大，所以转子绕组串电阻起动不仅可以减小起动电流，同时可以增大起动转矩，因而适用于要求起动转矩大或起动频繁的生产机械，如起重机、卷扬机等。

图 3-28 所示为转子绕组接起动电阻器的起动电路，起动后随着转速的升高，转子外接电阻逐步切除，转速接近额定转速时全部切除，电动机进入正常电动运行状态。

4. 三相异步电动机的调速

调速指电动机所带负载不变的情况下，根据需要人为地改变电动机的转速。由式(3-10)可得到

$$n = (1 - s)n_0 \tag{3-17}$$

将式(3-9)代入式(3-17)可得

$$n = (1 - s)\frac{60f_1}{p} \tag{3-18}$$

由式(3-18)可知，三相异步电动机的转速与电源频率 f_1、磁极对数 p 和转差率 s 有关，通过改变这三个量可以改变电动机的转速。

(1) 变频调速

变频调速是通过改变电动机的供电电源的频率来改变电动机转速的方法。图 3-29 是变频调速器的框图，可控整流器将 50Hz 的交流电转换成电压可调的直流电，再经逆变器将直流电转换为频率及电压可调的交流电给电动机供电，进而实现无级变频调速。

(2) 变极调速

变极调速是通过改变电动机旋转磁场的磁极对数 p 来改变电动机转速的方法。可以实现变极调速的电动机，一般是制造厂根据三相异步电动机的工作原理及制造

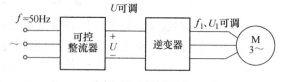

图 3-29　变频调速

工艺，将定子绕组进行特定的安排，并配有不同的连接方式，使用者可根据需要按说明进行连接，以达到变极调速的目的。这种调速是有级调速，如 $p = 1$ 时，$n_0 = 3000\text{r/min}$；$p = 2$ 时，$n_0 = 1500\text{r/min}$，而转子转速 n 要略低于 n_0。

(3) 转子绕组串电阻调速(变转差率调速)

绕线转子三相异步电动机转子串电阻后，机械特性变软(见图 3-24)，故在负载不变的情况下，通过改变转子绕组所串电阻可改变电动机转速，这种调速方式的缺点是电阻耗能较大，且调速范围不大，优点是简单易行，多用于起重机、提升机等。

思 考 题

3-2-1　一台异步电动机，额定转速 $n_N = 1440\text{r/min}$，电源频率 $f_1 = 50\text{Hz}$，问电动机的磁极对数和转差率各是多少？

3-2-2　三相异步电动机转子转向与旋转磁场的方向是相同还是相反？

3-2-3　三相异步电动机转子的转速比旋转磁场的转速高还是低？还是一样？

3-2-4　如何改变三相异步电动机的旋转方向？

3-2-5　笼型三相异步电动机转子是否能串电阻？

3-2-6　三相异步电动机输入电压改变后电动机的机械特性如何变化？

3-2-7　三相异步电动机转子绕组串电阻后电动机的机械特性如何变化?

3.3　常用电气控制

所谓电气控制,是指通过各种控制电器操纵生产机械,使其按照一定的流程顺序工作。一方面,控制驱动生产机械运动的电动机的起动、停车及正反转;另一方面,当出现供电线路过载或短路、生产机械超载、设备漏电等故障时,控制系统中的各种保护装置能够及时准确地动作,以保障人身及设备的安全。

3.3.1　常用低压控制电器

1. 按钮

按钮是一种简单的手动开关电器,常用于接通或断开电流较小的控制电路。图 3-30 为按钮的符号及结构示意图,图 3-30a 为动断按钮,又称常闭按钮;图 3-30b 为动合按钮,又称常开按钮;图 3-30c 为复合按钮,按下时打开常闭触点、闭合常开触点。

2. 断路器

断路器是常用的低压保护电器,用于实现短路、过载和失压保护。它的结构形式很多,图 3-31 是其中一种的结构原理(图中只画出一相)。

当主电路出现短路或过载时,电流会超过限定值,导致过电流脱扣器会因右下端的电磁铁吸力过大向右下方倾斜,左侧翘起并顶开锁勾,在释放弹簧的拉动下主触点断开,主电路断电。同理,当主电路中电压消失或下降到一定值后,欠电压脱扣器左侧电磁铁会因吸力不够而翘起,使主触点分断。

断路器动作后,需通过手动闭合使其恢复工作。

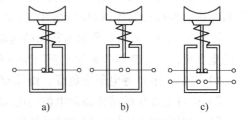

图 3-30　按钮的结构与图形符号
a) 动断按钮　b) 动合按钮　c) 复合按钮

3. 交流接触器

交流接触器由铁心、线圈和触点等组成,常用于接通或断开连接负载(如电动机)的主电路,图 3-32 是交流接触器的外形、结构原理和符号。

交流接触器的工作原理是:固定不动的静铁心上套有线圈,线圈通电后吸合可动的动铁心,带动主触点闭合,辅助触点的常开触点闭合,常闭触点断开;线圈断电后,动铁心及触点均恢复原状。

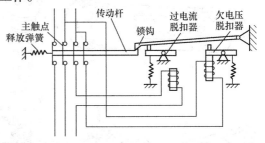

图 3-31　断路器的结构原理

交流接触器的触点分主触点和辅助触点,主触点一般有三个,接触面积大,允许通过的电流也大,接于与电动机相连的主电路中,用于控制主电路的通断;辅助触点的接触面积较小,接在电流较小的控制电路中。

交流接触器的主要技术数据有额定电压和额定电流,均指主触点的额定电压及额定电

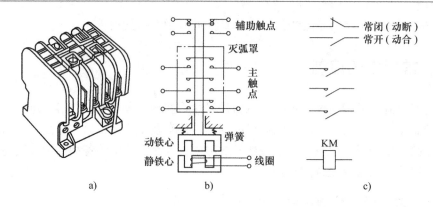

图 3-32　交流接触器

a) 外形　b) 结构原理　c) 符号

流，目前常用的有 CJ10、CJ12 和 CJ20 等系列，吸引线圈的额定电压有 36V、127V、220V和 380V 四个等级，额定电流分别为 5A、10A、20A、40A、60A、100A、150A、250A、400A 和 600A 等多个等级。

4. 熔断器

熔断器是短路保护装置，通常串接在被保护的电路中，一旦电路出现短路或严重超载，熔断器中的低熔点熔体(熔丝或熔片)就会迅速熔断，把电路断开，使电路得到保护。

图 3-33a、b、c 和 d 所示为常用的熔断器，图 3-33e 所示为熔断器符号。熔体是熔断器中的重要部件，选择熔体额定电流时须按照如下的方法：

1）电灯、电炉等电阻性负载，熔体额定电流略大于实际负载电流。

2）单台电动机的熔体额定电流为电动机额定电流的 1.5~2.5 倍。

3）对多台电动机同时保护的总熔断器的熔体额定电流可取(1.5~2.5)×容量最大电动机的电动机的额定电流+其余电动机额定电流的总和。

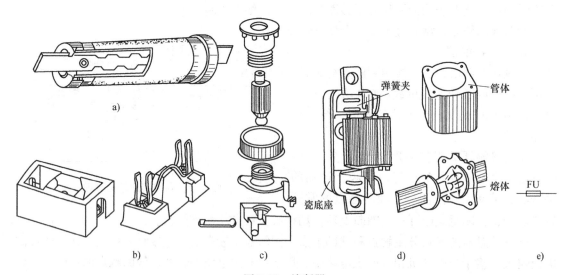

图 3-33　熔断器

a) 管式熔断器　b) 插入式熔断器　c) 螺旋式熔断器　d) 封闭式熔断器　e) 熔断器符号

5. 热继电器

热继电器是过载保护装置。当电动机的负载超过额定负载时，电动机的电流将超过额定电流，但可能不足以将熔断器熔断，这时电动机会因绕组长时间过电流导致的过热而损坏，如果在主电路中串有热继电器，在这种情况下热继电器将自动断电，使电动机得到保护。

图 3-34 是热继电器的结构原理和符号。图中双金属片的上层金属膨胀系数小，下层金属的膨胀系数大，其左端为固定端，右侧为自由端，热元件串接在主电路中，电流流过时会发热，双金属片因膨胀系数不同将向上弯曲，其弯曲程度与热元件的温度及时间长短有关，当热元件中的电流过大并超过一定时间时，双金属片会因弯曲程度增加使右端翘起与扣板脱离，扣板将在弹簧的拉力下向左偏移，使动断触点断开，动断触点接在控制回路中，使接触器的控制线圈断电，进而主电路断电，使电路得到保护。

热继电器动作后，需经过一段时间冷却，按一下复位按钮，可重新工作。

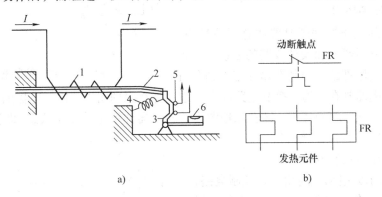

图 3-34　热继电器

a) 结构原理　b) 符号

1—热元件　2—双金属片　3—扣板　4—弹簧　5—常闭触点　6—复位按钮

常用国产热继电器型号有 JR0、JR10 及 JR16 等，主要技术数据是发热元件的额定电流。热继电器具有整定电流调节装置，可根据电动机的额定电流进行整定。国产热继电器的保护特性见表 3-4。

表 3-4　国产热继电器的保护特性

整定电流倍数	动作时间	原始状态
1	长期不动作	
1.2	小于 20min	从热态开始
1.5	小于 2min	从热态开始
6	小于 5s	从冷态开始

3.3.2　电动机常用电气控制电路

常用的三相异步电动机控制电路是采用继电器、接触器等电器来完成的，所以又称之为继电接触器控制。整个控制电路分为主电路和控制电路两部分，其中主电路由刀开关、接触器、电动机等部分组成，电流较大；控制电路由按钮、继电器、线圈等部分组成，电流较小。

1. 三相异步电动机的直接起动控制

（1）点动控制电路

图 3-35 所示为点动控制电路，电路由主电路和控制电路两部分组成。主电路由上至下分别为隔离开关 Q、熔断器 FU、交流接触器主触点 KM、热继电器 FR 及三相电动机 M；控制电路由常开按钮 SB、交流接触器线圈 KM 和热继电器动断触点 FR 组成。

动作过程为先合隔离开关 Q，然后按下按钮 SB，接触器线圈 KM 通电，使接触器主触点闭合，主电路通电，电动机 M 开始运行；松开按钮 SB，线圈 KM 断电，接触器主触点断开，电动机停车。

电路中熔断器 FU 起短路保护作用，热继电器 FR 起过载保护作用。

在绘制控制电路原理图时要注意以下特点：①为了读图、分析研究和设计线路的方便，根据其作用原理绘制原理图，控制电路和主电路分开

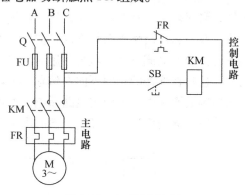

图 3-35 点动控制电路

绘制，通常主电路画在左边，控制电路画在右边；②在原理图中，同一电器的各个部分分开绘制，但用同一文字符号表示；③在原理图中，各元器件根据其原始状态（即没有通电或没有发生机械动作时的状态）绘制。

（2）连续运行控制电路

图 3-36 所示为电动机连续运行控制电路，与图 3-36 比较可知，连续运行电路与点动运行电路差别只有两点：①动合按钮两端并联了接触器的辅助触点 KM；②增加了停车按钮 SB_1。

动作过程为，按下起动按钮 SB_2，线圈 KM 通电，使主触点和动合辅助触点同时闭合，电动机通电运行，同时辅助触点 KM 的闭合使得 SB_2 松开后控制回路仍然导通，使电动机能连续运行，辅助触点的这种作用称为自锁。

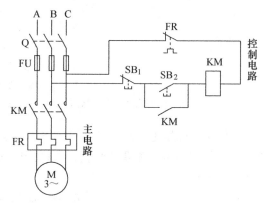

图 3-36 连续运行控制电路

需要停车时，按下按钮 SB_1，KM 线圈断电，接触器的主触点和辅助触点同时断开，电动机停车。

在采用交流接触器的控制电路中，还有失压保护功能。当电源电压过低或意外断电时，接触器线圈会因电压过低或断电而无法正常工作，接触器主触点断开，电动机停车，当电源电压恢复正常后，必须按动按钮，电动机才能起动，这种在电源电压出现异常情况时能自动切断电源的保护称为失压保护。

2. 三相异步电动机的正反转控制

根据前面的介绍可知，要想改变电动机的旋转方向，只要把定子绕组接到三相电源上的三根导线中的任意两根对调一下即可（也就是改变定子绕组电流的相序）。通过采用两个接触器可以实现这一功效，控制电路如图 3-37 所示。当接触器 KM_R 的主触点吸合后电源通入

电动机的相序为 U_1、V_1、W_1、U_1…，电动机正转，当接触器 KM_F 的主触点吸合后电源通入电动机的相序为 W_1、V_1、U_1、W_1…，电动机反转。

动作过程是，按下 SB_R，KM_R 线圈通电，KM_R 主触点和常开辅助触头吸合，而 KM_R 的常闭辅助触点断开，主电路通过 KM_R 主触点接通，电动机正向运行，SB_R 支路自锁；按下 SB_1，控制电路断电，线圈断电，主触点断开，电动机停车；当按下 SB_F 时 KM_F 线圈通电，KM_F 主触点和常开辅助触点吸合，KM_F 的常闭辅助触点断开，主电路通过 KM_F 主触点接通，电动机反向运行，SB_F 支路自锁。

值得注意的是，控制系统必须保证两个接触器的主触点不能同时吸合，否则，A、C 两相之间会构成短路，在图 3-37 中，通过采用两个常闭的辅助触点（KM_R、KM_F）确保接触器只有一个动作，这种作用称为互锁。

图 3-37 所示电路存在一个问题，要想改变电动机的旋转方向，必须先按下 SB_1，使电动机停车后，再按相应的起动按钮，

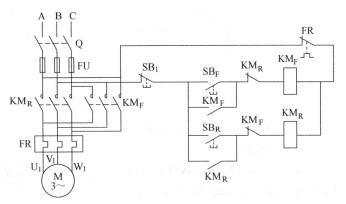

图 3-37 正反转电气联锁控制电路

改变电动机转向，这对可以直接反转的小容量电动机很不方便。图 3-38 给出了采用复合按钮的控制电路，可以实现直接反转。

3. 三相异步电动机的顺序控制

在实际生产中，经常会遇到需要几台电动机按顺序动作的情况，例如，有 M_1、M_2 两台电动机，工作时要求 M_1 先动作，然后 M_2 才动作，停车时两台电动机同时停车，控制电路如图 3-39 所示。根据控制电路可知，只有当控制 M_1 动作的 SB_1 按下后，再按 SB_2 才起作用，保证了 M_1 先动作、M_2 后动作，当 SB_3 按下后 KM_1、KM_2 线圈同时断电，两台电动机同时停车。

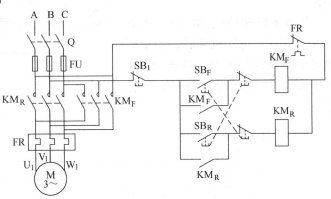

图 3-38 正反转机械联锁控制电路

4. 行程控制电路

行程控制是指通过位置信息控制电动机的运行以达到对运行部件的位置控制。例如，行车到达终点位置后自动停车，刨床工作台在预定范围内的自动往返运行等都属于行程控制，这类控制主要是由行程开关来实现的。

行程开关又称限位开关，它的种类很多，但基本结构相似。图 3-40 所示为一种组合按钮式的行程开关，由一对动断触点和一对动合触点及压头构成。当安装在运动部件上的撞块

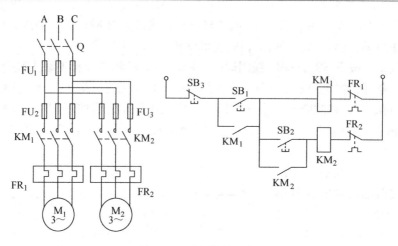

图 3-39　顺序控制电路

撞击行程开关的压头时，产生动作。

（1）限位控制

图 3-41 为限位控制电路及示意图，主电路中有两个接触器的主触点，分别控制电动机的正转与反转，控制电路中有两个行程开关，其中 ST_a 为正程限位，ST_b 为返程限位。

当按下正转按钮 SB_R 时，接触器 KM_R 工作，电动机正转，当运动部件运动到预定位置时，撞击到 ST_a 的压头时，使触点 ST_a 断开，正转停止。

当按下反转按钮 SB_F 时，接触器 KM_F 工作，电动机反转，运动部件运动到预定位置时，撞击到 ST_b 的压头时，使触点 ST_b 断开，反转停止。

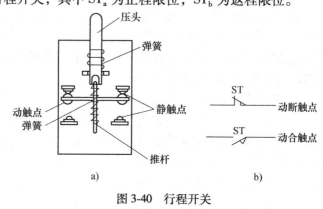

图 3-40　行程开关

a）结构示意图　b）图形符号

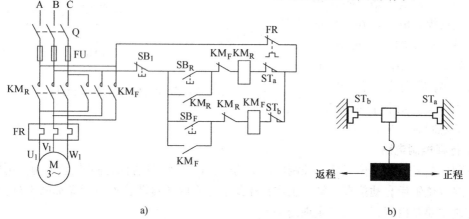

图 3-41　限位控制电路及示意图

a）控制电路　b）示意图

（2）自动往返控制

图 3-42 为自动往返控制电路及示意图。这一控制电路与图 3-41a 所示的控制电路相比，只是在控制回路中增加了 ST_a 和 ST_b 两个行程开关的动合触点，当工作台上的撞块撞击到行程开关的压头时，一个控制线圈断电的同时，另一个控制线圈通电，使工作台自动往返运行。

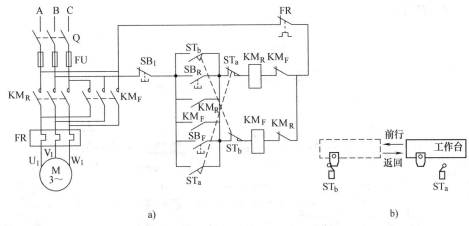

图 3-42　自动往返控制电路及示意图
a）控制电路　b）示意图

思 考 题

3-3-1　断路器的作用是什么？

3-3-2　熔断器的作用是什么？

3-3-3　热继电器的作用是什么？

3-3-4　为什么要将主电路与控制电路分离开？

3-3-5　如何实现点动控制和连续运行控制？

3-3-6　如何实现三相异步电动机的正、反转控制？

3-3-7　什么叫作自锁？什么叫作互锁？如何实现自锁和互锁？

3.4　Multisim 仿真举例

利用 Multisim 可以进行三相电动机的基本控制电路仿真。主要控制元件位于机电类元件库"Electro_ Mechanical"中。元件库中的继电器的控制线圈和开关触点元件符号默认为美国标准（ANSI）的符号，与常见的符号不一样。可以通过以下步骤变换元件符号标准：Options→Global preferences→ Components→ Symbol standard，ANSI（美国标准）/DIN（德国标准）。改成德国标准（DIN）后，就是常见的符号形式。线圈 KM 所用电源为直流电，与实验室所用电源不同，但其工作原理和实验室所用的接触器是一样的。线圈通电，各触点动作；线圈断电，各触点恢复常态。因此可以用它来仿真实际接触器。

如图 3-43 所示为三相电动机直接起动控制仿真电路，可实现电动机的连续运行。电路包含了主电路和控制电路两部分，其中控制电路由 1V 直流电压源供电。仿真过程如下：先合上隔离开关 Q，再按下按钮 SB2，接触器线圈 KM 通电，使受接触器线圈 KM 控制的主触点和辅助触点同时闭合。主回路电动机通电运行，三块电流表读数分别为 104.951A（A 相上串联了热继电器 FR 发热元件）、108.676A、108.676A。控制电路部分辅助触点的闭合使得 SB2 松开后控制电路仍然导通，实现了自锁作用，故电动机可以维持连续运行。需要停止电动机时，按下按钮 SB1，接触器线圈 KM 断电，主触点和辅助触点同时断开，电路回到初始状态。电动机运行过程中如果电流超过 160A，则热继电器 FR 起作用，FR 触点断开，电路断电，实现过载保护。

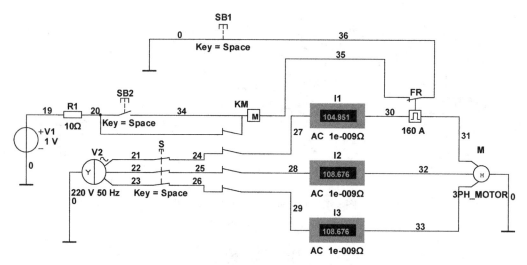

图 3-43　三相电动机直接起动控制仿真电路

　　如果想实现电动机的点动控制，只需要在节点 20 处去掉连接 KM 辅助触点的导线，使得辅助触点从控制回路中断开，失去自锁控制。点动控制的电动机仿真电路如图 3-44 所示。按下按钮 SB2，接触器线圈 KM 通电，主触点闭合，电动机运行；松开按钮 SB2，接触器线圈 KM 断电，主触点断开，电动机停止。

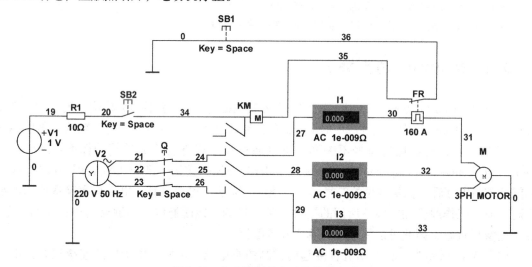

图 3-44　点动控制的电动机仿真电路

本 章 小 结

1. 变压器主要由铁心及一次、二次绕组组成,如忽略变压器一次、二次绕组中电阻和漏电抗的电压降,有

$$\frac{\dot{U}_1}{\dot{U}_2} = \frac{\dot{I}_2}{\dot{I}_1} = -\frac{N_1}{N_2} = -k$$

2. 三相异步电动机由定子和转子两部分组成,定子即为电动机的固定部分,转子为电机的转动部分。根据转子结构又可分为笼型异步电动机和绕线转子异步电动机。

3. 三相异步电动机定子绕组通入三相对称交流电流后会在电机内部产生旋转磁场,在电磁的作用下使转子产生电磁转矩,带动转子转动。

4. 为安全高效地使用电动机,应根据铭牌上的额定数据使用;三相异步电动机起动瞬间电流很大,起动方法有直接起动和减压起动;三相异步电动机的调速方法有变频调速、变极调速和转子绕组串电阻调速等。

5. 常用低压电器设备有按钮、断路器、交流接触器、熔断器、热继电器等。

6. 常用的三相异步电动机控制有电动机直接起动的点动控制、连续运行控制,正反转控制,顺序控制和行程控制等。

习 　 题

3-1　变压器的容量为 1kV·A,电压为 220/36V,每匝线圈的感应电动势为 0.2V,变压器工作在额定状态。求:

(1) 一次、二次绕组的匝数各为多少?

(2) 电压比为多少?

(3) 一次、二次绕组的电流各为多少?

3-2　有一台单相变压器电压比为 3000V/220V,接一组 220V、100W 的白炽灯共 200 只,试求变压器一次、二次绕组的电流各为多少?

3-3　有一台 Y200L2—2 型异步电动机,额定功率为 37kW,额定电压为 380V,额定转速为 2950r/min,这台电动机应采用什么接法? 同步转速 n_0、额定转差率 s_N 各是多少?

3-4　一台三相异步电动机的铭牌数据如下:功率 4kW,电压 380V,功率因数 0.77,效率 84%,转速 960r/min,求:(1) 电动机的额定电流;(2) 额定转差率。

3-5　已知三相异步电动机定子每相绕组的额定电压为 220V,当电源线电压分别为 220V 和 380V 时,电动机采用何种接法才能保证其正常工作?

3-6　两台异步电动机 M_1 和 M_2,要求 M_1 起动后 M_2 才能起动,M_2 可以单独停车,M_1 和 M_2 也可以同时停车,要有短路保护、过载保护和失压保护,设计符合上述要求的控制电路。

3-7　图 3-45 所示为笼型异步电动机的正反转控制电路,试指出图中的错误并改正。

3-8　利用 Multisim 仿真三相电动机的正反转控制电路(提示,电路连线较多,比较复杂,仿真时可以考虑采用了电路的形式将接触器模块封装起来)。

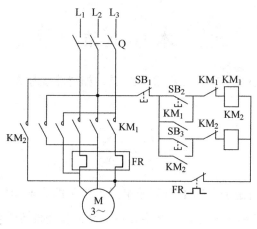

图 3-45   题 3-7 图

第4章 半导体器件及基本放大电路

半导体器件是构成各种电子电路的基本器件，其基本结构、工作原理和特性是分析电子电路的基础。

本章介绍半导体二极管和晶体管的结构、工作原理、特性曲线和主要参数。利用二极管的单向导电性，讨论二极管的应用。利用双极型晶体管具有的放大作用组成各种基本放大电路，介绍放大电路的电路结构、静态工作点、性能指标及其应用。

4.1 半导体导电特性及 PN 结

4.1.1 半导体导电特性

导电能力介于导体和绝缘体之间的物质称为半导体。由于半导体具有热敏性、光敏性和掺杂性，由半导体制成的各种电子器件得到了非常广泛的应用。热敏性指半导体的导电性能随着温度的变化发生明显的改变，利用热敏性可制作成各种热敏电阻。光敏性指半导体的导电性能对光照比较敏感，利用光敏性可制作成光电二极管、光电晶体管及光敏电阻等多种类型的光电器件。掺杂性指在纯净的半导体中掺入微量的杂质元素，将会极大地改变半导体的导电性能，利用掺杂性可制作成各种不同用途的半导体器件，如二极管、晶体管和场效应晶体管等，常用的半导体材料有硅(Si)、锗(Ge)和砷化镓(GaAs)，其中硅是目前最常用的一种半导体材料。

1. 本征半导体

本征半导体指的是完全纯净、结构完整的半导体晶体。半导体材料硅和锗都是四价元素，在原子结构中最外层轨道上有四个价电子，晶体结构中相邻两个原子的一对最外层电子(价电子)成为共有电子，即共用一对价电子组成共价键结构，故在晶体中每个原子都和周围的四个原子以共价键的形式互相紧密地联系起来，如图 4-1 所示。

当半导体的温度升高或者受到光线照射等外界因素的影响时，共价键中的某些价电子获得能量，挣脱共价键的束缚成为自由电子，与此同时，原共价键中的相应位置留下空位，称作"空穴"，如图 4-2 所示。显然，电子和空穴总是成对出现的，即本征半导体中的电子和空穴的数目总是相等的，对外呈电中性。这种在热或光的作用下，本征半导体中产生电子-空穴对的现象称为本征激发。自由电子和空穴都称为载流子。

在外电场的作用下，有空穴的原子可以吸引相邻原子中的价电子，填补这个空穴。同时在失去了一个价电子的相邻原子的共价键中出现另一个空穴，它也可以由相邻原子中的价电子来递补，而在该原子中又出现一个空穴，如此继续下去，就好像空穴在运动。而空穴运动的方向与价电子运动的方向相反，因此空穴运动相当于正电荷的运动。这样，当半导体两端加上外电压时，半导体中将出现两部分电流：一部分是自由电子作定向运动所形成的电子电流，一部分是价电子递补空穴所形成的空穴电流。可见在半导体中，同时存在着电子导电和空穴导电，这是半导体导电方式的最大特点，也是半导体和金属在导电原理上的本质差别。

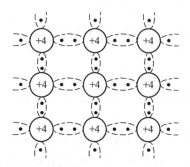

图 4-1 本征半导体结构示意图

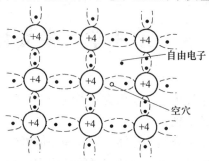

图 4-2 本征激发产生电子和空穴

本征激发产生了自由电子和空穴对，自由电子在运动的过程中如果与空穴相遇就会填补空穴，使两者同时消失，这种现象叫复合。在一定温度下，本征激发所产生的自由电子和空穴对，与复合的自由电子和空穴对数目相等，达到了动态平衡，于是半导体中的载流子便维持一定数目。温度越高，载流子数目越多，导电性能也就越好，所以温度对半导体器件性能的影响很大。在常温下，本征半导体载流子的浓度很低，因此其导电能力很弱。

2. 杂质半导体

实际应用中，在纯净的半导体材料中掺入少量的杂质形成杂质半导体，可以显著改变半导体的导电性能。根据掺杂不同，杂质半导体又可以分为 N 型半导体和 P 型半导体。

（1）N 型半导体

在纯净半导体中掺入微量的五价元素（如磷）后，可形成 N 型半导体，如图 4-3 所示。由于五价元素最外层有五个价电子，那么与四价元素形成共价键时，剩余一个价电子不能形成共价键而变成自由电子，同时考虑到常温下由于本征激发产生的少量电子-空穴对，则在 N 型半导体中存在两种导电的载流子，即自由电子和空穴，其中自由电子的浓度远大于空穴密度，被称为多数载流子，简称为多子。空穴浓度较低，被称为少数载流子，简称为少子。N 型半导体主要依靠电子导电，因此也被称为电子型半导体。释放了一个价电子的杂质正离子被束缚在晶格中，晶体中正负电荷数目相等，N 型半导体整体呈电中性。

（2）P 型半导体

在纯净半导体中掺入微量的三价元素（如硼）后，可形成 P 型半导体，如图 4-4 所示。三价元素最外层只有三个价电子，那么与四价元素形成共价键时，将会存在一个多余的空

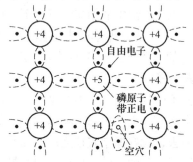

图 4-3 N 型半导体

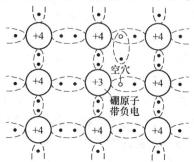

图 4-4 P 型半导体

位，相邻共价键上的电子受到热振动或其他激发而获得能量时，就可能填补该空位使硼原子变成不能移动的负离子，原来共价键因为缺少电子形成空穴。晶体中正、负电荷数目相等，整体呈电中性。考虑到本征激发产生的少量电子-空穴对，P 型半导体中空穴的浓度远大于自由电子的浓度成为多子，自由电子浓度较低成为少子。P 型半导体主要依靠空穴导电，因此也被称为空穴型半导体。

4.1.2　PN 结及其单向导电性

1. PN 结的形成

在一块本征半导体上，通过一定的掺杂工艺，一侧形成 P 型半导体，另一侧形成 N 型半导体。由于载流子浓度的差别形成多子的扩散运动，即 P 区的空穴向 N 区扩散，N 区的电子向 P 区扩散，如图 4-5a 所示。图中标有+、-小圆圈表示不能移动的正、负离子，空心圈表示空穴，实心圈表示电子。P 区一侧失去空穴留下不能移动的负离子，N 区一侧则失去电子留下不能移动的正离子，这些离子不能参与导电，在 P 区和 N 区交界处形成正、负离子的空间电荷区，这个空间电荷区就称为 PN 结，如图 4-5b 所示。PN 结产生的内电场，方向由 N 区指向 P 区，该电场的逐渐建立，将阻碍多子扩散运动的进行。另一方面，在 P 型和 N 型半导体的内部还存在少子，空间电荷区的内电场有利于少子形成漂移运动。随着内电场的逐渐建立，多子的扩散运动随之减弱，少子的漂移运动逐渐增强，最终到达扩散与漂移的动态平衡，空间电荷区的宽度基本保持不变。

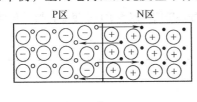
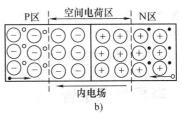

图 4-5　PN 结的形成

a) 多子扩散　b) 形成空间电荷区

2. PN 结的单向导电性

PN 结最基本的特性为单向导电性，即外加正向电压 PN 结导通；外加反向电压 PN 结截止。

（1）外加正向电压

当 PN 结外加正向电压，即 P 区接电源正极，N 区接电源负极时，称 PN 结正向偏置。如图 4-6a 所示，由于电源电压产生的外电场和 PN 结的内电场方向相反，外电场的存在将削弱内电场的作用，使 PN 结的空间电荷区变窄，有利于两区的多数载流子向对方扩散，形成正向电流 I，此时 PN 结处于正向导通状态。

在正常的工作范围内，正向电压稍有变化，流过 PN 结的电流就会发生显著变化，PN 结呈现很小的正向电阻。为了防止 PN 结因电流过大而损坏，回路中必须串接限流电阻 R。

（2）外加反向电压

当 PN 结外加反向电压，即 P 区接电源负极，N 区接电源正极时，称 PN 结反向偏置。如图 4-6b 所示，由于电源电压产生的外电场和 PN 结的内电场方向相同，外电场的存在将加强内电场的作用，使 PN 结的空间电荷区变宽，阻碍了多数载流子的扩散运动。因此，只有两区的少数载流子形成微弱的反向电流 I，此时 PN 结处于反向截止状态。应当注意的是，少数载流子是由于本征激发产生的，因此反向电流 I 受温度影响比较大。

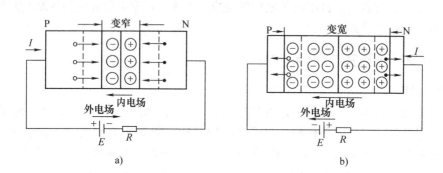

图 4-6　PN 结外加正向电压和反向电压

a) PN 结外加正向电压　b) PN 结外加反向电压

综上所述，PN 结具有单向导电性：正向偏置时导通，正向电阻很小；反向偏置时截止，反向电阻很大。这一性能是构成各种半导体器件的基础。

思 考 题

4-1-1　N 型半导体中的自由电子多于空穴，而 P 型半导体中的空穴多于自由电子，是否 N 型半导体带负电，而 P 型半导体带正电？

4-1-2　为什么 PN 结具有单向导电性？

4.2　半导体二极管

半导体二极管（简称二极管）是一种应用广泛的电路器件，它的工作原理是基于 PN 结的单向导电性。

二极管由一个 PN 结加电极引线和管壳构成。由 P 区一侧引出的电极称为阳极，N 区一侧引出的电极称为阴极。二极管的图形符号如图 4-7 所示，图中二极管的导电方向为由阳极指向阴极。

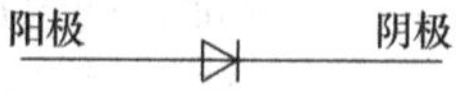

二极管按材料、用途和制作工艺等，可以进行不同的分类。

按所用半导体的材料，二极管可以分为锗二极管、硅二极管和砷化镓二极管等。

阳极　　　　　阴极

图 4-7　二极管图形符号

按管子的用途，二极管可以分为整流二极管、检波二极管、稳压二极管、开关二极管和光电二极管等。

按管子的制作工艺，二极管可以分为点接触型二极管、面接触型二极管和平面型二极管。锗管一般为点接触型，特点是结面积小，因而结电容小，允许的工作电流较小，常用于高频检波电路和混频电路中；硅管一般为面接触型，结面积较大，因而允许通过较大电流，但由于结电容大，只能在较低频率下工作；平面型二极管中，若结面积较大的，可通过较大电流，适用于大功率整流，结面积较小的，适用于脉冲与数字电路中作为开关管。

4.2.1　二极管的伏安特性

二极管的性能可以通过它的伏安特性曲线加以描述，伏安特性是指流过二极管的电流随着二极管的端电压的变化关系。

1. 实际特性

不同的二极管具有不同的伏安特性曲线，它是选择和使用二极管的重要依据。二极管的伏安特性曲线如图 4-8 所示。

（1）正向特性

外加正向电压可以使 PN 结的空间电荷区变薄，有利于多子的扩散运动。但当外加正向电压较小时，外电场产生的作用力还不足以克服内场对多子扩散运动所形成的阻力，因此正向电流基本为零。

当正向电压超过某个数值以后，内电场大为削弱，正向电流明显增大，二极管处于导通状态，呈现很小的正向导通电阻。使二极管开始导通的电压称为开启电压（又称为死区电压），如图 4-8 中的 U_{th}。通常硅管的开

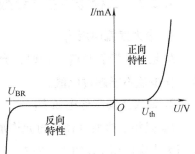

图 4-8　二极管伏安特性曲线

启电压约为 0.5V，锗管的开启电压约为 0.1V。二极管导通后其管压降随电流的变化很小，一般硅管导通电压为 0.6~0.8V，锗管导通电压为 0.1~0.3V。

使用二极管正向工作时，应注意它的正向导通电流不能超过最大允许值，否则将烧坏 PN 结。

（2）反向特性

二极管外加反向电压时，在很大的范围内反向电流很小且基本不随反向电压变化，二极管呈现很大的电阻，电路相当于断开状态，此时流过的电流称为反向饱和电流。一般硅管的反向饱和电流比锗管小得多。需要注意的是，随着温度升高，半导体内由热激发而产生的电子-空穴对数目增加，少数载流子增多，反向电流会随温度升高按指数规律增大。

随着反向电压进一步加大，当其超过某一定值时，二极管中载流子数目急剧上升，反向电流突然增大，二极管的单向导电性被破坏，这种现象称为反向击穿。对应的反向电压值称为二极管的反向击穿电压 U_{BR}。各类二极管的反向击穿电压大小不等，通常为几十伏到几百伏，最高可达千伏以上。

2. 近似特性

在工程应用中，常常将实际的伏安特性在正常工作范围内的部分近似化或理想化。当电源电压与二极管导通时的正向电压降相差不多时，正向电压降不可忽略，这时可近似认为伏安特性如图 4-9a 所示，二极管的电压小于其导通时的正向电压降时，二极管截止，电流等于零；二极管导通后，正向电压降恒等

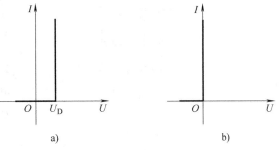

a)　　　　　　　　　　　　b)

图 4-9　二极管近似和理想的伏安特性

a）近似特性　b）理想特性

于 U_D，此时通常锗管取 0.2 V，硅管取 0.7V。

3. 理想特性

当电源电压远大于二极管导通时的正向电压降时，则可将二极管看成理想二极管，其伏安特性如图 4-9b 所示。加正向电压时，二极管导通，正向电压降和正向电阻等于零，二极管相当于短路；加反向电压时，二极管截止，反向电流等于零，反向电阻等于无穷大，二极管相当于开路。

4.2.2　二极管的主要参数

1. 最大整流电流 I_F

I_F 是指二极管长期工作时，允许通过的最大正向工作电流。实际应用时，二极管的平均工作电流不能超过此值。

2. 最大反向工作电压 U_R

U_R 是指二极管在使用时允许加的最大反向电压(峰值)。通常手册上给出最大反向工作电压为击穿电压 U_{BR} 的 1/2 左右。

3. 反向电流 I_R

I_R 是指二极管未击穿时的反向电流。该值越小，说明管子的单向导电性能越好。

4. 最高工作频率 f_M

f_M 是指二极管正常工作的上限频率。它的大小主要由 PN 结的结电容决定，工作频率超过 f_M 时，二极管的单向导电性能变差。

各类二极管的参数可查阅产品手册。手册给出的参数是在一定条件下测得的，故在使用参数时要注意参数的测试条件。另外，由于产品制造过程中存在分散性，因此手册上有时只给出参数范围。

二极管的应用范围很广，除后面要介绍的整流电路外，还用于钳位、限幅及元件保护等。

【例 4-1】　二极管构成的双向限幅电路如图 4-10a 所示，已知 $u_i = 5\sin\omega t \text{V}$，二极管导通电压 $U_D = 0.7\text{V}$，试画出 u_i 与 u_o 的波形，并标出幅值。

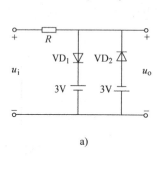

a)

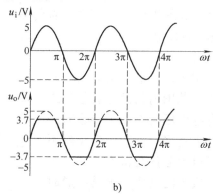

b)

图 4-10　例 4-1 图

解：当 $u_i > 3.7\text{V}$ 时，VD_1 导通，VD_2 截止，输出 $u_o = 3.7\text{V}$；

当 $u_i < -3.7V$ 时，VD_1 截止，VD_2 导通，输出 $u_o = -3.7V$；

当 $-3.7V < u_i < 3.7V$ 时，VD_1、VD_2 均截止，输出 $u_i = u_o$。输入、输出波形如图 4-10b 所示。

【例 4-2】 利用二极管的开关特性，可以组成数字逻辑电路，设二极管为理想二极管。电路如图 4-11 所示，它有两个输入端 A、B 和一个输出端 L，令 A、B 两端对应三组不同的输入电位值：(1) $U_A = U_B = 3V$；(2) $U_A = 0V$，$U_B = 3V$；(3) $U_A = U_B = 0V$，试求 L 点对应的电位并分析输入、输出的数字逻辑关系。

解：(1) 当 A 端和 B 端均为 3V 的高电位时，VD_A 和 VD_B 都处于正向导通状态，输出 $U_L = 3V$，即为高电平。

(2) 当 A 端为 0V 的低电位，B 端为 3V 的高电位时，VD_A 两端的电位差较大，比 VD_B 优先导通，将输出 U_L 被钳位在 0V，VD_B 处于反向电压的作用而截止，即输出 $U_L = 0V$，为低电平。

(3) 当 A 端和 B 端均为 0V 的低电位时，VD_A 和 VD_B 都处于正向导通状态，输出 $U_L = 0V$，即为低电平。

因此，只有两个输入端均为高电平时，输出才是高电平，对应是数字电路中的与逻辑。

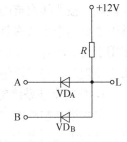

图 4-11　例 4-2 图

思 考 题

4-2-1　为什么二极管的反向饱和电流与外加反向电压基本无关，而当环境温度升高时，又明显增大？

4-2-2　硅管和锗管的开启电压或死区电压的典型值约为多少？导通电压约为多少？

4.3　直流稳压电源

在电子电路中，通常都需要电压稳定的直流电源供电。小功率直流稳压电源通常是由图 4-12 所示的几部分组成的。

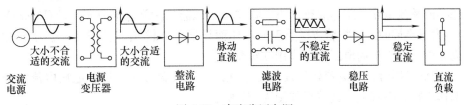

图 4-12　直流稳压电源

电源变压器的作用是将市电交流电压变换为整流所需的交流电压，有时也起隔离交流电源和整流电路的作用。

整流电路的作用是将交流电变换为方向不变的直流电。但整流电路输出的是脉动直流电压，只能用于电镀、电解和蓄电池充电等对波形要求不高的工艺和设备中。像大多数电子设备中的直流电源需要脉动程度小的平滑直流电压，这就需要在整流之后再进行滤波。

滤波电路的作用是将脉动直流电压变换为平滑的直流电压。由于交流电源电压的波动和负载电流的变化会引起输出直流电压的不稳定，直流电压的不稳定会使电子设备、控制装置、测量仪表等设备的工作不稳定，产生误差，甚至不能正常工作，为此还需要在滤波电路之后再加上稳压电路。

稳压电路的作用是将不稳定的直流电压变换为不随交流电源电压波动和负载电流变化而变动的稳定直流电压。

下面介绍各组成部分的工作原理。

4.3.1　整流电路

利用二极管的单向导电性实现整流，把按正弦规律变化的交流电变换成单一方向的脉动直流电。按所接交流电源的相数，分为单相整流电路、三相整流电路和多相整流电路。单相整流主要用于小功率负载；三相整流主要用于大功率负载；多相整流，如六相或更多相整流多用于特殊场合，如低压大电流电路。下面仅对单相整流电路进行介绍。在分析整流电路的工作原理时，将二极管当作理想二极管来处理。

1. 单相半波整流电路

单相半波整流电路如图 4-13a 所示。它是最简单的整流电路。电路中只使用一个二极管，电路中变压器 Tr 用来将电源电压变换到整流负载工作所需要的电压值。

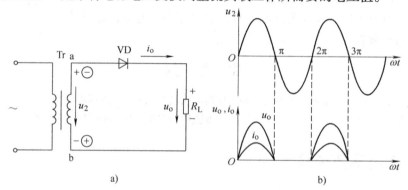

图 4-13　单相半波整流电路

a)电路　b)波形

单相半波整流电路的工作原理如下：设整流变压器二次侧电压为 $u_2 = \sqrt{2}\,U_2\sin\omega t\,\text{V}$。

当 u_2 为正半周时，二极管 VD 受正向电压而导通，负载 R_L 上的电压 u_o 与交流电压 u_2 的正半周相等，即正半周电压全部作用在负载上。

当 u_2 为负半周时，二极管处于反向偏置状态，二极管截止，负载电压电流均为零，u_2 电压全部作用在二极管上，其波形如图 4-13b 所示。

整流后 u_o 虽然方向不变，但大小时刻变化，所以一般由一个周期的平均值来表示其大小，则该电路的数量关系如下：

（1）整流电压的平均值

$$U_o = \frac{1}{2\pi}\int_0^\pi \sqrt{2}\,U_2\sin\omega t\,\mathrm{d}\omega t = \frac{\sqrt{2}\,U_2}{\pi} = 0.45U_2 \tag{4-1}$$

（2）整流电流的平均值

$$I_o = \frac{U_o}{R_L} = 0.45\frac{U_2}{R_L} \tag{4-2}$$

（3）二极管平均电流

由于二极管 VD 与负载 R_L 串联，所以流过 VD 的电流平均值为

$$I_D = I_o = 0.45 \frac{U_2}{R_L} \tag{4-3}$$

（4）二极管反向电压最大值

二极管不导通时，承受的是反向电压，其承受最大反向电压 U_{DRM} 是被整流的交流电压 u_2 的最大值，即

$$U_{DRM} = \sqrt{2}\, U_2 \tag{4-4}$$

在整流电路的实际应用中，应根据以上关系选择二极管，对二极管的最大整流电流及反向峰值电压要留有一定的余量，以保证二极管的安全使用。

2. 单相桥式整流电路

单相桥式整流电路是目前应用最广泛的整流电路，电路如图 4-14 所示。图中 $VD_1 \sim VD_4$ 为四个二极管，构成桥式电路。

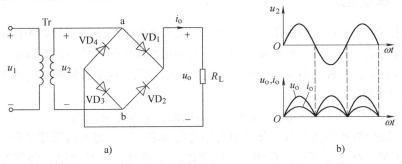

图 4-14 单相桥式整流电路
a）电路 b）波形

当 u_2 为正半周时，a 点电位最高，b 点电位最低，二极管 VD_1 和 VD_3 导通，VD_2 和 VD_4 截止，电流的通路是 $a \rightarrow VD_1 \rightarrow R_L \rightarrow VD_3 \rightarrow b$。

当 u_2 为负半周时，a 点电位最低，b 点电位最高，二极管 VD_2 和 VD_4 导通、VD_1 和 VD_3 截止，电流的通路是 $b \rightarrow VD_2 \rightarrow R_L \rightarrow VD_4 \rightarrow a$。

这样，在 u_2 变化的一个周期内，负载 R_L 上始终流过自上而下的电流，其电压和电流的波形为一全波脉动直流电压和电流，如图 4-14b 所示。该电路的数量关系如下：

（1）整流电压的平均值

指负载直流电压的平均值，也就是整流电路输出的直流电压，其值 U_o 比半波整流时增加了一倍，即

$$U_o = 2 \times 0.45 U_2 = 0.9 U_2 \tag{4-5}$$

（2）整流电流的平均值

$$I_o = \frac{U_o}{R_L} = 0.9 \frac{U_2}{R_L} \tag{4-6}$$

（3）二极管平均电流

由于每个二极管只在半个周期内导通，所以

$$I_D = \frac{1}{2} I_o = 0.45 \frac{U_2}{R_L} \tag{4-7}$$

（4）二极管反向电压最大值

该值与半波整流电路相同，即

$$U_{DRM} = \sqrt{2}\, U_2 \tag{4-8}$$

式（4-5）和式（4-6）是计算负载直流电压和电流的依据。式（4-7）和式（4-8）是选择二极管的依据。所选用的二极管参数必须满足

$$\begin{aligned} I_F &\geq I_D \\ U_R &\geq U_{DRM} \end{aligned} \tag{4-9}$$

图 4-15　整流桥块

目前封装成一整体的多种规格的整流桥块已批量生产，给使用者带来了不少方便。其外形如图 4-15 所示。使用时只要将交流电压接到标有"~"的引脚上，从标有"+"和"-"的引脚引出的就是整流后的直流电压。

4.3.2　滤波电路

整流电路的输出电压虽然是单一方向的，但是含有较大的交流成分，不能适应大多数电子电路及设备的需要。因此一般在整流后，还需利用滤波电路将脉动的直流电压变为平滑的直流电压。滤波电路的种类很多，电容滤波电路是最常见、也是最简单的滤波电路。

1. 电容滤波电路

图 4-16 所示为一个桥式整流、电容滤波的电路，它就是在整流电路之后，负载并联一个滤波电容。图中桥式整流电路部分采用的是简化画法。电容滤波的原理是利用电源电压上升时，给 C 充电，将电能储存在 C 中，当电源电压下降时利用 C 放电，将储存的电能送给负载，从而使负载波形如图 4-17 所示，填补了相邻两峰值电压之间的空白，不但使输出电压的波形变平滑，而且还使 u_o 的平均值 U_o 增加。U_o 的大小与电容放电的时间常数 $\tau = R_L C$ 有关。τ 小，放电快，如图中的虚线 1，U_o 小；τ 大，放电慢，如图中的虚线 2，U_o 大。空载时，$R_L \to \infty$，$\tau \to \infty$，如图中的虚线 3，$U_o = \sqrt{2}\, U_2$ 最大。为了得到经济而又较好的滤波效果，一般取

$$\tau \geq (3 \sim 5)\frac{T}{2} = \frac{1.5 - 2.5}{f} \tag{4-10}$$

式中，T 和 f 为交流电源电压的周期和频率。

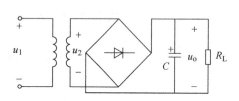

图 4-16　有电容滤波的整流电路

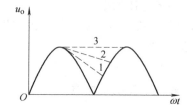

图 4-17　桥式整流滤波输出波形

在桥式整流、电容滤波电路中，空载时的负载直流电压为

$$U_o = \sqrt{2}\, U_2 \tag{4-11}$$

有载时，在满足式（4-10）的条件下

$$U_o \approx 1.2 U_2 \tag{4-12}$$

选择整流元件时，考虑到整流电路在工作期间，一方面向负载供电，同时还要对电容充电，而且通电的时间缩短，通过二极管的电流是一个冲击电流，冲击电流峰值较大，其影响应予考虑，因此一般取 $I_F \geqslant 2I_D$，$U_R \geqslant U_{DRM}$。滤波电容值可按式(4-10)选取，即取

$$C \geqslant (3 \sim 5) \frac{T}{2R_L} = \frac{1.5 \sim 2.5}{R_L f} \tag{4-13}$$

电容器的额定工作电压(简称耐压)应不小于其实际电压的最大值，故取

$$U_{CN} \geqslant \sqrt{2}\,U_2 \tag{4-14}$$

滤波电容的电容值较大，需要采用电解电容器，这种电容器有规定的正、负极，使用时必须使正极(图中标以"+")的电位高于负极的电位，否则会被击穿。

若对于单相半波整流电容滤波，满足式(4-10)时，其输出直流电压平均值的经验值为

$$U_o \approx U_2 \tag{4-15}$$

【例 4-3】　一桥式整流、电容滤波电路如图 4-16 所示，已知电源频率 $f = 50\text{Hz}$，$R_L = 100\Omega$，输出直流电压 $U_o = 30\text{V}$。试求：(1)选择整流二极管；(2)选择滤波电容器；(3)负载电阻断路时的输出电压 U_o；(4)电容断路时的输出电压 U_o；(5)有一个二极管所在支路开路时的输出电压 U_o。

解：(1)选择整流二极管

负载电流为

$$I_o = \frac{U_o}{R_L} = \frac{30}{100}\text{A} = 0.3\text{A}$$

所以二极管通过电流为

$$I_D = \frac{1}{2} I_o = 0.15\text{A}$$

变压器输出电压为

$$U_2 = \frac{U_o}{1.2} = \frac{30}{1.2}\text{V} = 25\text{V}$$

所以二极管最大反向电压为

$$U_{DRM} = \sqrt{2}\,U_2 = \sqrt{2} \times 25\text{V} = 35.4\text{V}$$

选

$$I_F \geqslant 2I_D = 2 \times 0.15\text{A} = 0.3\text{A}$$
$$U_R \geqslant U_{DRM} = 35.4\text{V}$$

查手册，选用 2CZ53B 的二极管四个($I_F = 300\text{mA}$，$U_R = 50\text{V}$)。

(2)选择滤波电容器

$$C \geqslant (3 \sim 5)\frac{T}{2R_L} = \frac{1.5 \sim 2.5}{R_L f} = \frac{1.5 \sim 2.5}{100 \times 50}\text{F} = (300 \sim 500)\,\mu\text{F}$$

所以

$$U_{CN} \geqslant \sqrt{2}\,U_2 = \sqrt{2} \times 25\text{V} = 35.4\text{V}$$

查手册，选用 $C = 470\mu\text{F}$，$U_{CN} = 50\text{V}$ 的电解电容器。

(3)负载电阻断路时，输出电压为

$$U_o = \sqrt{2}\,U_2 = \sqrt{2} \times 25\text{V} = 35.4\text{V}$$

(4)电容断路时，全波整流输出电压为

$$U_o = 0.9U_2 = 0.9 \times 25V = 22.5V$$

（5）有一个二极管所在支路开路时的输出电压为

$$U_o \approx U_2 = 25V$$

2. 复式滤波

为了减小输出电压的脉动程度，可以利用电阻、电感和电容组成复式滤波电路，如图4-18所示。电感线圈之所以能滤波可以这样来理解：因为电感线圈对整流电流的交流分量具有阻抗，谐波频率越高，阻抗越大，所以它可以减弱整流电压中的交流分量，ωL 比 R_L 大得越多，则滤波效果越好，而后再经过电容滤波器滤波，再一次滤掉交流分量，这样便可以得到甚为平直的电压波形。但是，由于电感线圈的电感较大（一般在几亨到几十亨的范围内），其匝数越多，电阻也越大，因而其上也有一定的直流压降，造成输出电压的下降。

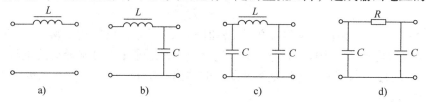

图4-18　常用复式滤波电路

a）电感滤波　b）LC滤波　c）π形LC滤波　d）π形RC滤波

具有 LC 滤波器的整流电路适用于电流较大、要求输出电压脉动很小的场合，尤其适用于高频电路。

如果要求输出电压的脉动更小，可以在 LC 滤波器的前面再并联一个滤波电容，这样便构成 π 形 LC 滤波器，它的滤波效果比 LC 滤波器更好，但整流二极管中冲击电流较大。

由于电感线圈的体积大而笨重，成本又高，所以一般用电阻去代替 π 形滤波器中的电感线圈，这样便构成了 π 形 RC 滤波器。电阻对于交、直流电流都具有同样的降压作用，但是当它和电容配合之后，就使脉动电压的交流分量较多地降落在电阻 R 两端，而较少地降落在负载上，从而起到了滤波作用。R 越大，C 越大，滤波效果越好。但 R 的增大，会使 R 上的直流分压随之增加，所以这种滤波电路主要适用于负载电流较小而又要求输出电压脉动很小的场合。

4.3.3　稳压电路

下面先要介绍一种稳压用的二极管，然后再讨论集成稳压电路。

1. 稳压二极管

稳压二极管是一种特殊的面接触型半导体硅二极管，又称为齐纳二极管，其外形和内部结构同前述整流用半导体二极管相似，二者的伏安特性也相似。不同之处是稳压二极管工作于反向击穿区。由于制造工艺不同，稳压二极管的反向击穿电压一般比普通二极管低很多，且它的反向特性曲线比普通二极管要陡。图4-19a是硅稳压管的表示符号，图4-19b是其伏安特性。

对于整流用二极管，因其散热条件是按正向导通时的功耗考虑的，当反向击穿时，反向电流会急剧上升，导致管子PN结发热烧毁，因此反向击穿区是不允许的。而对于稳压二极管，却是利用了反向击穿情况下管子电流变化很大而管子二端电压基本不变的这一特性，即稳压管是工作在其反向击穿区的，在制造工艺上采取适当措施使稳压管的反向击穿是可逆的，保证稳压二极管既击穿又不损坏。

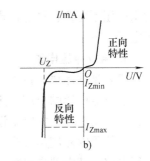

图 4-19　硅稳压管
a) 符号　b) 伏安特性

稳压二极管有一定的正常工作范围，一般小功率稳压管电流范围为几毫安至几十毫安，如使用时超出此范围，稳压二极管会因发生热击穿而损坏，使用时一般需串联适当的限流电阻，以保证电流不超过允许值。由于硅管的热稳定性比锗管好，因此一般用硅管作稳压二极管。

稳压管的主要参数如下：

（1）稳定电压 U_Z

U_Z 是指稳压管的反向击穿电压，也就是反向击穿状态下管子两端的稳定工作电压。同一型号的稳压管，由于半导体器件生产的离散性，其稳定电压分布在某一数值范围内，但就某一个具体的稳压管来说，在温度一定时，其稳定电压是一个定值。

（2）最小稳定电流 I_{Zmin}

I_{Zmin} 是保证稳压管具有正常稳压性能的最小工作电流。当工作电流低于 I_{Zmin} 时，稳压效果变差。I_{Zmin} 一般作为设计电路和选用稳压二极管时的参考数值。

（3）最大稳定电流 I_{Zmax}

I_{Zmax} 是稳压范围内稳压管允许通过的最大电流值，实际使用时电流不得超过此值。

（4）耗散功率 P_{ZM}

P_{ZM} 是反向电流通过稳压二极管的 PN 结时，会产生一定的功率损耗，使 PN 结的温度升高。P_{ZM} 是稳压管不至于发生热击穿的最大功率损耗，它是由允许的 PN 结工作温度决定的，它等于稳压管的最大工作电流与相应的工作电压乘积，即 $P_{ZM} = U_Z I_{Zmax}$。如果实际功率超过这个数值，管子就要损坏。当环境温度超过 50℃ 时，温度每升高 1℃。耗散功率应降低 1/100。

2. 稳压管稳压电路

用硅稳压管和限流电阻组成的稳压电路如图 4-20 所示，交流电压经桥式整流和电容滤波后得直流电压 U_i，再经限流电阻 R 和稳压管 VS 组成的稳压电路供给负载 R_L。图中 U_i 为稳压环节的输入电压，U_o 为输出电压，它的值取决于稳压管的稳定电压 U_Z、负载电流 I_o。由图 4-20 可知

$$U_o = U_i - RI = U_i - R(I_Z + I_o) \tag{4-16}$$

当电源电压波动或者负载电流变化而引起 U_o 变化时，该电路的稳压过程如下：只要 U_o 略有增加，I_Z 便会显著增加，I 随之增加，RI 增加，使得 U_o 自动降低，保持近似不变。如果 U_o 降低，则稳压过程与上述相反。

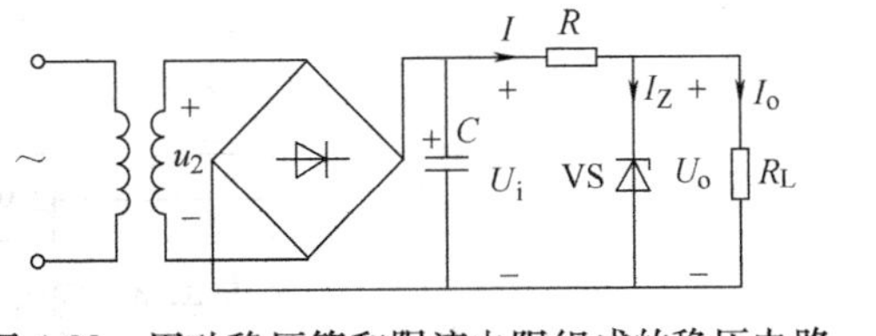

图 4-20　用硅稳压管和限流电阻组成的稳压电路

限流电阻 R 的选择，应保证流过稳压管的电流介于稳压管稳定电流和最大稳定电流之间，才可使稳压二极管工作于稳压区。若难以选择符合以上条件的电阻 R，可改选最大稳定电流较大的稳压二极管。

稳压管稳压电路简单，但受稳压二极管最大稳定电流的限制，输出电流不能太大，而且

输出电压不可调，稳定性也不很理想，一般适用于输出电压固定且对稳定度要求不高的小功率电子设备中。

3. 集成稳压电路

随着半导体集成技术的发展，从20世纪70年代开始，集成稳压电路迅速发展起来，并得到了日益广泛的应用。集成稳压电路分为线性集成稳压电路和开关集成稳压电路两种。前者适用于功率较小的电子设备，后者适用于功率较大的电子设备。

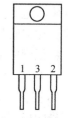

目前国内外使用最广、销售量最大的是三端集成稳压器，属线性集成稳压电路，其内部是串联型晶体稳压电路。它具有体积小、使用方便、内部含有过流和过热保护电路，使用安全可靠等优点。三端集成稳压器又分为三端固定式集成稳压器和三端可调式集成稳压器两种，前者输出电压是固定的，后者输出电压是可调的，本书中介绍三端固定式集成稳压器。

图 4-21　三端固定式集成稳压器

国产三端固定式集成稳压器有 CW7800 系列和 CW7900 系列两种，外形如图 4-21 所示，它只有三个引脚。CW7800 系列为正电压输出的集成稳压器，引脚 1 为输入端，2 为输出端，3 为公共端，基本应用电路如图 4-22 所示。CW7900 系列为负电压输出的集成稳压器，引脚 1 为公共端，2 为输出端，3 为输入端，基本应用电路如图 4-23 所示。输入端和输出端各接有电容 C_i 和 C_o，C_i 用来抵消输入端接线较长时的电感效应，防止产生振荡，一般在 $0.1\sim1\mu F$。C_o 是为了在负载电流瞬时增减时，不致引起输出电压有较大的波动，可用 $1\mu F$。输出电压有 5V、6V、8V、9V、12V、15V、18V、24V 等不同电压规格，型号的后二位数字表示输出电压值，例如 CW7805 表示输出电压为 5V。使用时，除了输出电压值外，还要了解它们的输入电压和最大输出电流等数值，这些参数可查阅有关手册。

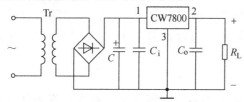

图 4-22　CW7800 基本应用电路

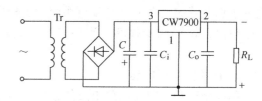

图 4-23　CW7900 基本应用电路

如果需要同时输出正、负两组电压，可选用正、负两块集成稳压器，如图 4-24 所示电路。

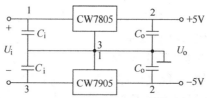

图 4-24　同时输出正、负两组电压

思 考 题

4-3-1　单相桥式整流电路中，若某一整流管发生开路、短路和反接三种情况，电路中会发生什么问题？

4-3-2　为什么用电容滤波要将电容与负载电阻并联，而电感滤波要将电感与负载电阻串联？

4-3-3　在稳压管稳压电路中，限流电阻的作用是什么？其值过小或过大将产生什么现象？

4.4　晶体管

双极型晶体管(简称晶体管)中有自由电子和空穴两种极性载流子参与导电。晶体管是放大电路的核心元件。晶体管种类繁多，按结构可以分为 NPN 管和 PNP 管；按使用的频率可以分为高频管和低频管；按管子功耗可以分为小功率管、中功率管和大功率管；按所用材料可以分为硅管和锗管。目前我国生产的硅晶体管大多数是 NPN 型，锗晶体管大多数是 PNP 型。

4.4.1　晶体管的基本结构

两种结构晶体管 NPN 和 PNP 型的结构示意图和图形符号如图 4-25 所示。每种晶体管都有三个区，分别为发射区、集电区和基区。发射区的作用是发射载流子，掺杂的浓度较高。集电区的作用是收集载流子，掺杂的浓度较低，尺寸较大。基区位于中间，起控制载流子的作用，掺杂浓度很低，而且很薄。位于发射区与基区之间的 PN 结称为发射结，位于集电区与基区之间的 PN 结称为集电结。从对应的三个区引出的电极分别称为发射极 E、基极 B 和集电极 C。晶体管符号中发射极的箭头代表发射结正偏时的电流方向。

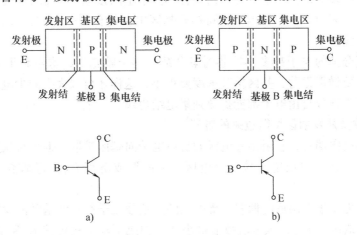

图 4-25　晶体管的结构示意图和图形符号

a)NPN 型　b)PNP 型

4.4.2　晶体管的电流放大作用

NPN 管和 PNP 管的工作原理相同，只是使用时外加电源极性不同。下面将针对 NPN 管分析晶体管的放大原理，所得结论同样适合于 PNP 管。晶体管处于放大状态的条件是发射结正偏，集电结反偏。以图 4-26 所示的共射极电路说明晶体管的电流放大作用，并结合图4-27，描述晶体管内载流子的运动和电流分配。

1. 发射区向基区扩散电子

对 NPN 型管而言，因为发射区自由电子的浓度大，而基区自由电子的浓度小，所以自由电子要从浓度大的发射区向浓度小的基区扩散。由于发射结处于正向偏置，发射区自由电子的扩散运动加强，不断扩散到基区，并不断从电源补充进电子，形成发射极 I_E。基区的多数载流子空穴也要向发射区扩散，但由于基区的空穴浓度比发射区的自由电子的浓度小得多，因此空穴电流很小，可以忽略不计。

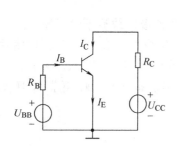

图 4-26　共射极电路

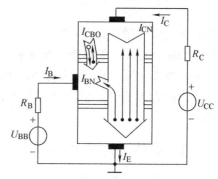

图 4-27　晶体管中载流子的运动

2. 电子在基区扩散和复合

从发射区扩散到基区的自由电子起初都聚集在发射结附近，靠近集电结的自由电子很少，形成了浓度上的差别，因而自由电子将向集电结方向继续扩散。在扩散过程中，自由电子不断与基区中的多数载流子空穴相遇而复合。由于基区接电源 U_{BB} 的正极，基区中受激发的价电子不断被电源拉走，这相当于不断补充基区中被复合掉的空穴，形成电流 I_{BN}，它基本上等于基极电流 I_B。

在中途被复合掉的电子越多，扩散到集电结的电子就越少，这不利于晶体管的放大作用。为此基区就要做得很薄，基区掺杂浓度要很小，这样才可以大大减少电子与基区空穴复合的机会，使绝大部分自由电子都能扩散到集电结边缘。

3. 集电区收集从发射区扩散过来的电子

由于集电结反向偏置，它阻挡集电区的自由电子向基区扩散，但可将从发射区扩散到基区并到达集电区边缘的自由电子拉入集电区，从而形成电流 I_{CN}，它基本上等于集电极电流 I_C。

除此以外，由于集电结反向偏置，集电区的少数载流子空穴和基区的少数载流子电子将向对方运动，形成电流 I_{CBO}，该电流数值很小，它构成了集电极电流 I_C 和基极电流 I_B 的一小部分，但受温度影响很大，与外加电压的大小关系不大。

如上所述，从发射区扩散到基区的电子中只有很小一部分在基区复合，绝大部分到达集电区，也就是构成发射极电流 I_E 的两部分中，I_{BN} 部分是很小的，而 I_{CN} 部分所占的百分比是很大的，这个比值用 $\bar{\beta}$ 表示，即

$$\bar{\beta} = \frac{I_{CN}}{I_{BN}} = \frac{I_C - I_{CBO}}{I_B + I_{CBO}} \approx \frac{I_C}{I_B} \tag{4-17}$$

由(4-17)可得

$$I_C = \bar{\beta} I_B + (1 + \bar{\beta}) I_{CBO} = \bar{\beta} I_B + I_{CEO} \approx \bar{\beta} I_B \tag{4-18}$$

式中，I_{CEO} 称为穿透电流，一般情况下，$I_B \gg I_{CBO}$，$\bar{\beta} \gg 1$，I_{CEO} 可忽略。

晶体管三个极电流之间关系为

$$I_E = I_B + I_C \approx I_B + \bar{\beta}I_B = (1 + \bar{\beta})I_B \approx I_C \qquad (4\text{-}19)$$

由式(4-18)可见,在晶体管中不仅 I_C 比 I_B 大得多,而且当调节可变电阻 R_B,使 I_B 有一个微小的变化时,将会引起 I_C 极大的变化。

由上述晶体管内部载流子的运动规律,理解了要使晶体管起电流放大作用,发射结必须正向偏置,集电结必须反向偏置。如图 4-28 所示的是起放大作用时 NPN 型晶体管和 PNP 型晶体管中电流实际方向和发射结与集电结电位的实际极性,可以归纳出:

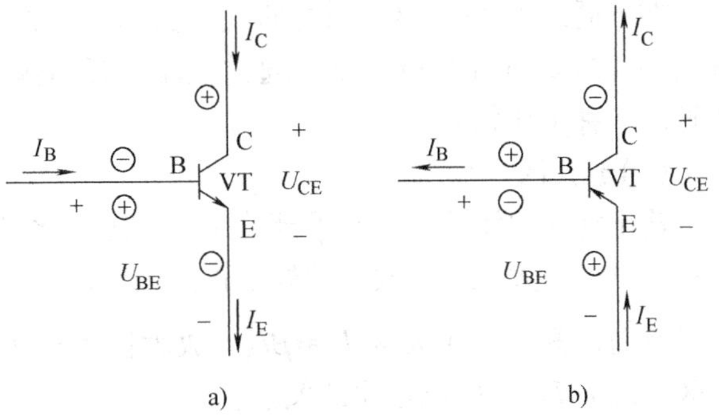

1)NPN 型晶体管和 PNP 型晶体管的基极电位都居中。

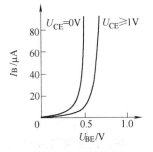

图 4-28 电流方向和发射结与集电结的极性
a)NPN 型晶体管 b)PNP 型晶体管

2)若是 NPN 型晶体管,则发射极电位最低,集电极电位最高。

3)若是 PNP 型晶体管,则发射极电位最高,集电极电位最低。

4.4.3 晶体管的特性曲线

晶体管的特性曲线是用来表示该晶体管各极电压和电流之间相互关系的,它反映出晶体管的性能,是分析放大电路的重要依据。最常用的是共射极接法时的输入特性曲线和输出特性曲线,它们可用晶体管特性图示仪直观地显示出来,也可以通过实验测得。

1. 输入特性曲线

输入特性曲线是指当集-射极电压 U_{CE} 为常数时,输入电路中基极电流 I_B 与基-射极电压 U_{BE} 之间的关系曲线,即

$$I_B = f(U_{BE}) \mid_{U_{CE} = 常数}$$

图 4-29 给出了 NPN 型硅晶体管在 $U_{CE} = 0V$ 或 $U_{CE} \geq 1V$ 两种情况下对应的输入特性曲线。

当 $U_{CE} = 0V$ 时,相当于将发射结与集电结并联,此时的输入特性相当于两个二极管并联的正向特性,I_B 为两个二极管的正向电流之和。随着 U_{CE} 的增大,曲线将右移。

当 $U_{CE} \geq 1V$ 时,集电结已反向偏置,而基区又很薄,可以把从发射区扩散到基区的电子中的绝大部分拉入集电区。此后,U_{CE} 对 I_B 就不再有明显的影响。就是说 $U_{CE} > 1V$ 后的输入特性曲线基本上是重合的,所以通常只画出 $U_{CE} \geq 1V$ 的一条输入特性曲线。

由图 4-29 可见,和二极管的伏安特性一样,晶体管输入特性也有一段死区。只有在发射结外加电压大于死区电压时,晶体管才会出现 I_B。硅管的死区电压约为 0.5V,锗管的死区电压约为 0.1V。导通后特性曲线很陡,在正常工作范围内,硅管的发射结导通电压 U_{BE} 约为 0.7V,锗管的 U_{BE} 约为 0.2V。

图 4-29 晶体管的
输入特性曲线

2. 输出特性曲线

输出特性曲线是指当基极电流 I_B 为常数时，输出电路中集电极电流 I_C 与集-射极电压 U_{CE} 之间的关系曲线，即

$$I_C = f(U_{CE}) \mid_{I_B = 常数}$$

在不同的 I_B 可得出不同的曲线，实测晶体管的输出特性曲线是一组曲线，某晶体管的输出特性曲线如图 4-30 所示。通常把晶体管的输出特性曲线组分为三个工作区，也称为晶体管的三种工作状态。

（1）放大区

输出特性曲线的近于水平部分是放大区，此时晶体管工作于放大状态，发射结处于正向偏置，集电结处于反向偏置。在放大区 $I_C \approx \bar{\beta} I_B$。放大区也称为线性区，因为 I_C 和 I_B 成正比的关系。

（2）截止区

$I_B = 0$ 的曲线以下的区域称为截止区。$I_B = 0$ 时，$I_C = I_{CEO}$，I_C 很小，集电极和发射极之间相当于开关的断开状态。对 NPN 型硅管而言，当 $U_{BE} < 0.5V$ 时即已开始截止，但是为了截止可靠，常使 $U_{BE} \leqslant 0$。截止时发射结和集电结均处于反向偏置。

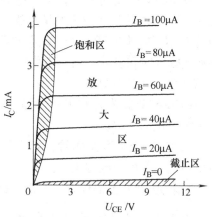

图 4-30　晶体管的输出特性曲线

（3）饱和区

当 $U_{CE} < U_{BE}$ 时，集电结处于正向偏置，晶体管工作于饱和状态。此时发射结和集电结均正偏。在饱和区，I_B 的变化对 I_C 的影响较小，两者不成正比。晶体管饱和时对应的 U_{CE} 的值称为饱和压降，用 U_{CES} 表示，深度饱和时一般小功率硅管约为 0.3V，锗管约为 0.1V。因为 U_{CE} 接近于 0，集电极和发射极之间相当于开关的接通状态。

【例 4-4】　已知晶体管各极电位如图 4-31 所示，试判断它们分别处于何种工作状态（饱和、放大或截止）。

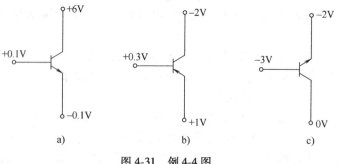

图 4-31　例 4-4 图

解：判断锗管或硅管：看导通时发射结的压降大小，若 $U_{BE} = 0.7V$ 左右，则为硅管；$U_{BE} = 0.2V$ 左右，则为锗管。

判断晶体管的工作状态：主要通过分析其两个 PN 结的偏置状态。

图 4-31a 为 NPN 型晶体管，$U_{BE} = 0.2V$，发射结正偏，且为锗管；$U_{BC} = -5.9V$，集电结反偏。故该管工作在放大状态。

图 4-31b 为 PNP 型晶体管，$U_{EB} = 0.7V$，发射结正偏，且为硅管；$U_{CB} = -2.3V$，集电结反偏。故该管工作在放大状态。

图 4-31c 为 NPN 型晶体管，$U_{BE} = -1V$，发射结反偏；$U_{BC} = -3V$，集电结反偏。故该管工作在截止状态。

4.4.4　主要参数

晶体管的特性除用特性曲线表示外，还可用一些数据来说明，这些数据就是晶体管的参数。晶体管的参数也是设计电路、选用晶体管的依据。主要参数如下：

1. 电流放大系数 β

如上所述，当晶体管接成共发射极电路，放大时静态集电极电流 I_C 与基极电流 I_B 的比值称为共发射极直流电流放大系数：

$$\bar{\beta} = \frac{I_C}{I_B} \tag{4-20}$$

当晶体管工作有动态信号输入时，基极电流的变化量为 ΔI_B，它引起集电极电流的变化量为 ΔI_C，ΔI_C 与 ΔI_B 的比值称为交流电流放大系数：

$$\beta = \frac{\Delta I_C}{\Delta I_B} \tag{4-21}$$

以上两者数值较为接近，今后在估算时，常用 $\beta \approx \bar{\beta}$ 这个近似关系。

由于晶体管的输出特性曲线是非线性的，只有在特性曲线的近于水平部分，I_C 随 I_B 成正比地变化，β 值才可认为是基本恒定的。由于制造工艺的分散性，即使同一型号的晶体管，β 值也有很大差别。常用的晶体管的 β 值在 20~200 之间。

2. 穿透电流 I_{CEO}

I_{CEO} 是当基极开路 $I_B = 0$、集电极和发射极流过的电流。因为它好像是从集电极直接穿透晶体管而到达发射极的，所以称为穿透电流。由式（4-18）可知

$$I_{CEO} = (1 + \beta) I_{CBO} \tag{4-22}$$

I_{CEO} 受温度影响严重，因此它对晶体管的工作影响较大。

3. 集电极最大允许电流 I_{CM}

集电极电流 I_C 在一个较大的范围内变化时，β 值基本保持不变。但当 I_C 超过一定值时，晶体管的 β 值下降。I_{CM} 定义为 β 下降到其额定值的 2/3 时所允许的最大集电极电流。因此在使用晶体管时，I_C 超过 I_{CM} 并不一定会使晶体管损坏，但以降低 β 值为代价。

4. 反向击穿电压 U_{BR}

若加在晶体管两个 PN 结上的反向电压超过规定值，将会导致管子的击穿并烧坏。反向击穿电压的数值可在晶体管手册中查出。

5. 集电极最大允许功率损耗 P_{CM}

集电极上消耗的功率 $P_C = I_C U_{CE}$ 大部分消耗在反向偏置的集电结上，并表现为温度的升高，过高的温度会导致管子工作不正常甚至烧毁，允许的最大功率不超过 P_{CM}。

思　考　题

4-4-1　为使 NPN 型晶体管和 PNP 型晶体管工作在放大状态，应分别在外部加什么样电压？

4-4-2　测得某一晶体管的 $I_B = 10\mu A$，$I_C = 1mA$，能否确定它的电流放大倍数？什么情况下可以，什么情况下不可以？

4.5　共射极放大电路

在实际中需要对微弱的电信号进行不失真地放大，以达到对其测量和利用的目的。为了增强电信号，几乎每个电子系统都要用到放大电路。放大电路的功能就是利用有源器件的控制作用，将直流电源提供的能量部分转化为负载所获得的能量，从而实现把微弱的电信号不失真地放大到所需要的数值。

一般根据输入信号加在晶体管的哪个电极，输出信号从哪个电极取出，把晶体管放大电路分为共射极放大电路、共集电极放大电路和共基极放大电路三种类型。共射极放大电路中，信号由基极输入，集电极输出；共集电极放大电路中，信号由基极输入，发射极输出；共基放大电路中，信号由发射极输入，集电极输出。

本节介绍双极型晶体管构成基本共射极放大电路的组成与工作原理，并以此电路为例介绍放大电路的静态和动态分析方法。

4.5.1　共射极放大电路的组成与工作原理

1. 共射极放大电路的组成

图 4-32 所示为共发射极接法的放大电路，图中使用了两个电源 U_{BB} 和 U_{CC}。输入端接交流信号源 u_s，其内阻为 R_s，放大电路的输入电压为 u_i，输出端接负载电阻 R_L，输出电压为 u_o。电路中各个元件所起作用如下。

晶体管是放大电路中的放大元件，利用它的电流放大作用，在集电极电路获得放大了的电流，该电流受输入信号的控制。如果从能量观点来看，输入信号的能量是较小的，而输出的能量是较大的，输出的较大能量是来自直流电源 U_{CC}。也就是能量较小的输入信号通过晶体管的控制作用，去控制电源 U_{CC} 所供给的能量，以在输出端获得一个能量较大的信号，这就是放大作用的实质，而晶体管可以说是一个控制器件。

电源 U_{CC} 除为输出信号提供能量外，它还保证集电结处于反向偏置，以使晶体管起到放大作用。U_{CC} 一般为几伏到几十伏。

集电极电阻 R_C 主要是将集电极电流的变化变换为电压的变化，以实现电压放大。R_C 的阻值一般为几千欧到几十千欧。

基极电源 U_{BB} 和基极电阻 R_B 的作用是使发射结处于正向偏置，并提供大小适当的基极电流 I_B，以使放大电路获得合适的工作点。R_B 的阻值一般为几十千欧到几百千欧。

耦合电容 C_1 和 C_2 起到通交隔直的作用。隔断放大电路与信号源之间、放大电

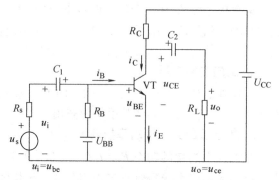

图 4-32　共发射极接法的放大电路

路与负载之间的直流通路，保证交流信号畅通无阻地经过放大电路，沟通信号源、放大电路

和负载三者之间的交流通路。通常要求耦合电容上的交流压降小到可以忽略不计，即对交流信号可视作短路，因此电容值要取得较大，对交流信号频率其容抗近似为零。C_1 和 C_2 的电容值一般为几微法到几十微法，用的是极性电容器，连接时要注意其极性。

在图 4-32 所示的放大电路中，用了两个直流电源 U_{BB} 和 U_{CC}，使用不便。实际上可将 R_B 的一端改接到 U_{CC} 的正极上，这样 U_{BB} 可以省去，只用 U_{CC} 供电。此外在放大电路中，通常把公共端接"地"，设其电位为零，作为电路中其他各点电位的参考点。同时为了简化电路的画法，习惯上常不画电源 U_{CC} 的符号，而只在连接其正极的一端标出它对"地"的电压值 U_{CC} 和极性（"+"或"−"），通常的画法如图 4-33 所示。

2. 放大电路的工作原理

当放大电路有交流输入信号时，电路中各个电流和电压都含有直流分量和交流分量。放大电路的工作状态分静态和动态两种情况，静态是当放大电路没有交流输入信号（即交流输入信号为0）时的工作状态，而动态则是有交流输入信号时的工作状态。

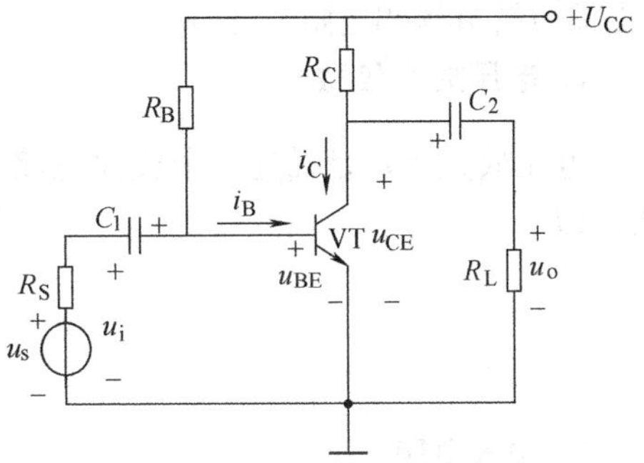

在分析放大电路过程中，电压和电流的文字符号采用如下规定：

图 4-33 共射极放大电路

大写字母加大写下标，如 I_B、I_C、U_{BE} 和 U_{CE} 代表静态直流分量；小写字母加小写下标，如 i_c、i_b、u_i 和 u_{ce} 等代表动态交流分量的瞬时值；小写字母加大写下标，如 i_C、i_B、u_{BE} 和 u_{CE} 等代表动态时的实际电流和电压，即总量：直流分量和交流分量瞬时值之和。

在图 4-33 所示的电路中，设已设置合适的静态值使电路处于放大状态。此时若在放大电路的输入端加上交流信号 u_i，则在晶体管的发射结上产生一个微小的输入电压变化量 Δu_{BE}，引起基极电流变化 Δi_B。在放大区内，基极电流的变化将引起集电极电流 Δi_C 的变化，且有 $\Delta i_C = \beta \Delta i_B$。集电极电流的变化量 Δi_C 流过电阻 $R_L // R_C$，考虑电压和电流的参考方向，在负载端得到一个放大了的交流信号 $u_o = \Delta u_{CE} = -\Delta i_C R_L // R_C$，将放大的电流转换为放大的电压。可见，微小输入电压的变化量 u_i 叠加在输入端，在输出端将获得一个比较大的变化量 u_o，从而实现交流信号的放大。

通过对放大电路工作原理的分析，放大电路应满足下列三点要求：

1）为了保证晶体管工作在放大区，直流电源的极性必须使晶体管的发射结正向偏置，集电结反向偏置，此时才能由基极电流微小的变化量 Δi_B 控制集电极电流得到一个较大的变化量 Δi_C，即 $\Delta i_C = \beta \Delta i_B$。

2）输入回路的接法应使输入电压 u_i 能够传送到晶体管的基极回路，并产生相应的基极电流变化量 Δi_B，即 $u_i \rightarrow \Delta i_B$。

3）在输出回路中应使集电极电流的变化能够引起集电极电压的变化，并传送到放大电路的输出端，即 $\Delta i_C \rightarrow \Delta u_{CE}(u_o)$。

4.5.2 放大电路的主要性能指标

放大电路的性能指标是衡量其品质优劣的标准，并决定其适用范围。放大电路性能指标

有放大倍数、输入电阻、输出电阻、通频带、非线性失真系数、最大不失真输出电压及最大
输出功率和效率等，这里讨论前三个主要的性能指标。

对于一个放大电路，可以用图 4-34 所示
的示意图表示，图中放大电路等效为一个有
源线性四端网络，通常在放大电路的输入端

加上一个正弦测试电压，用正弦量的相量 $\dot{U}_{\mathrm{s}}$
表示，输入端用等效电阻 r_{i} 表示，输出端用

电压源 $\dot{U}'_{\mathrm{o}}$ 和输出电阻 r_{o} 表示。

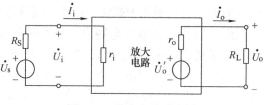

图 4-34　放大电路示意图

1. 电压放大倍数

电压放大倍数是描述一个放大电路放大能力的指标，指输出电压 $\dot{U}_{\mathrm{o}}$ 与输入电压 $\dot{U}_{\mathrm{i}}$ 之
比，即

$$A_{\mathrm{u}} = \frac{\dot{U}_{\mathrm{o}}}{\dot{U}_{\mathrm{i}}} \tag{4-23}$$

2. 输入电阻

放大电路对信号源来说相当于负载，其作用可用电阻来等效替代，这个电阻就是放大电
路输入端看进去的等效电阻 r_{i}，称为放大电路的输入电阻。它衡量了一个放大电路向信号源
索取电流的大小，输入电阻越大，则放大电路对信号源索取的电流越小，放大电路所得到的

输入电压 $\dot{U}_{\mathrm{i}}$ 与信号源电压 $\dot{U}_{\mathrm{s}}$ 越接近(见图 4-34)。输入电阻为

$$r_{\mathrm{i}} = \frac{\dot{U}_{\mathrm{i}}}{\dot{I}_{\mathrm{i}}} \tag{4-24}$$

3. 输出电阻

输出电阻是从放大电路输出端看进去的等效电阻，是戴维南等效电阻，即网络内为信号

源短路($\dot{U}_{\mathrm{s}} = 0$)和输出端开路的条件下，若在端口加测试电压 $\dot{U}_{\mathrm{o}}$，产生相应电流 $\dot{I}_{\mathrm{o}}$，则从
输出端看进去的等效电阻为

$$r_{\mathrm{o}} = \left. \frac{\dot{U}_{\mathrm{o}}}{\dot{I}_{\mathrm{o}}} \right|_{\substack{\dot{U}_{\mathrm{s}} = 0 \\ R_{\mathrm{L}} = \infty}} \tag{4-25}$$

输出电阻是衡量放大电路带负载能力的重要指标，输出电阻越小，则放大电路的带载能
力越强。

4.5.3　放大电路的静态分析

放大电路的分析包括静态分析和动态分析。静态分析的对象是直流量，用来确定没有加
入交流信号时，电路中的 I_{B}、I_{C}、U_{BE} 和 U_{CE}，也称作静态工作点，放大电路的质量与其静态
工作点的关系很大。动态分析的对象是交流量，用来计算放大电路加入交流信号时的各项动
态技术指标，如电压放大倍数、输入电阻和输出电阻等。

由于放大电路中存在电抗性元件，直流量所流经的通路与交流信号所流经的通路不完全相同，因此为了研究问题方便，常把直流电源对电路的作用和输入信号对电路的作用区分开来，分成直流通路和交流通路。对于直流通路，电容视为开路，信号源视为短路，但应保留其内阻。对于交流通路，容量大的电容（如耦合电容）视为短路，无内阻的直流电源（如 U_{CC}）视为短路。

图 4-33 所示共射极放大电路的直流通路与交流通路分别如图 4-35a 和 b 所示。

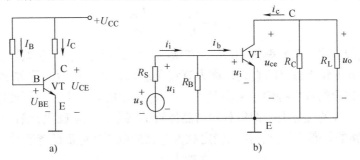

图 4-35 共射极放大电路的直、交流通路
a) 直流通路 b) 交流通路

下面讨论放大电路静态分析的两种基本方法：估算法和图解法。

1. 估算法

估算法是用放大电路的直流通路确定静态值。在图 4-35 所示直流通路中，可得出静态时的基极电流为

$$I_B = \frac{U_{CC} - U_{BE}}{R_B} \approx \frac{U_{CC}}{R_B} \tag{4-26}$$

通常 U_{BE}（硅管约为 0.7V）比 U_{CC} 小得多，故可忽略不计。

由 I_B 可得出静态时的集电极电流为

$$I_C = \beta I_B + I_{CEO} \approx \beta I_B \tag{4-27}$$

集-射极电压则为

$$U_{CE} = U_{CC} - R_C I_C \tag{4-28}$$

图 4-33 所示共射极放大电路的静态电流 I_B 通常称为偏置电流，简称偏流。产生偏流的电路称为偏置电路，在图 4-35a 中，其路径为 $U_{CC} \rightarrow R_B \rightarrow$ 发射结 $\rightarrow$ "地"，R_B 称为偏置电阻。R_B 一定，偏流 I_B 的大小是固定的，所以图 4-33 所示共射放大电路也通常叫作固定偏置放大电路。

【例 4-5】 在图 4-33 中，已知 $U_{CC} = 12V$，$R_C = 4k\Omega$，$R_B = 300k\Omega$，$\beta = 37.5$，试求放大电路的静态值。

解： 根据图 4-35a 所示的直流通路可得出

$$I_B \approx \frac{U_{CC}}{R_B} = \frac{12}{300 \times 10^3} A = 0.04 \times 10^{-3} A = 0.04 mA = 40 \mu A$$

$$I_C \approx \beta I_B = 37.5 \times 0.04 mA = 1.5 mA$$

$$U_{CE} = U_{CC} - R_C I_C = [12 - (4 \times 10^3) \times (1.5 \times 10^{-3})] V = 6V$$

2. 图解法

图解法能直观地分析和了解静态值的变化对放大电路工作的影响。

晶体管是一种非线性元件，即其集电极电流 I_C 与集-射极电压 U_{CE} 之间不是直线关系，它的伏安特性曲线即为晶体管的输出特性曲线。

将图 4-35a 所示直流通路中的输出回路重画于图 4-36a，可见对于 U_{CC} 和 R_C 串联这一线性电路，可以列出

$$u_{CE} = U_{CC} - R_C i_C \tag{4-29}$$

或

$$i_C = -\frac{1}{R_C} u_{CE} + \frac{U_{CC}}{R_C} \tag{4-30}$$

这是一个直线方程，其斜率为 $-1/R_C$，在横轴上的截距为 U_{CC}，在纵轴上的截距为 U_{CC}/R_C，如在图 4-36b 上作出输出的直线，称为直流负载线，此时参数选取如例 4-5。静态时的值应该既满足晶体管的输出特性，又满足 U_{CC} 和 R_C 串联的线性电路，因此应该在晶体管特性曲线和直流负载线的交点上，即负载线与晶体管的某条（由 I_B 确定）输出特性曲线的交点 Q，即为放大电路的静态工作点，由它确定放大电路的电压和电流的静态值。

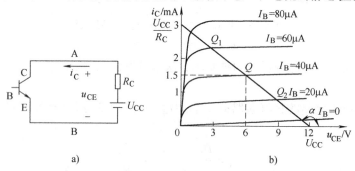

图 4-36　图解法确定放大电路的静态工作点

a)输出回路　b)输出特性和直流负载线确定工作点

由图 4-36b 可见，偏流 I_B 的大小不同，静态工作点的位置也就不同，I_B 很重要，它可以确定晶体管的工作状态。

4.5.4　放大电路的动态分析

动态分析是在静态值确定后分析信号的传输情况，考虑的只是电流和电压的交流分量。

放大电路的动态分析方法有两种，即图解分析法和微变等效电路分析法。

1. 图解法

图解法利用晶体管的特性曲线在静态分析的基础上，用作图的方法来分析各个电压和电流交流分量之间的相互关系，可对动态工作情况做较全面的了解。图解分析如下：

（1）负载开路（$R_L = \infty$）

设图 4-33 所示共射极放大电路中负载开路，加上输入信号 u_i 后，输出回路方程仍为 $u_{CE} = U_{CC} - i_C R_C$，输出负载线不变。

图解分析如图 4-37 所示，可以看出：

1）交流信号的传输过程为：首先根据输入信号 u_i 在输入特性曲线上求出对应的基极电流 i_b，由 i_b 在输出特性曲线上求出对应的集电极电流 i_c，由 i_C 和 u_{CE} 在输出负载线上的变化轨迹，确定输出信号 u_o，即 $u_i(u_{be}) \rightarrow i_b \rightarrow i_c \rightarrow u_o(u_{ce})$。

2）电路中电压和电流都含有直流分量和交流分量，一定是静态值"驮载"着交流值进行传输，即

$$u_{BE} = U_{BE} + u_i, \quad i_B = I_B + i_b, \quad i_c = I_C + i_c, \quad u_{CE} = U_{CE} + u_{ce}$$

由于电容 C_2 的隔直作用，放大电路的输出电压只有交流分量 u_o，$u_o = u_{ce}$。并且可以看出输出电压 u_o 与输入电压 u_i 之间相位相反，因此单管共射放大电路具有倒相作用。

3）从图上也可计算出电压放大倍数，它等于输出正弦电压的幅值与输入正弦电压的幅值之比。

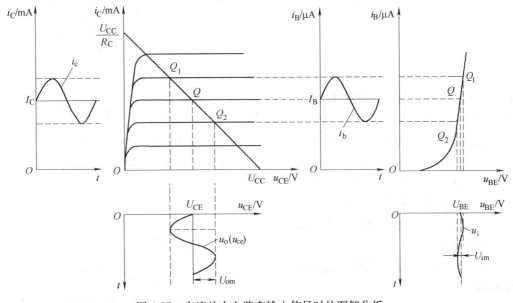

图 4-37   交流放大电路有输入信号时的图解分析

4）非线性失真：失真是指输出波形和输入波形不一致。由于静态工作点过低或过高或信号太大，使得晶体管工作进入截止或饱和非线性区而产生的失真称为非线性失真。

在图 4-38 中，静态工作点 Q_1 的位置过低，在输入正弦电压的负半周，晶体管进入截止区工作，i_B、u_{CE} 和 i_C 都严重失真了，i_B 的负半周和 u_{CE} 的正半周被削平，此时引起的失真称为截止失真。

在图 4-39 中，静态工作点 Q_2 过高，在输入电压的正半周，晶体管进入饱和区工作，这时 i_B 不失真，但是 u_{CE} 和 i_C 都严重失真了，此时引起的失真称为饱和失真。

因此要放大电路不产生非线性失真，必须要有一个合适的静态工作点，工作点 Q 应大致选在交流负载线的中点。此外，输入信号 u_i 的幅值不能太大，以避免同时出现截止失真和饱和失真。

（2）输出端接有负载 R_L

为了简化分析，上面讨论的是负载开路的情况，实际上放大电路输出端都接有负载 R_L，由于 C_2 的隔直作用，R_L 对静态工作点没有影响，但由交流通路图 4-35b 可以看出，由于 C_2 对交流信号可视作短路，交流信号 i_c 将在 $R_L' = R_C // R_L$ 总电阻上产生的交流电压 $u_{ce} = -i_c R_L'$，而不仅取决于 R_C。

反映动态时电流 i_C 和电压 u_{CE} 的变化关系的负载线称为交流负载线，其斜率应为 $\tan\alpha' =$

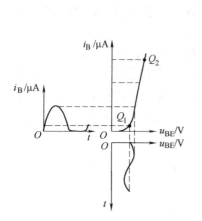
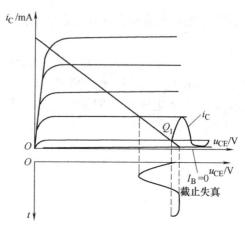

图 4-38   工作点过低引起输出电压波形截止失真

$-1/R'_\text{L}$；同时知道，当输入信号为零时，放大电路仍应工作在静态工作点 Q，可见交流负载线也要通过 Q 点。根据上述两点，可作出图 4-33 所示共射放大电路中的交流负载线如图 4-40 所示，因为 $R'_\text{L}<R_\text{C}$，所以交流负载线比直流负载线要陡些，在输入信号不变的情况下，输出信号幅值变小。

负载开路时，交流负载线与直流负载线重合。

图解分析法的特点是直观，多用于分析 Q 点位置、最大不失真输出电压和失真情况等，但用于定量分析时误差较大，而且不适合于复杂电路的分析。下面要分析的微变等效电路分析法的适用范围更为广泛。

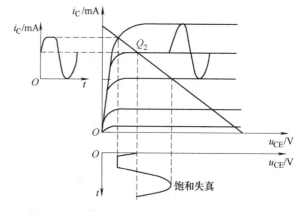

图 4-39   工作点过高引起输出电压波形饱和失真

2. 微变等效电路法

晶体管电路分析的复杂性在于其特性的非线性，但是如果晶体管在小信号（微变量）情况下工作，在静态工作点附近的小范围内就可以用直线段近似地代替晶体管的特性曲线，即将晶体管特性线性化，由此建立晶体管线性等效电路。利用晶体管线性等效电路分析放大电路的动态工作情况的方法称为微变等效电路法。

（1）晶体管的微变等效电路

从共射极接法晶体管的输入特性和输出特性两方面来分析讨论。

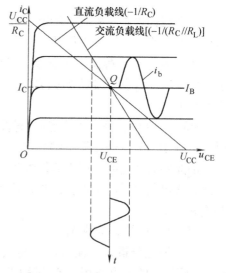

图 4-40   直流负载线与交流负载线

首先来看输入端等效电路。图 4-41a 所示为晶体管的输入特性曲线，当输入信号很小

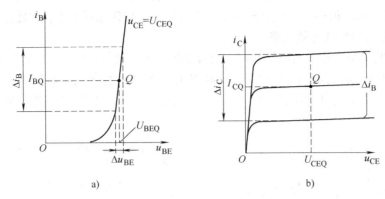

图 4-41　晶体管微变等效模型分析

a) 输入特性曲线　b) 输出特性曲线

时，在静态工作点 Q 附近的工作段可认为是直线，Δu_{BE} 与 Δi_B 成正比关系，可以用动态电阻 r_{be} 表示，即

$$r_{be} = \frac{\Delta u_{BE}}{\Delta i_B}\bigg|_{U_{CE}} = \frac{u_{be}}{i_b}\bigg|_{U_{CE}} \tag{4-31}$$

在小信号情况下，r_{be} 近似为常数，用它来等效晶体管的输入电阻，如图 4-42b 所示。低频小功率晶体管的 r_{be} 常用下式估算：

$$r_{be} = 300(\Omega) + (1 + \beta)\frac{26(\mathrm{mV})}{I_{EQ}(\mathrm{mA})} \tag{4-32}$$

式中，I_{EQ} 是发射极电流的静态值；300Ω 是基区体电阻，低频小功率晶体管一般在 $100\sim300\Omega$ 之间。r_{be} 一般为几百欧到几千欧，在手册中常用 h_{ie} 代表。

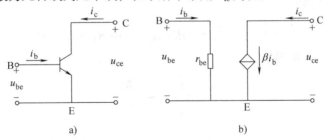

图 4-42　晶体管及其微变等效电路

然后来看输出端等效电路。图 4-41b 所示为晶体管的输出特性曲线，在线性工作区是一组近似等距离的平行直线。当 U_{CE} 为常数时，Δi_C 与 Δi_B 之比

$$\beta = \frac{\Delta i_C}{\Delta i_B}\bigg|_{U_{CE}} = \frac{i_c}{i_b}\bigg|_{U_{CE}} \tag{4-33}$$

即晶体管的电流放大系数。在小信号的条件下，β 是一常数，由它确定 i_c 受 i_b 控制的关系。因此，晶体管的输出电路可用一电流源代替，不过这个电流源电流不是独立的，而是受控电流源。该受控电流源用 $i_c = \beta i_b$ 表示，以表示晶体管的电流控制作用，当 $i_b = 0$ 时，$i_c = \beta i_b = 0$。晶体管微变等效电路如图 4-42b 所示。

另外，从晶体管的输出特性中可以看出，晶体管的输出特性曲线不完全与横轴平行，略

微上翘。在 I_B 一定时，Q 附近上翘的程度可用电阻表示，与受控电流源并联。不难看出 Δi_C 很大，但对应的 Δu_{CE} 很小，可见阻值很大，约为几十千欧到几百千欧，因此把它忽略。

（2）放大电路的微变等效电路

将放大电路交流通路中的晶体管用它的微变等效电路代替，即为放大电路的微变等效电路，由此可以进行动态分析。图4-33所示共射极放大电路的交流通路如图4-35b所示，则此放大电路的微变等效电路如图4-43a所示，电路中的电压和电流都是交流瞬时分量，标出的是参考方向。

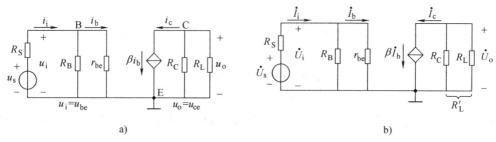

图4-43　放大电路的微变等效电路

a）电压、电流用瞬时值表示　b）电压、电流用相量表示

（3）动态参数计算

利用放大电路的微变等效电路求解放大电路的电压放大倍数、输入电阻和输出电阻性能指标。

设输入的是正弦信号，为方便求解，将图4-43a所示微变等效电路中的电压和电流都用相量表示，如图4-43b所示。

1）电压放大倍数的计算。

根据图4-43b可列出

$$\dot{U}_i = \dot{I}_b r_{be}, \quad \dot{U}_o = -\beta \dot{I}_b R'_L, \quad \text{其中 } R'_L = R_C // R_L$$

故放大电路的电压放大倍数为

$$A_u = \frac{\dot{U}_o}{\dot{U}_i} = -\beta \frac{R'_L}{r_{be}} \tag{4-34}$$

式（4-34）中的负号表示输出电压 $\dot{U}_o$ 与输入 $\dot{U}_i$ 电压的相位相反，与图解法是一致的。

2）输入电阻的计算。

由图4-43b，其输入电阻为

$$r_i = \frac{\dot{U}_i}{\dot{I}_i} = R_B // r_{be} \approx r_{be} \tag{4-35}$$

实际上 R_B 的阻值比 r_{be} 大得多，放大电路的输入电阻基本上等于晶体管的输入电阻，是不高的。对于电压放大电路而言，通常希望输入电阻高一些，这样可以减小信号源的负担，使放大电路从信号源处获得较大的输入信号。如果是后级放大电路的输入电阻作为前级放大电路的负载电阻，还可以提高前级放大电路的电压放大倍数。通常希望放大电路的输入电阻能高一些。

3)输出电阻的计算。

由式(4-25)，输出电阻应为输出端看进去的戴维南等效电阻，由图 4-43b 看出，当 $\dot{U}_s=0$，$\dot{I}_b=0$ 时，则 $\dot{I}_c$ 也为零，由此其输出电阻为

$$r_o = R_C \tag{4-36}$$

R_C 一般为几千欧，因此共射极放大电路的输出电阻较高。对于电压放大电路而言，通常希望输出电阻小些，使放大电路的带载能力较强，这样当负载变化时，输出电压的变化较小。

【例 4-6】 图 4-33 中，已知 $U_{CC}=12V$，$R_C=4k\Omega$，$R_B=300k\Omega$，$R_L=4k\Omega$，$\beta=37.5$。

(1)求电压放大倍数 A_u、输入电阻 r_i 和输出电阻 r_o。

(2)若所加信号源内阻 R_S 为 $1k\Omega$，求电压放大倍数 $A_{us}=\dot{U}_o/\dot{U}_s$。

解： (1)若要求解动态参数，需先求解静态值。

由例 4-5 已求出静态时：$I_E \approx I_C = 1.5mA$，所以

$$r_{be} = 300(\Omega) + (1+\beta)\frac{26(mV)}{I_{EQ}(mA)} = 300\Omega + 38.5 \times \frac{26mV}{1.5mA} \approx 0.967k\Omega$$

$$A_u = -\beta\frac{R_L'}{r_{be}} = -37.5 \times \frac{4//4}{0.967} = -77.56$$

$$r_i \approx r_{be} = 0.967k\Omega$$

$$r_o = R_C = 4k\Omega$$

(2)若考虑信号源内阻的影响，输出电压 $\dot{U}_o$ 相对于信号源 $\dot{U}_s$ 的电压放大倍数 A_{us} 为

$$A_{us} = \frac{\dot{U}_o}{\dot{U}_s} = \frac{\dot{U}_o}{\dot{U}_i} \cdot \frac{\dot{U}_i}{\dot{U}_s} = A_u \cdot \frac{r_i}{R_S+r_i} = -77.56 \times \frac{0.967k\Omega}{(1+0.967)k\Omega} \approx -38.13$$

可见，输入电阻越大，$\dot{U}_i$ 越接近 $\dot{U}_s$，A_u 也就越接近 A_{us}。

思 考 题

4-5-1 区别交流放大电路的(1)直流通路与交流通路；(2)直流负载线与交流负载线；(3)电压和电流的直流分量与交流分量。

4-5-2 晶体管用微变等效电路来代替，条件是什么？

4-5-3 电压放大倍数 A_u 是不是与 β 成正比？

4-5-4 为什么说当 β 一定时，通过增大 I_E 来提高电压放大倍数是有限制的？试从 I_C 和 r_{be} 两个方面来说明。

4-5-5 能否增大 R_C 来提高放大电路的电压放大倍数？当 R_C 过大时，对放大电路的工作是否有影响？设 I_B 不变。

4-5-6 图 4-33 所示的放大电路在工作时用示波器观察，发现输出波形失真严重，当用直流电压表测量时：

(1)若测得 $U_{CE} \approx U_{CC}$，试分析管子工作在什么状态？

(2)若测得 $U_{CE} < U_{BE}$，管子又是工作在什么状态？怎样调节 R_B 才能使电路正常工作？

4.6　静态工作点稳定电路

4.6.1　静态工作点稳定原理及计算

前面介绍的共射极放大电路是固定偏置放大电路，下面介绍能稳定静态工作点的共射极放大电路，通常叫作分压式偏置电路。

由于半导体器件对温度比较敏感，晶体管的电流放大倍数 β 和反向饱和电流 I_{CBO} 要随温度的升高而增大，前述固定偏置放大电路当 R_B 选定后，I_B 基本固定不变，静态工作点 Q 的集电极电流 $I_C = \beta I_B + (1 + \beta) I_{CEO}$ 要随之增大，而对应的管压降 $U_{CE} = U_{CC} - R_C I_C$ 要随之减小，即 Q 点要随温度的升高向饱和区靠近，有可能导致输出波形产生饱和失真。

为使电路静态工作点稳定，常采用的分压式偏置放大电路如图 4-44 所示。

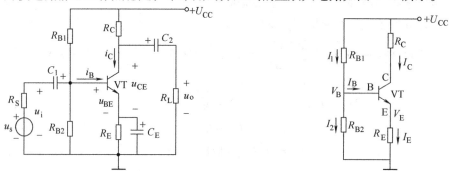

图 4-44　分压式偏置放大电路　　　　图 4-45　分压式偏置放大电路的直流通路

通过直流通路，来分析该电路稳定静态工作点的原理并计算静态参数。

直流通路如图 4-45 所示。由基极电阻 R_{B1}、R_{B2} 组成串联分压电路，如果 R_{B1}、R_{B2} 的阻值适当，能满足电流 I_2 远远大于晶体管基极电流 I_B，使 $I_1 \approx I_2$，因而 I_B 对分压作用无影响，基极对地电位 V_B 就基本固定，与晶体管的参数无关，不受温度影响，即

若
$$I_1 \approx I_2 \gg I_B \tag{4-37}$$

则
$$V_B = U_{CC} \frac{R_{B2}}{R_{B1} + R_{B2}} \tag{4-38}$$

因此静态参数为

$$I_E = \frac{V_B - U_{BE}}{R_E} \approx \frac{V_B}{R_E} \tag{4-39}$$

通常 U_{BE} 比 V_B 小得多，故可忽略不计，则

$$I_C \approx I_E \tag{4-40}$$

$$U_{CE} \approx U_{CC} - (R_C + R_E) I_C \tag{4-41}$$

$$I_B \approx \frac{I_C}{\beta} \tag{4-42}$$

由以上分析可知，V_B 和 I_E 或 I_C 与晶体管的参数几乎无关，不受温度变化的影响，从而静态工作点能得以基本稳定。

为了同时兼顾其他指标，I_2 和 V_B 不是越大越好。I_2 太大，则 R_{B1} 和 R_{B2} 就要取得较小，这不但要增加功率损耗，而且会使放大电路的输入电阻降低。一般 R_{B1} 和 R_{B2} 为几十千欧。基极电位 V_B 也不能太高，否则使 U_{CE} 减小，影响静态工作点。因此对硅管而言，在估算时一般可选取 $I_2 = (5 \sim 10)I_B$ 和 $V_B = (5 \sim 10)U_{BE}$。

分压式偏置电路能稳定工作点的实质是负反馈调节过程，可描述为

温度 $T\uparrow \to I_C\uparrow \to I_E\uparrow \to V_E(I_E R_E)\uparrow \to U_{BE}\downarrow$（因 V_B 不变）$\to I_B\downarrow \to I_C\downarrow$

负反馈内容将在第 5 章介绍。在这个电路中，R_E 起到了直流负反馈的作用，由于发射极电阻 R_E 上反映出被控量的变化，通过调节 E 点电位来影响 U_{BE}，通过 U_{BE} 控制 I_B 以抑制 I_C 的变化，从而稳定静态工作点。

为了不降低交流电压放大倍数，通常在 R_E 两端并联一个大电容 C_E，若 C_E 足够大，则 R_E 两端的交流压降可以忽略不计，这样 C_E 对交流电压放大倍数基本没有影响。C_E 称为交流旁路电容，一般为几十微法到几百微法。

4.6.2 动态分析

分压式偏置放大电路的微变等效电路如图 4-46 所示。

电压放大倍数为

$$A_u = -\beta \frac{R_L'}{r_{be}} \qquad (4\text{-}43)$$

其中，$R_L' = R_C // R_L$。

输入电阻为

$$r_i = R_{B1} // R_{B2} // r_{be} \approx r_{be} \qquad (4\text{-}44)$$

输出电阻为

$$r_o = R_C \qquad (4\text{-}45)$$

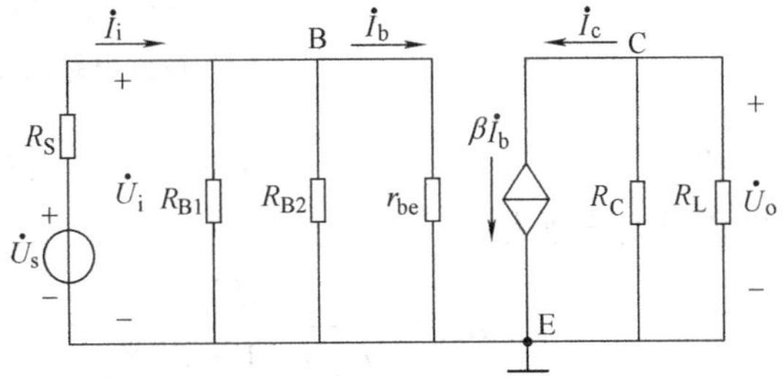

图 4-46 分压式偏置放大电路的微变等效电路

【例 4-7】 在图 4-44 所示的分压式偏置放大电路中，已知 $\beta = 60$，$U_{CC} = 12\text{V}$，$R_{B1} = 36\text{k}\Omega$，$R_{B2} = 12\text{k}\Omega$，$R_C = 3.9\text{k}\Omega$，$R_E = 1.5\text{k}\Omega$，$R_L = 2\text{k}\Omega$，求：

(1) 静态工作点。

(2) 电压放大倍数 A_u、输入电阻 r_i 和输出电阻 r_o。

(3) 如果去掉旁路电容，分析电路的电压放大倍数、输入电阻和输出电阻如何变化。

解：（1）$V_B = \dfrac{R_{B2}}{R_{B1}+R_{B2}} U_{CC} = \dfrac{12}{36+12}\times 12\text{V} = 3\text{V}$

$$I_C \approx I_E = \frac{V_B - U_{BE}}{R_E} = \frac{3-0.7}{1.5}\text{mA} \approx 1.53\text{mA}$$

$$U_{CE} \approx U_{CC} - (R_C + R_E)I_C = [12-(3.9+1.5)\times 1.53]\text{V} \approx 3.74\text{V}$$

$$I_B \approx \frac{I_C}{\beta} = \frac{1.53}{60}\text{mA} = 25.5\mu\text{A}$$

（2）晶体管的输入电阻为

$$r_{be} = 300 + (\beta+1)\frac{26(\text{mV})}{I_E(\text{mA})} = \left[300 + (60+1)\times \frac{26}{1.53}\right]\Omega \approx 1.337\text{k}\Omega$$

由于 $\qquad R_L' = R_L // R_C = \dfrac{2\times 3.9}{2+3.9}\text{k}\Omega \approx 1.32\text{k}\Omega$

所以

$$A_u = \frac{\dot{U}_o}{\dot{U}_i} = -\frac{\beta R'_L}{r_{be}} = -\frac{60 \times 1.32}{1.337} \approx -59.2$$

$$r_i = \frac{\dot{U}_i}{\dot{I}_i} = R_{B1}//R_{B2}//r_{be} = \frac{\frac{36 \times 12}{36 + 12} \times 1.337}{\frac{36 \times 12}{36 + 12} + 1.337}k\Omega \approx 1.16k\Omega$$

$$r_o = R_C = 3.9k\Omega$$

（3）如果去掉旁路电容 C_E，则微变等效电路变为如图 4-47 所示。

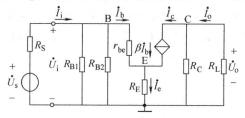

图 4-47 去掉旁路电容 C_E 的

放大电路微变等效电路

此时

$$\dot{U}_i = \dot{I}_b r_{be} + (1 + \beta)\dot{I}_b R_E, \quad \dot{U}_o = -\beta \dot{I}_b R'_L$$

故电压放大倍数为

$$A_u = -\frac{\beta R'_L}{r_{be} + (1 + \beta)R_E} = -\frac{60 \times 1.32}{1.337 + 61 \times 1.5} \approx -0.85$$

输入电阻为

$$r_i = R_{B1}//R_{B2}//[r_{be} + (1 + \beta)R_E] = 36//12//[1.337 + 61 \times 1.5]k\Omega \approx 8.2k\Omega$$

输出电阻为

$$r_o = R_C = 3.9k\Omega$$

可见去掉旁路电容，放大倍数减小，输入电阻提高。虽然电压放大减小，但此时 R_E 引进了交流电流串联负反馈，带来了放大电路性能的改善（见第 5 章中的负反馈）。所以，通常留有一段发射极电阻而未被 C_E 旁路，此时既引入电流串联负反馈，又保证有一定的电压放大能力。

思 考 题

4-6-1 在放大电路中，静态工作点不稳定对放大电路的工作有何影响？

4-6-2 在图 4-44 所示分压式偏置放大电路中，有无 C_E 对静态工作点是否有影响？有无 C_E 对动态参数是否有影响？如何影响的？

4.7 射极输出器

前面所讲的固定式偏置放大电路和分压式偏置放大电路都是从集电极输出，共发射极接法。下面分析的射极输出器是从基极输入，从发射极输出，是共集电极电路，也称为射极输出器，其电路如图 4-48 所示。

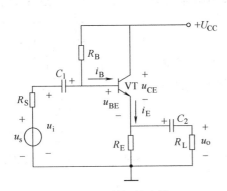

图 4-48　射极输出器

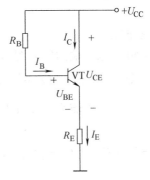

图 4-49　射极输出器的直流通路

4.7.1　静态分析

由图 4-49 所示的射极输出器的直流通路可确定静态值。

$$U_{CC} = I_B R_B + (1 + \beta) I_B R_E + U_{BE} \tag{4-46}$$

所以

$$I_B = \frac{U_{CC} - U_{BE}}{R_B + (1 + \beta) R_E} \tag{4-47}$$

$$I_C = \beta I_B \tag{4-48}$$

$$U_{CE} = U_{CC} - I_E R_E \tag{4-49}$$

4.7.2　动态分析

图 4-48 所示的射极输出器的微变等效电路如图 4-50 所示。

1. 电压放大倍数

$$A_u = \frac{\dot{U}_o}{\dot{U}_i} = \frac{\dot{I}_e R'_L}{\dot{I}_b r_{be} + \dot{I}_e R'_L} = \frac{(1 + \beta) \dot{I}_b R'_L}{\dot{I}_b r_{be} + (1 + \beta) \dot{I}_b R'_L} \tag{4-50}$$

所以

$$A_u = \frac{(1 + \beta) R'_L}{r_{be} + (1 + \beta) R'_L} \tag{4-51}$$

式中，$R'_L = R_E // R_L$。

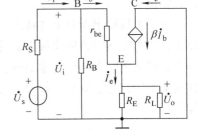

图 4-50　射极输出器的微变等效电路

由式（4-51）可知，电压放大倍数恒小于 1，虽然没有电压放大作用，但具有一定的电流放大和功率放大作用。输出电压与输入电压同相，同时由于 $r_{be} \ll (1 + \beta) R'_L$，因此 $\dot{U}_o \approx \dot{U}_i$，具有跟随作用，故称为射极跟随器。

2. 输入电阻

$$r_i = \frac{\dot{U}_i}{\dot{I}_i} = R_B // [r_{be} + (1 + \beta) R'_L] \tag{4-52}$$

可见，通常 R_B 的阻值很大（几十千欧至几百千欧），同时 $[r_{be} + (1+\beta)R'_L]$ 也比上述的共射极放大电路的输入电阻 r_{be} 大得多。因此射极输出器的输入电阻很高，可达几十千欧到几百千欧。

3. 输出电阻

将图 4-50 中输入端的信号源短路，保留其内阻 R_S，并令 R_S 与 R_B 并联后的等效电阻为 R'_S，在输出端将 R_L 除去，加一交流电压 $\dot{U}_o$，产生电流为 $\dot{I}_o$，如图 4-51 所示。

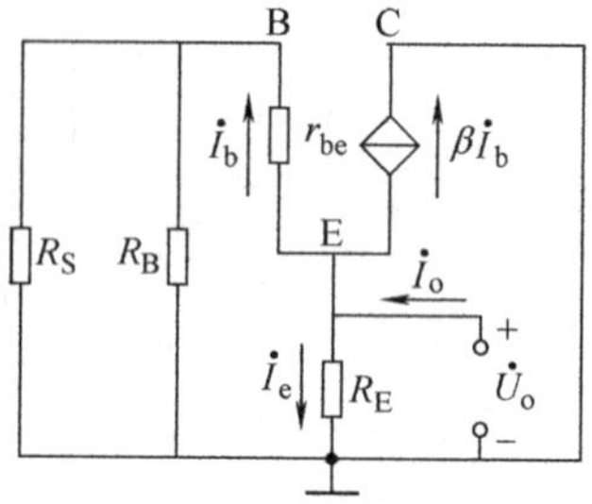

图 4-51　计算 r_o 的等效电路

$$\dot{I}_o = \dot{I}_b + \beta\dot{I}_b + \dot{I}_e = \frac{\dot{U}_o}{r_{be} + R'_S} + \beta \cdot \frac{\dot{U}_o}{r_{be} + R'_S} + \frac{\dot{U}_o}{R_E} \quad (4\text{-}53)$$

所以

$$\frac{\dot{I}_o}{\dot{U}_o} = \frac{1}{\dfrac{r_{be} + R'_S}{1+\beta}} + \frac{1}{R_E} \quad (4\text{-}54)$$

可得

$$r_o = R_E // \frac{r_{be} + R'_S}{1+\beta} \quad (4\text{-}55)$$

一般 $R_E \gg \dfrac{r_{be} + R'_S}{1+\beta}$，所以

$$r_o \approx \frac{r_{be} + R'_S}{1+\beta} \quad (4\text{-}56)$$

可见，射极输出器的输出电阻很低，一般在几十欧至几百欧范围内。

综上所述，射极输出器的主要特点是：电压放大倍数接近 1，具有跟随作用；输入电阻高；输出电阻低。

由于射极输出器有上述特点，在各种晶体管电路中应用十分广泛。例如，在多级放大电路中，将射极输出器用作放大器的输入级，可以提高放大器的输入电阻。在负载电阻较小的场合，将射极输出器作为输出级，由于它的输出电阻很小，可以提高带负载的能力。在多级放大电路中，为了减小后级对前级的影响，可以把射极输出器接在两级之间，起阻抗变换作用。

思　考　题

4-7-1　射极输出器有何特点？有何用途？

4-7-2　为什么射极输出器又称为射极跟随器？

4.8　多级放大器

放大器的输入信号一般都很微弱，因此常采用多级放大，才可在输出端获得必要的电压幅度或足够的功率，以推动负载工作。

多级放大电路的前一级和后一级之间通过一定的方式相连接，使前一级的输出信号作为后一级的输入信号，这种级与级之间的连接称为耦合。对耦合方式的基本要求是：信号的损失要尽可能小，各级放大电路都有合适的静态工作点。多级放大电路的耦合方式主要有：阻容耦合、直接耦合、变压器耦合和光电耦合。

阻容耦合是前一级和后一级之间通过电容连接。这种耦合方式的优点是电路各级之间有相互独立的静态工作点，计算方法和单级放大电路一样。不足之处是这种耦合方式不能传递直流信号或者是变化比较缓慢的信号，并且在集成电路中使用的大容量电容器很难制造。

直接耦合就是把前一级放大电路的输出端直接连接到下一级电路的输入端。这种耦合方式电路简单，易于实现，便于集成化。但是，直接耦合后电路前级和后级之间存在直流通路，前后级之间静态工作点互相影响，不能独立。

对于变压器耦合方式，由于变压器比较笨重，无法实现集成，而且也不能传输缓慢变化的信号，因此变压器耦合方式目前已较少采用。

光电耦合是以光信号为媒介来实现电信号的传递，因其抗干扰能力强而得到越来越广泛的应用。

在计算多级放大电路的交流放大倍数时，前一级的输出电压作为后一级的输入电压，多级放大电路框图如图 4-52 所示，若有 N 级放大电路，多级放大电路的电压放大倍数为

$$A_u = \frac{\dot{U}_o}{\dot{U}_i} = \frac{\dot{U}_{o1}}{\dot{U}_i} \cdot \frac{\dot{U}_{o2}}{\dot{U}_{i2}} \cdots \frac{\dot{U}_o}{\dot{U}_{iN}} = A_{u1} \cdot A_{u2} \cdots A_{uN} \tag{4-57}$$

即等于各级电压放大倍数的乘积。在计算各级电压放大倍数时，必须考虑后级的输入电阻对前级的负载效应，因为后级的输入电阻就是前级的负载。

多级放大电路的输入电阻就是第一级的输入电阻，输出电阻就是最后一级的输出电阻。

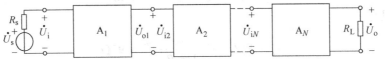

图 4-52　多级放大电路框图

【例 4-8】　多级放大电路如图 4-53 所示。已知 $r_{be1} = 0.86\mathrm{k\Omega}$，$r_{be2} = 0.98\mathrm{k\Omega}$，两个晶体管 $\beta = 50$，试求该放大电路的电压放大倍数 A_u、输入电阻 r_i 和输出电阻 r_o。

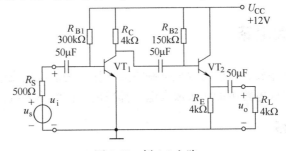

图 4-53　例 4-8 电路

解： 图 4-53 所示电路为阻容耦合多级放大电路，第一级为共射极放大电路，第二级为射极跟随器，其微变等效电路如图 4-54 所示。

第一级电压放大倍数为

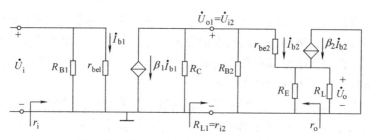

图 4-54　例 4-8 放大电路的微变等效电路

$$A_{u1} = -\frac{\beta(R_C/\!/r_{i2})}{r_{be1}}$$

其中

$$r_{i2} = R_{B2}/\!/\left[r_{be2} + (1 + \beta)R'_{L2}\right]$$
$$R'_{L2} = R_E/\!/R_L$$

所以

$$r_{i2} = 150/\!/\left[0.98 + 51 \times (4/\!/4)\right]k\Omega = 61k\Omega$$

$$A_{u1} = -\frac{\beta(R_C/\!/r_{i2})}{r_{be1}} = -\frac{50 \times (4/\!/61)}{0.86} = -217.5$$

第二级电压放大倍数为

$$A_{u2} = \frac{(1 + \beta)R'_{L2}}{r_{be2} + (1 + \beta)R'_{L2}} \approx 1$$

所以

$$A_u = A_{u1} \cdot A_{u2} = -217.5$$

输入电阻为

$$r_i = r_{i1} = R_{B1}/\!/r_{be1} \approx 0.86k\Omega$$

输出电阻为

$$r_o = R_E/\!/\frac{r_{be2} + R_C/\!/R_{B2}}{1 + \beta} = 95\Omega$$

思 考 题

4-8-1　阻容耦合多级放大电路和直接耦合多级放大电路各有哪些优缺点?

4.9　差分放大电路

差分放大电路简称差放,它能有效地抑制零点漂移,是模拟集成电路中广泛应用的基本电路,几乎所有模拟集成电路中的多级放大电路都采用它作为输入级。

4.9.1　零点漂移

在实际应用中,常常要放大一些缓慢变化的信号和直流信号,对于此类信号必须采用直接耦合的多级放大电路,集成电路中的多级放大器都采用直接耦合。对于直接耦合多级放大电路,当温度或电源电压等外界因素发生变化时,各级静态工作点均将跟随变化,产生的工作点漂移,尤其是第一级产生的漂移信号,将会随信号传送至后级并逐级放大。在输入信号为零的情况下，输出电压偏离原来的初始值而上下波动的现象，称之为零点漂移，温度变化是产生零点漂移的主要原因，因此零点漂移也称为温度漂移。

零点漂移严重时会将输入信号淹没，因此一定要抑制零点漂移，特别要抑制和输入信号同时被放大的第一级的零点漂移。抑制零点漂移最理想的方法就是在输入级采用差分放大电路。

4.9.2　电路工作原理

图 4-55 所示电路就是基本差分放大电路，它由两个对称的单管放大电路组成。VT_1 和 VT_2 是特性相同的两个晶体管，左右两边的集电极电阻 R_C 阻值相等，R_E 是两边公用的发射极电阻。该电路采用双电源供电，信号分别从两个基极与地之间输入，从两个集电极之间输出。

静态时，$u_{i1} = u_{i2} = 0$，两输入端与地之间可视为短路，电源 U_{EE} 通过 R_E 向两晶体管提供偏流以建立合适的静态工作点。由于电路对称，输出电压 $u_o = u_{c1} - u_{c2} = 0$。

动态时，对于输入信号分为以下三种情况讨论。

1. 共模信号

一对大小相等、相位相同的输入信号称为共模输入信号，即

$$u_{i1} = u_{i2} = u_{ic} \tag{4-58}$$

这对共模信号通过 U_{EE} 和 R_E 加到左、右两晶体管的发

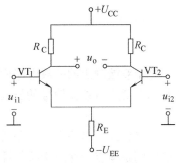

图 4-55　基本差分放大电路

射结上，由于电路对称，因而两管的集电极对地电压 $u_{c1} = u_{c2}$，差分放大电路的输出电压为

$$u_{oc} = u_{c1} - u_{c2} = 0 \tag{4-59}$$

这说明该电路对共模信号无放大作用，即共模电压放大倍数 A_{uc} 为零。差分放大电路正是利用这一点来抑制零点漂移的。因为由温度变化等原因在两边电路中引起的漂移量是大小相等、极性相同的，与输入端加上一对共模信号的效果一样，因此左、右两单管放大电路因零点漂移引起的输出端电压的变化量虽然存在，但大小相等，整个电路的输出漂移电压等于零。

显然电路对称性越好，抑制零点漂移能力越强。但完全对称是不可能的，因此为进一步提高电路对零点漂移的抑制作用，通过减少两单管放大电路本身的零点漂移来抑制整个电路的零点漂移，发射极公共电阻 R_E 正好能起这一作用。R_E 抑制零点漂移的原理如下：

$$T \uparrow \longrightarrow \begin{matrix} I_{C1} \uparrow \\ I_{C2} \uparrow \end{matrix} \longrightarrow I_E \uparrow \longrightarrow U_{R_E} \uparrow \longrightarrow \begin{matrix} U_{BE1} \downarrow \longrightarrow I_{B1} \downarrow \longrightarrow I_{C1} \downarrow \\ U_{BE2} \downarrow \longrightarrow I_{B2} \downarrow \longrightarrow I_{C2} \downarrow \end{matrix}$$

实际上就是利用 R_E 对共模信号的负反馈作用。

2. 差模信号

一对大小相等、相位相反的输入信号称为差模输入信号，即

$$u_{i1} = - u_{i2} \tag{4-60}$$

在这对差模信号作用下，由于电路对称，$u_{c1} = -u_{c2}$，因而差分放大电路的输出电压为

$$u_{od} = u_{c1} - u_{c2} = 2u_{c1} \tag{4-61}$$

这说明该电路对差模信号有放大作用,即差模电压放大倍数为

$$A_{ud} = \frac{u_{od}}{u_{id}} = \frac{u_{od}}{u_{i1} - u_{i2}} = \frac{2u_{c1}}{2u_{i1}} = \frac{u_{c1}}{u_{i1}} \qquad (4\text{-}62)$$

式中,u_{c1} 是单管集电极电压输出,u_{i1} 是单管的输入电压。因此由式(4-62)可以得出,差分放大电路的差模电压放大倍数等于单管的电压放大倍数。差分放大电路正是利用这一点来放大有用信号的。

3. 任意信号

如果两个输入信号的大小和极性都是任意的,则总是可以把 u_{i1} 和 u_{i2} 分解成为一对差模信号和一对共模信号,若 $u_{id} = u_{i1} - u_{i2}$,$u_{ic} = \dfrac{u_{i1} + u_{i2}}{2}$,则

$$u_{i1} = u_{ic} + \frac{u_{id}}{2} \qquad (4\text{-}63)$$

$$u_{i2} = u_{ic} - \frac{u_{id}}{2} \qquad (4\text{-}64)$$

对于双端输出的差放电路而言,由于它对共模信号具有很好的抑制作用,此时电路的输出实际上就是对差模信号的放大输出。这种任意信号输入常作为差分放大来运用,其输出为 $u_o = A_{ud}(u_{i1} - u_{i2})$。

对差分放大电路而言,差模信号是有用的信号,要求对它有较大的电压放大倍数;而共模信号则是零点漂移或干扰等原因产生的无用的附加信号,对它的电压放大倍数越小越好。为了衡量差分放大电路放大差模信号和抑制共模信号的能力,通常把差分放大电路的差模电压放大倍数 A_{ud} 与共模电压放大倍数 A_{uc} 比值

$$K_{CMRR} = \left| \frac{A_{ud}}{A_{uc}} \right| \qquad (4\text{-}65)$$

作为评价其性能优劣的主要指标,称为共模抑制比。显然,它越大越好,在电路完全对称的情况下,$K_{CMRR} \to \infty$。

4.9.3 输入和输出方式

前述差分放大电路的信号输入和输出方式为双端输入和双端输出,根据使用情况的不同,也可以采用一端对地输入,称为单端输入,或一端对地输出,称为单端输出。这样差分放大电路的输入和输出方式共有四种:双端输入-双端输出,双端输入-单端输出,单端输入-双端输出,单端输入-单端输出。前面已经分析了双端输入-双端输出电路,只要再了解单端输入-单端输出电路,其余电路也就不难理解了。单端输入和单端输出的差分放大电路又有以下两种情况。

1. 反相输入

输入信号 u_i 单端输入,分解的一对差模信号电路如图 4-56a 所示,设 u_i 增加,则

$$u_i > 0 \to u_{be1} > 0 \to i_{c1} > 0 \to u_o < 0$$

可见,输入和输出电压的相位相反,故称反相输入。

双端输出时,$u_o = 2u_{c1}$,而单端输出时 $u_o = u_{c1}$,故在 u_i 相同时,u_o 较双端输出时减少了一半,即放大倍数为单管放大倍数的一半。

2. 同相输入

电路如图 4-56b 所示。设 u_i 增加，则

$$u_i > 0 \rightarrow u_{be1} < 0 \rightarrow i_{c1} < 0 \rightarrow u_o > 0$$

可见，输入和输出电压相位相同，故称同相输入。

实际电路中，R_E 常用恒流源代替，其作用是完全抑制两单管放大电路的零点漂移，因此单端输入-单端输出的共模信号输出可忽略。

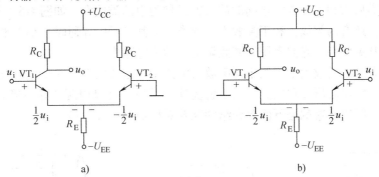

图 4-56　单端输入-单端输出差分放大电路

a）反相输入　b）同相输入

思 考 题

4-9-1　差分放大电路在结构上有何特点？

4-9-2　什么是共模信号和差模信号？差分放大电路对这两种输入信号是如何区别对待的？

4.10　功率放大器

多级放大电路的末级或末前级一般都是功率放大级，其目的是能输出较大的功率去驱动负载。

4.10.1　概述

功率放大电路和电压放大电路的共同点都是依靠放大元件的能量控制作用，实现能量的转换，但是电压放大电路的主要目的是把微弱的电信号进行不失真地放大，希望获得较高的电压增益，属于小信号放大电路。功率放大电路的主要目的是希望输出较大的信号功率，它以前级放大的输出信号作为输入信号，属于大信号放大电路。对于功率放大电路有以下要求：

1）在不失真的情况下尽可能提高输出功率。

2）要具有较高的效率。功率放大电路输出的功率实际上是由直流电源提供的，放大电路效率的定义为放大电路输出的最大功率与直流电源供给的功率之比。

3）管子往往工作在极限状态，要考虑晶体管的极限参数和管子散热问题。

放大电路的效率与放大电路的工作方式有关，按晶体管处于放大状态时间的不同，放大电路可分为以下工作方式：

　　甲类放大：晶体管在输入信号的整个周期内都处于放大状态。前面介绍的各种放大电路都属于甲类放大。如图 4-57a 所示，甲类放大静态工作点高，I_C 比较大，波形不会失真。但静态功耗大，效率低，一般不会超过 25%。

　　乙类放大：晶体管只在输入信号的半个周期内处于放大状态，另半个周期处于截止状态的。如图 4-57b 所示，静态 $I_C = 0$，效率高。

　　甲乙类放大：晶体管在输入信号的半个多周期内处于放大状态，剩下时间处于截止状态，即处于甲类放大和乙类放大之间的放大方式称为甲乙类放大，如图 4-57c 所示。

　　除上述外，还有丙类放大和丁类放大，丙类放大其管子的导通时间小于半个周期，丁类放大管子处于开关状态，它们多用于高频调谐大功率电路中。

　　甲乙类放大和乙类放大主要用于功率放大电路中。乙类放大效率高，但只有半个周期的信号得到放大，输出波形严重失真。为了解决这一矛盾，可以用两个晶体管轮流工作于正、负半周的方法来解决，这就是下面要介绍的互补对称功率放大电路。

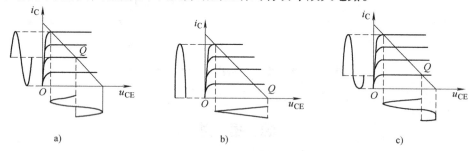

图 4-57　放大电路的工作方式

a）甲类放大　b）乙类放大　c）甲乙类放大

4.10.2　互补对称功率放大电路

　　由于 NPN 管和 PNP 管的导电方向相反，因而可以用一只 NPN 管负责前半周期的放大，而用一只 PNP 管负责后半周期的放大，这样组成乙类互补对称功率放大电路，如图 4-58a 所示。

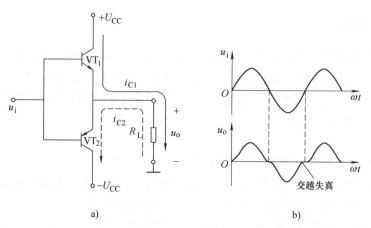

图 4-58　乙类互补对称功率放大电路及交越失真

a）电路　b）交越失真

静态时，由于 $I_B = 0$，$I_C = 0$，R_L 中无电流。

动态时，在 u_i 的正半周，VT$_1$ 管导通，VT$_2$ 管截止，VT$_1$ 管以射极输出形式将正半周信号传递到负载，正电源 $+U_{CC}$ 供电，R_L 中通过电流 i_{C1}；在 u_i 的负半周，VT$_1$ 管截止，VT$_2$ 管放大，VT$_2$ 管以射极输出形式将负半周信号传递到负载，负电源 $-U_{CC}$ 供电，R_L 中通过电流 i_{C2}。在这一电路中，两个单管电路上、下对称。交替工作，互相补充，故称互补对称电路。由于它工作在乙类放大，效率较高，在理想状态下效率可达 78.5%，所以这种电路得到了广泛的应用，成为功率放大电路的基本电路。

但是，在两管交替工作经过晶体管输入特性死区的一段时间内，i_{C1} 和 i_{C2} 都接近于零，使得输出电压在正、负半周的交接处衔接不好而引起失真，称为交越失真，如图 4-58b 所示。因而偏流 I_B 和静态电流 I_C 不宜为零，应将静态工作点提高一点，以避开输入特性的死区。也就是说，为避免出现交越失真，应采用甲乙类互补对称功率放大电路。

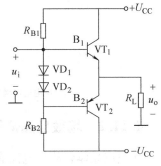

甲乙类互补对称功率放大电路如图 4-59 所示，为了产生一定的偏流，在上述电路的基础上增加了偏置电阻 R_{B1}、R_{B2} 和二极管 VD$_1$、VD$_2$。静态时，在 VD$_1$、VD$_2$ 上产生的压降使 VT$_1$、VT$_2$ 均处于微导通状态。动态时，由于二极管的动态电阻很小，使 B$_1$、B$_2$ 之间近乎短路，保证了 VT$_1$、VT$_2$ 的基极动态信号近似相等，即均为 u_i。

图 4-59　甲乙类互补对称功率放大电路

以上讨论的互补对称功率放大电路也称作 OCL 功率放大电路。

随着电子技术的发展，目前已有多种不同型号、可输出不同功率的集成功率放大器可供使用者选用。集成功率放大器具有输出功率大、外围连接元件少，使用方便等特点。集成功率放大器本身是由多级放大电路组成的，输入级一般都采用差分放大电路，中间级为共射放大电路，输出级为互补对称放大电路，其电路结构与第 5 章讨论的集成运算放大器基本相同。

思 考 题

4-10-1　图 4-59 所示甲乙类互补对称功率放大电路的最大输出电压约为多少？

4-10-1　图 4-59 中 VD$_1$ 和 VD$_2$ 的作用是什么？对交流信号有影响吗？

4.11　场效应晶体管及其放大电路简介 *

4.11.1　场效应晶体管

场效应晶体管（Field Effect Transistor，FET）是一种利用电场效应来控制其电流大小的半导体器件。由于它仅靠半导体中的多数载流子导电，又称单极型晶体管。这种器件不仅兼有体积小、重量轻、耗电省、寿命长等特点，而且还有输入阻抗高、噪声低、热稳定性好、扰辐射能力强和制造工艺简单等优点，因而获得了广泛的应用。

按结构的不同，场效应晶体管可分为结型场效应晶体管和绝缘栅型场效应晶体管两大类。由于后者的性能更优越，在大规模和超大规模集成电路中占有重要的地位，因此这里只介绍后者。

绝缘栅型场效应晶体管是由金属（Metal）-氧化物（Oxide）-半导体（Semiconductor）构成的，故称 MOS 管。根据导电沟道不同，MOS 管分为 N 沟道和 P 沟道；按照其工作状态，MOS 管又分为增强型和耗尽型。因此 MOS 管共有四种，它们的图形符号如图 4-60 所示，图中 D 为漏极，S 为源极，G 为栅极，它们分别与晶体管的集电极 C、发射极 E 和基极 B 相对应。另外，图中 B 是衬底引线，使用时一般 B 和 S 连在一起。

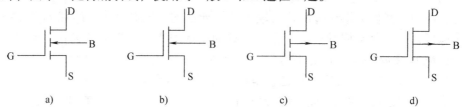

图 4-60　MOS 管的符号

a）N 沟道增强型　b）N 沟道耗尽型　c）P 沟道增强型　d）P 沟道耗尽型

4.11.2　场效应晶体管放大电路

场效应晶体管放大电路有共源、共漏和共栅三种基本组态，其中共源放大电路应用较多。图 4-61 所示为增强型 NMOS 管的分压偏置共源放大电路，它与双极型晶体管的共射放大电路相似，场效应晶体管放大电路也必须建立合适的静态工作点。与双极型晶体管放大电路不同的是，双极型晶体管是电流放大元件，合适的静态工作点主要依靠调节偏流 I_B 来实现；而场效应晶体管是电压控制元件，合适的静态工作点主要依靠给栅、源极间提供合适的 U_{GS} 来实现。图中 R_{G1} 和 R_{G2} 为偏置电阻，静态时，通过它们的分压给栅极 G 建立合适的对地电压 U_G，从而建立合适的 U_{GS}。

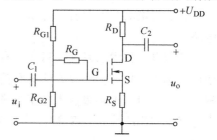

图 4-61　分压偏置共源放大电路

对场效应晶体管放大电路的分析，可以参照晶体管电路的分析方法，根据直流通路分析电路的静态工作情况，根据场效应晶体管的微变等效电路模型分析电路的动态特性。详细分析可参阅相关文献。

4.12　Multisim 仿真举例

4.12.1　直流稳压电源仿真

小功率直流稳压电源的组成框图如 4.3 节图 4-12 所示，变压器降压后，经过整流电路、滤波电路和稳压电路输出稳定的直流电。直流稳压电源的降压、整流、滤波电路构成如图 4-62 所示，下面对构成电源的各模块仿真分析。

1. 变压器降压

变压器的电压比为 10∶1，从图 4-62 可见变压器将 220V 交流电源电压降为 22.068V。

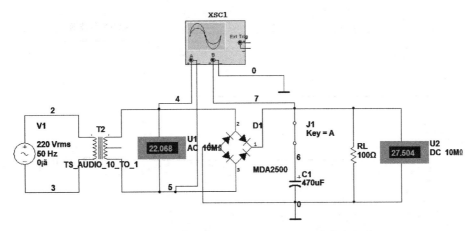

图 4-62 直流稳压电源的降压、整流、滤波仿真电路

2. 二极管桥式整流电路

将图 4-62 中开关 J1 断开，变压器二次电压作为二极管桥式整流电路的输入，输出接 100Ω 的负载 RL，利用整流二极管的单向导电性，将降压后双向变化的交流电变成单向脉动的直流电，用示波器仿真观察波形如图 4-63 所示。

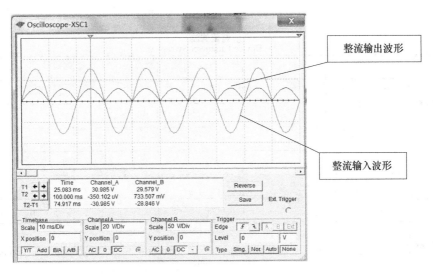

图 4-63 二极管桥式整流电路输入输出波形

3. 整流滤波电路

整流输出的直流电压脉动分量比较大，为减小脉动，在整流电路之后加上电容滤波电路，电容在高频时容抗小，和负载并联，从而达到减小纹波的目的。将图 4-62 开关闭合，即实现整流后的电容滤波电路。用示波器仿真观察波形如图 4-64 所示，正弦信号是变压器二次电压，通过二极管整流、电容滤波，负载上得到较为平滑的直流电压。滤波后输出电压的脉动程度大大减少，而且输出电压平均值提高了。

为观测 $R_L C$ 参数的影响，利用 Multisim 的参数扫描功能仿真。执行 Simulate/Analysis/

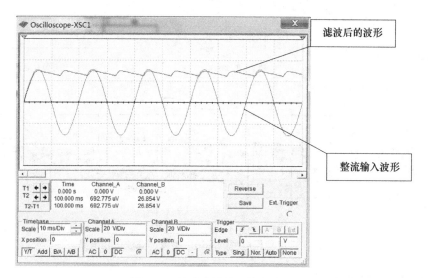

图 4-64　整流滤波输入输出波形

Parameter Sweep 菜单命令，设置分析参数，观测整流滤波电路的负载特性如图 4-65 所示，曲线中自下而上负载电阻 R_L 分别取 100Ω、200Ω、300Ω、400Ω、500Ω，可见 $R_L C$ 越大，电容放电越慢，脉动越小，曲线越平滑，同时负载电流的平均值越大。

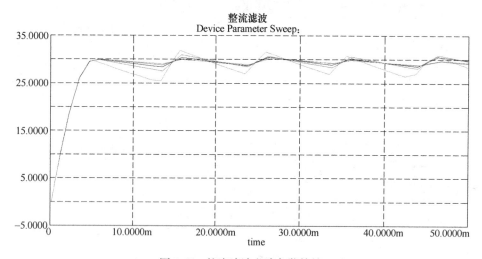

图 4-65　整流滤波电路负载特性

4. 稳压电路

为了克服电网电压波动或负载变化时对输出波形的影响，在滤波电路和负载之间加入稳压电路，如图 4-66 所示，电路使用稳压器 LM7818，稳压值为 18V。

用示波器仿真观察滤波和稳压输出的波形如图 4-67 所示，可见滤波后的脉动经稳压后变为直线了，示波器油尺测量稳压值和电压表测量稳压值相同，均为 17.813V，实现了直流稳压。

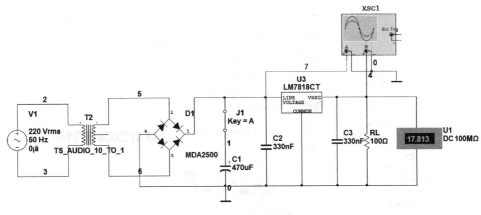

图 4-66　稳压电路

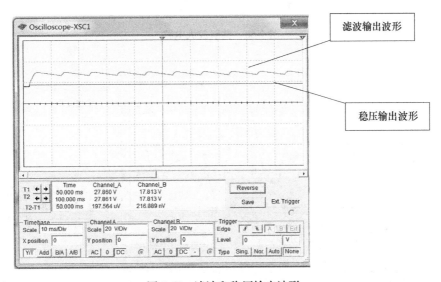

图 4-67　滤波和稳压输出波形

4.12.2　共射放大电路中 R_B 对放大电路的影响

1. R_B 变化对静态工作点和放大倍数的影响

在 Multisim 下的共射放大电路如图 4-68 所示，R_B = RB1+RB2，电位器取值为 50% 时，输入 2mV，输入输出仿真波形如图 4-69 所示，可以看出输出为放大倒相的波形。

电位器分别取值为 30% 和 50% 时，R_B 分别为 710kΩ 和 1110kΩ，输入信号有效值为 2mV，仿真测量静态 U_{CEQ}、I_{CQ} 和动态输出电压有效值见表 4-1。

表 4-1　R_B 变化对静态值和动态值的影响

R_B/kΩ	U_{CEQ}/V	I_{CQ}/mA	U_s/mV	U_o/mV	$|A_u|$
710	6.043	1.168	2	211.23	103
1110	7.689	0.845	2	165.779	83

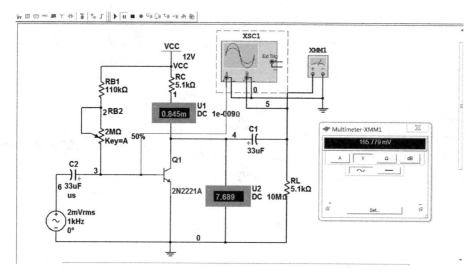

图 4-68　共射放大电路

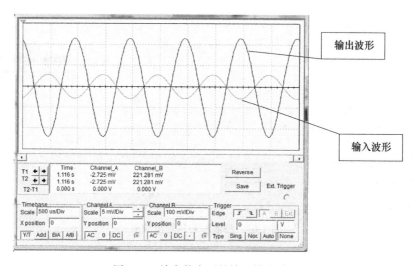

图 4-69　放大状态下的输入输出波形

结论：由仿真测量可以看出，R_B 增大时，I_{CQ} 减小，U_{CEQ} 增大，由式（4-32）和式（4-34），若 $(1+\beta)\dfrac{26\text{mV}}{I_{EQ}}\gg 300\Omega$ 时，$A_u=-\beta\dfrac{R'_L}{r_{be}}\approx-\dfrac{I_{CQ}R'_L}{U_T}$，可见 A_u 的值几乎与晶体管无关，电阻一定，A_u 与 I_{CQ} 成正比。因此，调节 R_B 以改变 I_{CQ} 是改变阻容耦合放大电路放大倍数的有效方法。

2. R_B 和输入信号对失真的影响

（1）饱和失真

调节电位器取值为 0，$R_B=110\text{k}\Omega$，输入信号 2mV 不变，R_B 减小，静态工作点移向饱和区，将出现饱和失真，仿真波形如图 4-70 所示。

（2）截止失真

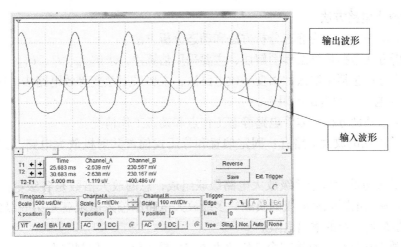

图 4-70　R_B 减小引起的饱和失真

调节电位器取值为 100%，此时 R_B 达到最大值，同时加大输入信号为 10mV，出现截止失真，为了突出截止失真，继续加大输入信号到 15mV，仿真波形如图 4-71 所示。

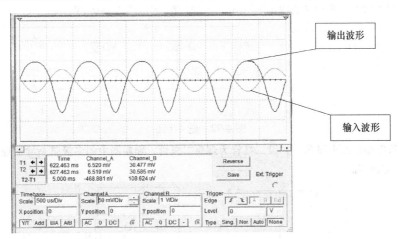

图 4-71　R_B 和输入信号增大引起的截止失真

结论：静态工作不合适和输入信号过大将可能引起输出信号失真。实际测试时可根据正负峰值是否相等来判断是否失真。

本　章　小　结

1. 二极管的伏安特性和应用电路。

二极管的主要特性是单向导电性，应用于整流电路、限幅、钳位电路等。

2. 直流稳压电源组成和各部分作用。

3. 晶体管的伏安特性和工作状态。

晶体管的特性分为输入特性和输出特性，工作状态分为放大、截止和饱和。晶体管是电流控制器件。

4. 分析放大电路方法。

分析放大电路方法分为静态分析方法和动态分析方法。

静态分析方法包括估算法和图解法，主要采用估算法，求解 I_B、I_C、U_{CE}。

动态分析方法包括图解法和微变等效电路法，主要采用微变等效电路法，求解电压放大倍数 A_u、输入电阻 r_i 和输出电阻 r_o。

图解法可以辅助分析晶体管电路静态工作点和动态工作情况。

5. 晶体管常用的放大电路有：固定偏置和分压式偏置共射极放大电路、共集电极放大电路。

6. 多级放大电路由多个单级放大电路级联组成，总的放大倍数是各级电压放大倍数的乘积，后级的输入电阻就是前级的负载。多级放大电路的输入电阻就是第一级的输入电阻，输出电阻就是最后一级的输出电阻。

7. 差分放大电路作为直接耦合多级放大电路的输入级，以抑制零点漂移。

8. 甲乙类互补对称功率放大电路常作为多级放大电路的最后一级，以驱动负载。

习　题

4-1　写出图 4-72 所示各电路的输出电压值，设二极管导通电压 $U_D = 0.7V$。

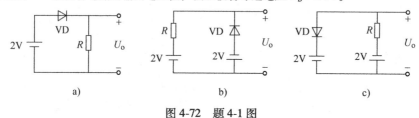

a)　　　　　　　　　b)　　　　　　　　　c)

图 4-72　题 4-1 图

4-2　二极管电路如图 4-73 所示，设二极管为理想二极管，判断图中的二极管是导通还是截止，并求出 A、O 两端的电压 U_{AO}。

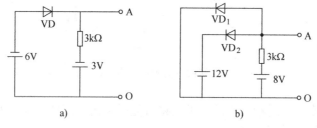

a)　　　　　　　　　　　　b)

图 4-73　题 4-2 图

4-3　在图 4-74 所示电路中，已知 $u_i = 10\sin100\pi t V$，$E = 5V$，二极管的正向压降可忽略，试分别画出输出电压 u_O 的波形。

4-4　求图 4-75 所示电路的电流 I_1 和 I_2，忽略二极管正向压降。

4-5　在图 4-76 所示电路中，试求 VD_1、VD_2 中的电流及输出电压 U_o 的大小，设 VD_1、VD_2 均为理想二极管。

4-6　在图 4-77 所示单相桥式整流电路中，若有效值 $U_2 = 300V$，$R_L = 300\Omega$，求整流电压平均值 U_o、整流电流平均值 I_o，每个整流元件的平均电流 I_D 和所承受的最大反向电压 U_{DRM}。

4-7　图 4-78 所示为单相全波整流电路的原理图，试说明其工作情况。若电源变压器二次侧半个绕组电压有效值 $U_{ao} = U_{bo} = 250V$，$I_o = 1A$，求 U_o、R_L 和二极管的电流平均值 I_D 及其承受的最大反向电压 U_{DRM}。

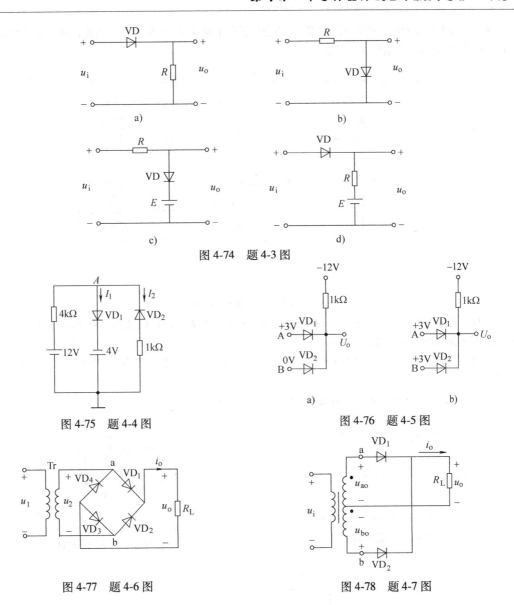

图 4-74　题 4-3 图

图 4-75　题 4-4 图

图 4-76　题 4-5 图

图 4-77　题 4-6 图

图 4-78　题 4-7 图

4-8　整流电路如图 4-79 所示，若交流电压有效值 $U_{ao} = U_{bo} = 110V$，$R_{L1} = 50\Omega$，$R_{L2} = 30\Omega$，求输出直流电压和电流 U_{o1}、U_{o2}、I_{o1}、I_{o2} 和二极管电流平均值 I_{D1}、I_{D2}、I_{D3}、I_{D4} 及其承受的最大反向电压 U_{DRM}。

4-9　带滤波器的桥式整流电路如图 4-80 所示，有效值 $U_2 = 20V$，现在用直流电压表测量 R_L 端电压 U_o，出现下列几种情况，试分析哪些是合理的？哪些发生了故障，并指明原因。

（1）$U_o = 28V$；（2）$U_o = 18V$；（3）$U_o = 24V$；（4）$U_o = 9V$。

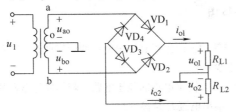

图 4-79　题 4-8 图

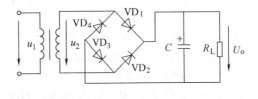

图 4-80　题 4-9 图

4-10　现有两个稳压二极管 VS_1 和 VS_2，稳定电压分别是 4.5V 和 9.5V，正向电压降都是 0.5V，试求图 4-81 所示各电路中的输出电压 U_o。

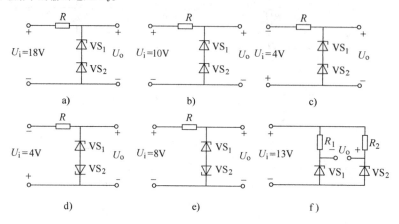

图 4-81　题 4-10 图

4-11　已知稳压管的稳定电压 $U_Z = 6V$，稳定电流的最小值 $I_{Zmin} = 5mA$，最大功耗 $P_{ZM} = 150mW$，试求图 4-82 所示电路中电阻 R 的取值范围。

4-12　图 4-83 所示为稳压管稳压电路。当稳压管的电流 I_Z 的变化范围为 5~40mA 时，R_L 的变化范围为多少？

4-13　电路如图 4-84 所示，合理连线，构成 5V 的直流电源。

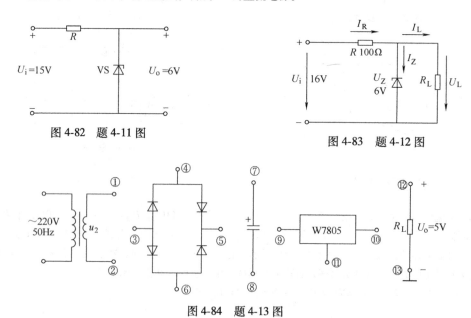

图 4-82　题 4-11 图

图 4-83　题 4-12 图

图 4-84　题 4-13 图

4-14　图 4-85 所示电路是利用集成稳压器外接稳压二极管的方法来提高输出电压的稳压电路。若稳压二极管的稳定电压 $U_Z = 3V$，试问该电路的输出电压 U_o 是多少？

4-15　图 4-86 所示电路是利用集成稳压器外接晶体管来扩大输出电流的稳压电路。若集成稳压器的输出电流 $I_{CW} = 1A$，晶体管的 $\beta = 10$，$I_B = 0.4A$，试问该电路的输出电流 I_o 是多少？

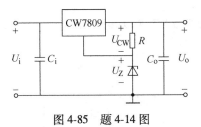

图 4-85 题 4-14 图

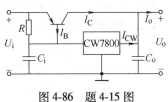

图 4-86 题 4-15 图

4-16 晶体管工作在放大区时，要求发射结上加正向电压，集电结上加反向电压。试就 NPN 型和 PNP型两种情况讨论。

（1）U_C 和 U_B 的电位哪个高？U_{CB} 是正还是负？

（2）U_B 和 U_E 的电位哪个高？U_{BE} 是正还是负？

（3）U_C 和 U_E 的电位哪个高？U_{CE} 是正还是负？

4-17 用直流电压表测某放大电路中三只晶体管的三个电极对地的电压分别如图 4-87 所示。试指出每只晶体管的 C、B、E 极，并分别说明它们是硅管还是锗管，是 NPN 型还是 PNP 型。

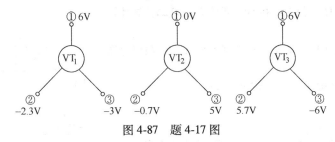

图 4-87 题 4-17 图

4-18 在图 4-88 所示电路中，由于电路参数不同，在信号源电压为正弦波时，测得输出波形如图 4-89a、b 和 c 所示，试说明电路分别产生了什么失真，如何消除。

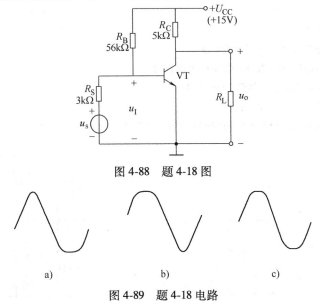

图 4-88 题 4-18 图

a)　　　　　　　　　b)　　　　　　　　　c)

图 4-89 题 4-18 电路

4-19 已知图 4-90 所示电路中晶体管的 $\beta = 100$。

（1）现已测得静态管压降 $U_{CEQ} = 6V$，估算 R_b 约为多少千欧；

(2) 若测得 $\dot{U}_i$ 和 $\dot{U}_o$ 的有效值分别为 1mV 和 100mV，则负载电阻 R_L 为多少千欧？

4-20 放大电路如图 4-91 所示，电源 $U_{CC} = 12V$。

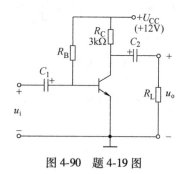

图 4-90 题 4-19 图

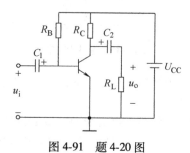

图 4-91 题 4-20 图

(1) 若 $R_C = 3k\Omega$，$R_L = 1.5k\Omega$，$R_B = 240k\Omega$，晶体管 $\beta = 40$，$r_{be} \approx 0.8k\Omega$，试估算静态工作点和电压放大倍数 A_u；

(2) 若 $R_C = 3.9k\Omega$，晶体管 $\beta = 60$，要使 $I_B = 20\mu A$，试计算 R_B、I_C、U_{CE}。

(3) 电路参数同 (2)，要将 I_C 调整到 1.8mA，R_B 阻值应取多大？

4-21 电路如图 4-92 所示，晶体管的 $\beta = 60$。

(1) 求解 Q 点；

(2) 求 A_u、r_i 和 r_o；

(3) 设 $U_s = 10mV$（有效值），问 U_i、U_o 的值各为多少。若 C_3 开路，则 U_i、U_o 的值各为多少。

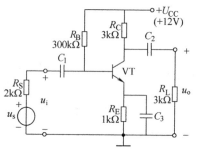

图 4-92 题 4-21 图

4-22 放大电路如图 4-93 所示，晶体管 $\beta = 80$，电源 $U_{CC} = 12V$，$R_C = 2.5k\Omega$，$R_E = 1k\Omega$，$R_{B1} = 36k\Omega$，$R_{B2} = 8.2k\Omega$。

(1) 估算静态工作点；

(2) 求输出端未接负载时的电压放大倍数；

(3) 如果所接负载电阻 $R_L = 2k\Omega$，电压放大倍数多大？

4-23 电路如图 4-94 所示，晶体管的 $\beta = 100$。

(1) 求电路的 Q 点、A_u、r_i 和 r_o；

(2) 若电容 C_E 开路，则将引起电路的哪些动态参数发生变化？如何变化？

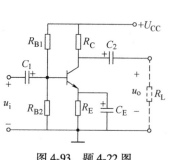

图 4-93 题 4-22 图

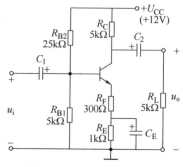

图 4-94 题 4-23 图

4-24 设图 4-95 所示电路所加输入电压为正弦波，试问：

（1）求 $A_{u1} = \dot{U}_{o1}/\dot{U}_i$、$A_{u2} = \dot{U}_{o2}/\dot{U}_i$ 的值。

（2）画出输入电压和输出电压 u_i、u_{o1}、u_{o2} 的波形。

4-25 电路如图 4-96 所示，晶体管的 $\beta = 80$。

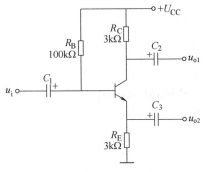
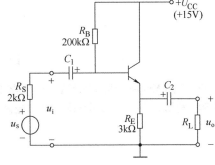

图 4-95 题 4-24 图   图 4-96 题 4-25 图

（1）求出 Q 点；

（2）分别求出 $R_L = \infty$ 和 $R_L = 3\text{k}\Omega$ 时电路的 A_u 和 r_i；

（3）求出 r_o。

4-26 两级交流放大电路如图 4-97 所示，已知电源 $U_{CC} = 12\text{V}$，晶体管 VT_1、VT_2 的 β 值均为 40，$R_{B1} = 600\text{k}\Omega$，$R_{C1} = 10\text{k}\Omega$，$R_{B2} = 400\text{k}\Omega$，$R_{C2} = 5.1\text{k}\Omega$，$C_1$、$C_2$ 和 C_3 的电容足够大，负载电阻 $R_L = 1\text{k}\Omega$。

（1）试绘出整个电路的微变等效电路；

（2）求总电压放大倍数 A_u、输入电阻 r_i、输出电阻 r_o 的值。

4-27 两级放大电路如图 4-98 所示，电源电压 $U_{CC} = 12\text{V}$，晶体管电流放大系数 $\beta_1 = \beta_2 = 50$，$R_B = 360\text{k}\Omega$，$R_{E1} = 4.3\text{k}\Omega$，$R_{B1} = 18\text{k}\Omega$，$R_{B2} = 7.5\text{k}\Omega$，$R_C = 2.4\text{k}\Omega$，$R_{E2} = 1.5\text{k}\Omega$，$R_S = 10\text{k}\Omega$，$R_L = 3.6\text{k}\Omega$，$C_1$、$C_2$、$C_3$ 和 C_E 的电容足够大。

（1）求 VT_1 和 VT_2 管的静态工作点；

（2）绘出整个电路的微变等效电路；

（3）求电压放大倍数 A_u、输入电阻 r_i、输出电阻 r_o 的值。

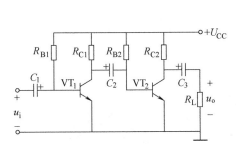
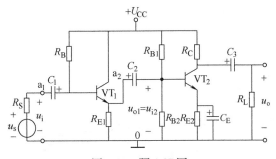

图 4-97 题 4-26 图   图 4-98 题 4-27 图

4-28 图 4-99 所示差分放大电路采用了哪两种方法来抑制零点漂移？若电路中 $U_{CC} = U_{EE} = 12\text{V}$，$R_C = R_E = 3\text{k}\Omega$，硅晶体管的 $\beta = 100$，求静态时 I_B、I_C 和 R_E 两端的电压 U_{RE}。

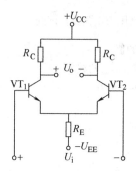

图 4-99　题 4-28 图

4-29　利用 Multisim 仿真分析题 4-3，电路如图 4-74 所示，图中电阻可取 5kΩ。

4-30　利用 Multisim 仿真分析题 4-22，电路如图 4-93 所示。

第5章 集成运算放大器及其应用

第4章的放大电路是分立电路，是由各种分立元件连接起来的电子电路。集成电路是相对于分立电路而言的，就是把整个电路的各个元件以及相互之间的连接同时制造在一块半导体芯片上，组成一个不可分割的整体。近年来集成电路的迅速发展，促使电子电路日益微型化。集成电路具有体积小、重量轻，功耗小、特性好和可靠性高等一系列优点。

就集成度而言，集成电路有小规模、中规模、大规模和超大规模（即 SSI、MSI、LSI 和 VLSI）之分；就导电类型而言，有双极型、单极型和两者兼容的；就功能而言，有数字集成电路和模拟集成电路，而后者又有集成运算放大器、集成功率放大器、集成稳压电源、集成数模和模数转换器等许多种，本章所讲的是集成运算放大器。

运算放大器原指在模拟计算机中实现某些数学运算的放大器，随着生产和科学技术的发展，运算放大器的用途现在已大大地扩展了，其在测量装置、自动控制系统、数字计算机、无线电通信设备等技术领域中均获得了应用，不过仍然沿用"运算放大器"（简称"运放"）的名称。

5.1 集成运算放大器概述

5.1.1 集成运算放大器的组成

集成运算放大器是一种电压放大倍数很大的、直接耦合的多级放大电路，通常由输入级、中间级、输出级和偏置电路四个基本部分组成，如图5-1所示。

输入级是提高运算放大器质量的关键部分，要求其输入电阻高，静态电流小，差模放大倍数高，抑制零点漂移的能力强。输入级采用差分放大电路，它有同相和反相两个输入端。

中间级主要进行电压放大，要求它的电压放大倍数高。一般由共射极放大电路构成，其放大管常采用复合管，以提高电流放大系数。集电极电阻常采用晶体管恒流源代替，以提高电压放大倍数。

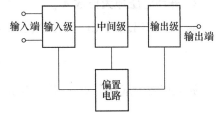

图 5-1 集成运算放大器的组成

输出级与负载相连接，要求其输出电阻低，带负载能力强，能输出足够大的电压和电流。一般由互补功率放大电路构成。

偏置电路的作用是为上述各级电路提供稳定和合适的偏置电流，决定各级的静态工作点，一般由各种恒流源电路构成。

总之，集成运放是一种电压放大倍数高、输入电阻大、输出电阻小、零点漂移小、抗干扰能力强、可靠性高、体积小、耗电少的通用电子器件。自1965年问世以来，发展十分迅速，除通用型外，还出现了许多专用型的集成运放。通用型的适用范围很广，其特性指标可以满足一般要求。专用型是在通用型的基础上，通过特殊的设计和制作，使得某些特性指标更为突出。

　　国家标准规定的运算放大器的图形符号如图 5-2 所示。图中▷表示放大器，A_{uo} 表示开环差模电压放大倍数，右侧"+"端为输出端，信号由此端与地之间输出。

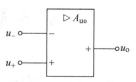

　　左侧"-"端为反相输入端，当信号由此端与地之间输入时，输出信号与输入信号相位相反。信号的这种输入方式称为反相输入。

图 5-2　运算放大器的
图形符号

　　左侧"+"端为同相输入端，当信号由此端与地之间输入时，输出信号与输入信号相位相同。信号的这种输入方式称为同相输入。

　　如果将两个输入信号分别从上述两端与地之间输入，则信号的这种输入方式称为差分输入。

　　集成运放成品除上述三个输入和输出接线端（引脚）以外，还有电源和其他用途的接线端。产品型号不同，引脚编号也不相同，使用时可查阅有关手册。几种常用的集成运放外形如图 5-3 所示。

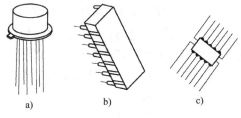

图 5-3　集成运放外形
a）圆壳状　b）双列直插式　c）扁平式

5.1.2　集成运算放大器的主要参数

集成运算放大器的性能是由各参数来描述的，下面介绍几个最基本的主要参数。

1. 最大输出电压 U_{opp}

集成运放工作在线性区的最大不失真输出电压称为最大输出电压 U_{opp}。一般略小于电源电压。

2. 开环电压放大倍数 A_{uo}

输入和输出之间无任何反馈联系时的差模电压放大倍数，称为开环电压放大倍数，即

$$A_{uo} = \frac{u_o}{u_+ - u_-} = \frac{u_o}{u_i} \tag{5-1}$$

放大倍数一般用分贝（dB）表示：

$$A_{uo} = 20 \lg \frac{U_o}{U_i} \text{dB} \tag{5-2}$$

一般均在 100dB 以上。

3. 差模输入电阻 r_{id}

指差模信号作用时集成运放的输入电阻 r_{id}，一般在 1MΩ 以上，目前可达 10^{12}Ω。

4. 开环输出电阻 r_o

指集成运放没有引入负反馈情况下的输出电阻 r_o，输出电阻一般只有几十欧至几百欧。

　　另外还有共模抑制比 K_{CMR}、最大共模输入电压 U_{ICM}、输入偏置电流 I_{IB}、输入失调电压 U_{IO} 和最大差模输入电压 U_{IDM} 等参数，这些参数及相关要求，在相关的产品手册中都有说明，可在使用过程中自行查阅。

5.1.3 集成运算放大器电压传输特性

集成运放的输出电压 u_o 与输入电压 u_i 之间的关系 $u_o = f(u_i)$ 称为集成运放的电压传输特性，如图 5-4 所示，传输特性曲线分为线性区和饱和区两部分。

当运放工作在线性区时，即 $u_i < |U_{im}|$，u_i 和 u_o 之间是线性关系：

$$u_o = A_{uo}(u_+ - u_-) = A_{uo}u_i \qquad (5-3)$$

由于 A_{uo} 很大，开环的线性范围非常小，即使输入电压很小，由于外部干扰等原因，不引入深度的负反馈（反馈的概念将在 5.2 节中介绍）很难在线性区稳定工作。

当 $u_i > |U_{im}|$ 时，运放工作在饱和区，即非线性区：

$$\begin{aligned} &\text{当 } u_i > U_{im} \text{ 时，} u_o = +U_{om} \\ &\text{当 } u_i < -U_{im} \text{ 时，} u_o = -U_{om} \end{aligned} \qquad (5-4)$$

式中，$\pm U_{om}$ 为输出电压饱和值，略低于正负电源电压。

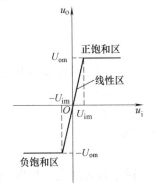

图 5-4 运放的电压传输特性

5.1.4 理想运算放大器

1. 运算放大器理想化模型

在分析运算放大器的应用电路时，如果将实际运放理想化，会使分析和计算大大简化。运放的理想化模型实际上是一组理想化参数：

开环电压放大倍数 $A_{uo} \to \infty$；

开环差模输入电阻 $r_{id} \to \infty$；

开环输出电阻 $r_o \to 0$；

共模抑制比 $K_{CMR} \to \infty$。

图 5-5 表示理想集成运放的图形符号，"∞"表示开环放大倍数的理想化条件。实际的运算放大器的技术指标都是有限值，理想化后必然带来误差，但误差并不大，在工程设计和计算时是允许的，故在以后的分析中均采用以上条件。

2. 理想运算放大器的特性

当运放为理想运放时，其电压传输特性如图 5-6 所示。由于开环放大倍数 $A_{uo} \to \infty$，线性区几乎与纵轴重合，由电压传输特性可以看到理想运放工作在线性区和饱和区的特点。

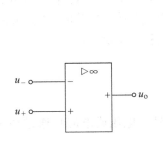

图 5-5 理想运放图形符号

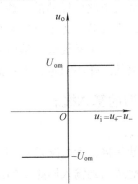

图 5-6 理想运放的电压传输特性

（1）理想运放工作在线性区的特点

理想运放工作在线性区要引入深度负反馈。

1）由于输出电压 u_o 是一个有限值，开环电压放大倍数 $A_{uo} \to \infty$，故由式（5-3）可知

$$u_i = u_+ - u_- = \frac{u_o}{A_{uo}} \approx 0 \tag{5-5}$$

即

$$u_+ \approx u_- \tag{5-6}$$

两个输入端之间的电位近似相等，相当于短路，但并未真的短路，故称为"虚短路"，又称"虚短"。

2）由于 $u_i \approx 0$，又有理想运放的差模输入电阻 $r_{id} \to \infty$，所以理想运放的输入电流为零，即

$$i_+ = i_- \approx 0 \tag{5-7}$$

两个输入端之间相当于断路，但并没真的断路，故称为"虚断路"，简称"虚断"。

应当特别指出，"虚短"和"虚断"是非常重要的概念。对于运放工作在线性区的应用电路，如信号的运算电路，"虚短"和"虚断"是分析其输入信号和输出信号关系的两个基本依据。

（2）理想运放工作在饱和区的特点

理想运放处于开环或仅引正反馈时，稍有 u_i 就进入饱和区，或称非线性区，此时

$$\begin{aligned} &当 u_+ > u_- 时，u_o = +U_{om} \\ &当 u_+ < -u_- 时，u_o = -U_{om} \end{aligned} \tag{5-8}$$

运放工作在饱和区的特点，在信号的转换和非正弦波发生电路等方面广泛使用。

思 考 题

5-1-1　什么是理想运算放大器？理想运算放大器工作在线性区时的两条分析依据是什么？

5-1-2　理想运算放大器在饱和区时有何特点？

5.2　放大电路中的反馈

如上所述，集成运放需引入负反馈才能工作在线性区，因此在讨论集成运放的应用之前，先介绍一下放大电路中反馈的一些知识。电子电路中，反馈的应用是极为普遍的。按照反馈的极性，可以把反馈分为正反馈和负反馈，正、负反馈在电子电路中所起的作用不同。在所有实用的放大电路中都要适当地引入负反馈，用以改善放大电路的一些性能指标。正反馈会造成放大电路的工作不稳定，但在波形产生中则要引入正反馈。

5.2.1　反馈的基本概念

1. 什么是反馈

所谓反馈，就是将放大电路输出回路中的输出信号（电压或电流）通过某一电路或元件，部分或全部地送回到输入回路中的措施。

带有反馈的电子电路框图如图5-7所示，在正弦信号作用下，$\dot{X}_i$、$\dot{X}_f$、$\dot{X}_o$ 分别表示输入

信号、反馈信号和输出信号的相量，$\dot{X}_\mathrm{d}$为输入信号与反馈信号叠加后的净输入信号的相量，它们代表电压或电流。图中上框表示基本放大电路，下框为反馈网络。

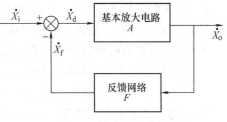

图 5-7　反馈放大电路框图

引入反馈后，基本放大电路和反馈网络构成一个闭合环路，称为闭环放大电路，无反馈时称为开环放大电路。

2. 反馈的分类

（1）正反馈和负反馈

按反馈极性可把反馈分为正反馈和负反馈两种。如果反馈信号与输入信号作用相同，使净输入信号增大，这种反馈称为正反馈。如果反馈信号与输入信号作用相反，使净输入信号减小，这种反馈称为负反馈。可见，电路中引入负反馈后，其放大倍数要降低；反之，电路若引入正反馈后，其放大倍数会升高。

（2）直流反馈和交流反馈

直流反馈是指直流通路中存在的反馈，交流反馈是指交流通路中存在的反馈。如果反馈既存在于直流通路中，又存在于交流通路中，则为交直流反馈。直流负反馈主要用于稳定放大电路的静态工作点，如第 4 章中静态工作点稳定电路，R_E引回的负反馈。而引入交流负反馈是为了改善放大电路的动态性能，本节主要研究交流负反馈。

（3）串联反馈和并联反馈

按反馈电路在放大电路输入端的连接方式可分为串联反馈和并联反馈。若反馈到输入端的信号以电压形式与输入信号叠加，则为串联反馈。若反馈到输入端的信号以电流形式与输入信号叠加，则为并联反馈。

（4）电压反馈和电流反馈

按反馈信号的取样可分为电压反馈和电流反馈。如果反馈信号取自输出电压，与输出电压成比例，这种反馈称为电压反馈。如果反馈信号取自输出电流，与输出电流成比例，这种反馈称为电流反馈。

由以上分类不难看出，对于交流负反馈，有四种组态，分别为

1）电压串联负反馈。

2）电流串联负反馈。

3）电压并联负反馈。

4）电流并联负反馈。

5.2.2　反馈的判断

1. 有无反馈的判断——找联系

判断方法就是找联系：若放大电路中存在将输出回路与输入回路相连接的反馈通路，并由此影响放大电路的净输入量，则表明电路引入了反馈；否则电路中便没有反馈。

2. 正、负反馈的判断——瞬时极性法

判断正、负反馈通常采用瞬时极性法，具体方法如下：

1）首先假设输入信号某一瞬时极性为正，设接"地"点的电位为零，电路中某点的瞬时电位高于零电位者，则该点的瞬时极性为正（用⊕表示），反之为负（用⊖表示）。

2）由输入信号的瞬时极性，再根据不同组态放大电路中输出信号与输入信号的相位关系，逐步推断出各有关点的瞬时极性，最终确定出输出信号和反馈信号的瞬时极性。

3）如果反馈信号使净输入信号增强，则为正反馈，反之则为负反馈。

3. 串联、并联反馈的判断——看输入端

从放大电路的输入端看，如果反馈信号与输入信号接在放大电路的同一输入端上，反馈量与输入量以电流方式相叠加，则为并联反馈；如果反馈信号与输入信号分别接在放大电路的两个输入端上，以电压方式相叠加，则为串联反馈。

4. 电压、电流反馈的判断——看输出端（短路法）

判断是电压反馈还是电流反馈，通常采用短路法：令放大电路的输出电压为零，即将输出端短路，如果反馈信号消失，则为电压反馈，否则为电流反馈。

【例 5-1】　试判断图 5-8 所示各电路中反馈的极性和组态。

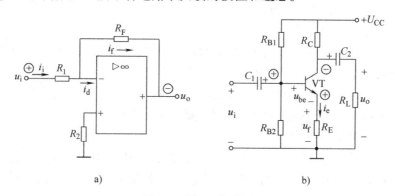

a)　　　　　　　　　　　　　　　　b)

图 5-8　例 5-1 电路图

解：首先用瞬时极性法判断是正反馈还是负反馈。若是负反馈，再判断负反馈的具体类型。

对于图 5-8a 所示电路，根据瞬时极性法，设输入的瞬时极性为⊕，因其输出电压反相，其瞬时值为⊖，于是流过反馈电阻 R_F 的反馈电流的方向如图所示，则

$$i_d = i_i - i_f$$

可见，反馈电流削弱了输入电流的作用，使净输入电流减小，因此为负反馈。

看输出：假设输出电压为零，则反馈信号消失，因此属于电压反馈。

看输入：反馈信号与输入信号都加在运放反相输入端，以电流方式相叠加，因此为并联反馈。综上所述，该电路存在电压并联负反馈。

图 5-8b 所示电路是分压式偏置放大电路，R_E 是反馈电阻。设输入端基极瞬时极性为⊕，则发射极瞬时极性为⊕，R_E 上的压降极性如图所示，则

$$u_{be} = u_i - u_f$$

可见，净输入电压减小，因此是负反馈。

看输出：假设输出电压为零，反馈信号依然存在，因此为电流反馈。

看输入：反馈信号与输入信号分别接在放大电路的基极和发射极，以电压的形式相叠

加，因此属于串联反馈。综上所述，R_E 引进的反馈为电流串联负反馈。

5.2.3　负反馈放大电路的一般表达式

如图 5-7 所示，基本放大电路的放大倍数 A 为

$$A = \frac{\dot{X}_o}{\dot{X}_d} \tag{5-9}$$

引入反馈后，闭环放大倍数 A_f 的表达式为

$$A_f = \frac{\dot{X}_o}{\dot{X}_i} \tag{5-10}$$

反馈网络的反馈系数 F 的表达式为

$$F = \frac{\dot{X}_f}{\dot{X}_o} \tag{5-11}$$

根据式（5-9）~式（5-11），可得

$$A_f = \frac{\dot{X}_o}{\dot{X}_i} = \frac{\dot{X}_o}{\dot{X}_d + \dot{X}_f} = \frac{A\dot{X}_d}{\dot{X}_d + AF\dot{X}_d} \tag{5-12}$$

由此得到负反馈放大电路的一般表达式为

$$A_f = \frac{A}{1+AF} \tag{5-13}$$

若放大电路和反馈网络无附加的相位移，则在中频段可以认为都是实数。由式（5-13）可以看出，引入负反馈后，放大电路的放大倍数下降到原来的 $1/(1+AF)$ 倍。式中的 $1+AF$ 称为反馈深度，用于表征负反馈的深浅程度。显然 $1+AF$ 越大，反馈就越深，若电路引入深度负反馈，即 $1+AF \gg 1$，则

$$A_f \approx \frac{1}{F} \tag{5-14}$$

式（5-14）表明放大倍数几乎仅仅取决于反馈网络，而与基本放大电路无关。由于反馈网络常为无源网络，受环境温度的影响极小，因而放大倍数具有很高的稳定性。大多数负反馈放大电路，特别是用集成运放组成的负反馈放大电路，一般均满足 $1+AF \gg 1$ 的条件，因而在近似分析中均可认为 $A_f \approx 1/F$，而不必求出 A，当然也就不必定量分析基本放大电路了。

5.2.4　负反馈对放大电路性能的影响

在放大电路中引入负反馈后，虽然放大倍数降低了，但在很多方面改善了放大电路的工作性能。

1. 负反馈提高放大倍数稳定性

在放大电路中，由于电源电压的波动、元器件参数的变化，特别是环境温度的变化，都会引起输出电压的变化，从而造成放大倍数不稳定。在放大电路中引入负反馈，可以大大减

小这些因素对放大倍数的影响，从而使放大倍数得到稳定。

由式（5-13）计算可得

$$\frac{\mathrm{d}A_\mathrm{f}}{A_\mathrm{f}} = \frac{1}{1+AF}\frac{\mathrm{d}A}{A} \tag{5-15}$$

式（5-15）表明，负反馈放大电路放大倍数 A_f 的相对变化量 $\mathrm{d}A_\mathrm{f}/A_\mathrm{f}$ 仅为其基本放大电路放大倍数 A 的相对变化量 $\mathrm{d}A/A$ 的 $1/(1+AF)$，也就是说，A_f 的稳定性是 A 的 $(1+AF)$ 倍。

例如，当 A 变化 10% 时，若 $1+AF=100$，则 A_f 仅变化 0.1%。

2. 负反馈展宽了通频带

放大电路的频率特性如图 5-9 所示。无负反馈时放大电路的幅频特性及通频带如图中上面曲线所示，有负反馈后，放大倍数由 $|A|$ 降至 $|A_\mathrm{f}|$，幅频特性变为下面的曲线。由于放大倍数稳定性的提高，在低频段和高频段的电压放大倍数下降程度减小，使得下限频率和上限频率由原来的 f_1 和 f_2 变成了 f_3 和 f_4，从而使通频带由 B_o 加宽到了 B_f。

3. 负反馈改善了非线性失真

我们知道，当晶体管工作进入饱和区和截止区时会引起非线性失真。放大电路引入负反馈后，与输出信号成比例的反馈信号在输入回路中和输入信号叠加后使净输入信号波形和输出波形的形状正好相反，从而经放大后在一定程度上补偿了输出信号的失真，具体可参见图 5-10。

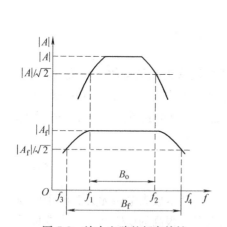

图 5-9　放大电路的频率特性

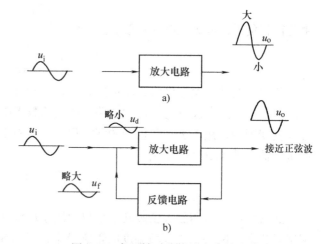

图 5-10　负反馈对非线性失真的改善

4. 负反馈稳定了输出电压或输出电流

电压负反馈具有稳定输出电压的作用，其原理如下：

$$U_\mathrm{o}\uparrow \rightarrow X_\mathrm{f}\uparrow \rightarrow X_\mathrm{d}\downarrow \rightarrow U_\mathrm{o}\downarrow$$

同理，电流负反馈具有稳定输出电流的作用。

5. 负反馈改变了输入电阻和输出电阻

负反馈对放大电路输入电阻和输出电阻的影响与反馈的方式有关。

串联负反馈使输入电阻 r_if 增加；并联负反馈使输入电阻 r_if 减小。

电压负反馈使输出电阻 r_o 减小；电流负反馈使输出电阻 r_o 增加。

思 考 题

5-2-1　为了分别实现：（1）稳定输出电压；（2）稳定输出电流；（3）提高输入电阻；（4）降低输出电阻，应分别引入哪种类型的负反馈？

5.3　基本运算电路

集成运放引入深度负反馈后，便可以进行信号的比例、加减、微分、积分、对数、反对数以及乘除等多种运算，这是它线性应用的一部分。下面介绍其中的几种基本运算，通过这一部分的分析可以看到，其输出电压与输入电压之间的关系只与外接电路的参数有关，而与集成运放本身的参数无关。

5.3.1　比例运算电路

1. 反相比例运算电路

输入信号从运算放大器的反相输入端引入的运算称为反相运算。

图 5-11 所示为反相比例运算电路。输入信号 u_i 经电阻 R_1 送到运算放大器的反相输入端，同相输入端通过电阻 R_2 接"地"，反馈电阻 R_F 跨接在输出端和反相输入端之间，由于引入的反馈使净输入信号被削弱，因此引入的是负反馈。

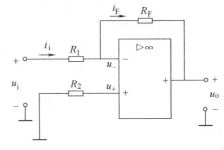

图 5-11　反相比例运算电路

根据运算放大器工作在线性区时"虚短"和"虚断"的两条分析依据，可得

$$i_1 \approx i_F, \ u_- \approx u_+ = 0$$

反相输入端虽然未直接接地，但其电位却为零，这种情况称为"虚地"。

由图 5-11 可列出

$$i_i = \frac{u_i - u_-}{R_1}, \ i_F = \frac{u_- - u_o}{R_F}$$

由此得出

$$\frac{u_i}{R_1} = -\frac{u_o}{R_F}$$

即

$$u_o = -\frac{R_F}{R_1} u_i \tag{5-16}$$

则闭环电压放大倍数为

$$A_{uf} = \frac{u_o}{u_i} = -\frac{R_F}{R_1} \tag{5-17}$$

由式（5-17）可知，输出电压的大小与输入电压的大小成比例变化，或者说是比例运算关系，输入电压通过该电路成比例地得到了放大，比值与运放本身的参数无关，只取决于外接 R_1 和 R_F 的大小。式（5-16）中的负号表明输出电压与输入电压的相位相反，此种运算关系简称为反相比例运算。

图 5-11 中的电阻 R_2 称为平衡电阻,其作用是保持运放输入级电路的对称性。因为运放的输入级为差分放大电路,它要求两边电路的参数对称,以保持电路的静态平衡。为此,静态时运放"−"端和"+"端的对地等效电阻应该相等。由于静态时,$u_i = 0$,$u_o = 0$,R_1 和 R_F 相当于一端接地,故运放的"−"端对地电阻为 R_1 和 R_F 的并联等效电阻,"+"端的对地电阻为 R_2,所以取 $R_2 = R_1 // R_F$。

当 $R_1 = R_F$ 时,则由式(5-16)和式(5-17)可得

$$u_o = -u_i \tag{5-18}$$

$$A_{uf} = \frac{u_o}{u_i} = -1 \tag{5-19}$$

称此种运算电路为反相器。

2. 同相比例运算

输入信号从同相输入端引入的运算称为同相运算。图 5-12 所示是同相比例运算电路。同样,根据理想运算放大器工作在线性区时的分析依据,可得

$$i_i \approx i_F, \quad u_- \approx u_+$$

由图 5-12 可列出

$$i_i = -\frac{u_-}{R_1} = -\frac{u_+}{R_1}, \quad i_F = -\frac{u_o - u_+}{R_F}$$

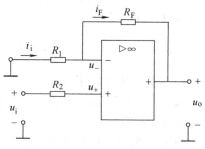

图 5-12　同相比例运算电路

所以有

$$u_o = \left(1 + \frac{R_F}{R_1}\right) u_+ \tag{5-20}$$

因为
$$u_+ = u_i$$
所以

$$u_o = \left(1 + \frac{R_F}{R_1}\right) u_i \tag{5-21}$$

则闭环电压放大倍数为

$$A_{uf} = \frac{u_o}{u_i} = 1 + \frac{R_F}{R} \tag{5-22}$$

可见,u_o 与 u_i 的比例关系仍然与运算放大器本身的参数无关,运算精度和稳定性都很高。式(5-22)中 A_{uf} 为正值,表示输出电压与输入电压同相位,并且电压放大倍数 A_{uf} 总是大于或等于1,不会小于1,这与反相比例运算不同。

当 $R_1 = \infty$(断开)或 $R_F = 0$ 时,由式(5-21)及式(5-22)可得

$$u_o = u_i \tag{5-23}$$

$$A_{uf} = \frac{u_o}{u_i} = 1 \tag{5-24}$$

称此种运算电路为电压跟随器。电压跟随器虽然放大倍数只为1,但放大电路的输入电阻趋于无穷大,且输出电阻很小,可以提高带负载能力。

【例 5-2】 试计算图 5-13 中 u_o 的值。

解:在图 5-13 中,$R_1 = \infty$,$R_F = 7.5\text{k}\Omega$,所以 $A_{uf} = 1$,该运算电路是一电压跟随器,+15V 电源经两个 15kΩ

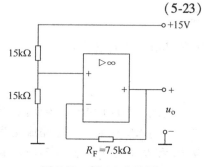

图 5-13　例 5-2 电路图

的电阻分压后在同相输入端得到 7.5V 的输入电压，即 $u_i = 7.5V$，所以有 $u_o = u_i = 7.5V$。

由本例可知，如图 5-13 构成的电压跟随器，输出电压只与电源电压和分压电阻有关，其精度和稳定性较高，可作为基准电压使用。

5.3.2 加法运算电路

如果在反相输入端增加若干输入电路，则构成反相加法运算电路，如图 5-14 所示。根据运算放大器工作在线性区时的两条分析依据

$$i_1 + i_2 \approx i_F, \quad u_- \approx u_+ = 0$$

可列出

$$i_1 = \frac{u_{i1}}{R_1}, \quad i_2 = \frac{u_{i2}}{R_2}, \quad i_F = -\frac{u_o}{R_F}$$

所以有

$$u_o = -\left(\frac{R_F}{R_1} u_{i1} + \frac{R_F}{R_2} u_{i2} \right) \tag{5-25}$$

当 $R_2 = R_1$ 时，则式（5-25）为

$$u_o = -\frac{R_F}{R_1} (u_{i1} + u_{i2}) \tag{5-26}$$

当 $R_F = R_1$ 时，有

$$u_o = -(u_{i1} + u_{i2}) \tag{5-27}$$

以上推导也可以根据叠加定理直接写出输出电压 u_o 的表达式，请读者自行练习。

由上可见，加法运算电路也与运算放大器本身的参数无关，只要外接电阻阻值足够精确，就可保证加法运算的精度和稳定性。

平衡电阻 $R_3 = R_1 / / R_2 / / R_F$。

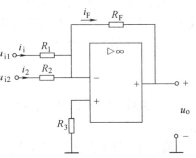

图 5-14 反相加法运算电路

5.3.3 减法运算电路

如果运算放大器为差分输入，此时实现的运算称为差分运算，减法运算是差分运算的特例。差分运算在测量和控制系统中应用较多，其运算电路如图 5-15 所示，其输出与输入关系根据叠加定理和比例运算电路的结论得到。

当 u_{i1} 单独作用时，电路实现反相比例运算，即

$$u_o' = -\frac{R_F}{R_1} u_{i1}$$

当 u_{i2} 单独作用时，电路实现同相比例运算，即

$$u_o'' = \left(1 + \frac{R_F}{R_1} \right) u_+$$

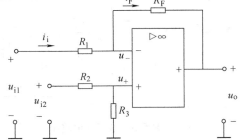

图 5-15 差分减法运算电路

由于"虚断"，$u_+ = \dfrac{R_3}{R_2+R_3} u_{i2}$，所以

$$u_o'' = \left(1+\frac{R_F}{R_1}\right) \frac{R_3}{R_2+R_3} u_{i2}$$

最后输出为分别作用的叠加，即

$$u_o = u_o' + u_o'' = -\frac{R_F}{R_1} u_{i1} + \left(1+\frac{R_F}{R_1}\right) \frac{R_3}{R_2+R_3} u_{i2} \qquad (5\text{-}28)$$

式（5-28）也可根据运算放大器工作在线性区时的两个分析依据推出，请自行练习。

若取 $R_2 = R_1$，$R_3 = R_F$，则式（5-28）为

$$u_o = \frac{R_F}{R_1}(u_{i2} - u_{i1}) \qquad (5\text{-}29)$$

再取 $R_1 = R_F$，则

$$u_o = u_{i2} - u_{i1} \qquad (5\text{-}30)$$

由式（5-29）和式（5-30）可见，在一定条件下，输出电压 u_o 与两个输入电压的差值成正比，所以差分运算电路可以进行减法运算。

由式（5-29）可得出 $R_2 = R_1$，$R_3 = R_F$ 时的电压放大倍数为

$$A_{uf} = \frac{u_o}{u_{i2} - u_{i1}} = \frac{R_F}{R_1} \qquad (5\text{-}31)$$

【例 5-3】 图 5-16 为两级集成运放组成的电路，已知 $u_{i1} = 0.1\text{V}$，$u_{i2} = 0.2\text{V}$，$u_{i3} = 0.3\text{V}$，求 u_o。

解：第一级为加法运算电路，第二级为减法运算电路。

第一级输出：$u_{o1} = -(u_{i1} + u_{i2})$

第二级输出：$u_o = u_{i3} - u_{o1} = u_{i1} + u_{i2} + u_{i3} = (0.1 + 0.2 + 0.3)\text{V} = 0.6\text{V}$

可见，加法与减法运算电路级联后所组成的电路仍然是一个加法运算电路。

5.3.4　积分运算电路

积分运算电路如图 5-17 所示。由于 $i_i \approx i_F$，$u_- \approx u_+ = 0$，故

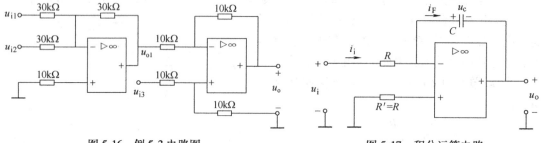

图 5-16　例 5-3 电路图　　　　　　图 5-17　积分运算电路

$$i_i = \frac{u_i}{R} = i_F$$

因为
$$u_o = -u_c = -\frac{1}{C} \int i_F \mathrm{d}t \qquad (5\text{-}32)$$

所以

$$u_o = -\frac{1}{RC}\int u_i dt \tag{5-33}$$

由式（5-33）可以看出，输出电压 u_o 与输入电压 u_i 的积分成比例，式中的负号表示 u_o 与 u_i 相位相反。RC 称为积分时间常数。

例如当 u_i 为如图 5-18a 所示的阶跃电压时，若电容的初始电压为 0，则根据式（5-33）得

$$u_o = -\frac{U_i}{RC}t$$

其输出波形如图 5-18b 所示，输出电压最后达到负饱和值 $-U_{OM}$。

5.3.5　微分运算电路

微分运算是积分运算的逆运算，将积分运算电路中反相输入端的电阻和反馈电容调换位置，就成为微分运算电路，如图 5-19 所示。由图 5-19 可列出

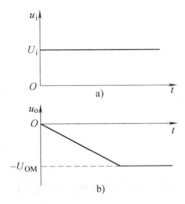

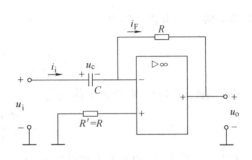

图 5-18　积分运算电路的阶跃响应　　　　　　图 5-19　微分运算电路

$$i_i = C\frac{du_c}{dt} = C\frac{du_i}{dt} \tag{5-34}$$

$$u_o = -Ri_F = -Ri_i$$

故

$$u_o = -RC\frac{du_i}{dt} \tag{5-35}$$

即输出电压 u_o 与输入电压 u_i 的微分成比例，且输出与输入相位相反。

5.3.6　运算电路应用实例

1. 仪用放大器

在自动控制和非电量的测量系统中常用传感器将各种非电量转换成电压信号，这种信号非常微弱。要将这些微弱信号放大通常采用图 5-20 所示的仪用放大器。仪用放大器是常见的一种运算电路，具有很高的输入电阻和较强的抗干扰能力。仪用放大器为两级放大，第一

级由 A_1 和 A_2 组成，A_1 和 A_2 结构对称、元件对称，具有差分放大电路的特点，可以抑制零漂。A_1 和 A_2 都采用了同相输入，输入电阻高。第二级由 A_3 组成，A_3 采用了差分输入方式，很好地完成了双端输入到单端输出的转换。

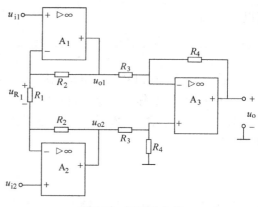

图 5-20　仪用放大器

从图5-20中可以看出，由 A_1 和 A_2 "虚短"得到

$$u_{R_1} = u_{i1} - u_{i2} \qquad (5\text{-}36)$$

由 A_1 和 A_2 "虚断"得到 R_1、R_2 上电流相等，则

$$\frac{u_{o1}-u_{o2}}{2R_2+R_1} = \frac{u_{i1}-u_{i2}}{R_1}$$

所以

$$u_{o1}-u_{o2} = \frac{2R_2+R_1}{R_1}(u_{i1}-u_{i2}) \qquad (5\text{-}37)$$

A_3 为差分输入，由式（5-29）得 $u_o = \frac{R_4}{R_3}(u_{o2}-u_{o1})$，所以

$$u_o = -\frac{R_4}{R_3}\left(1+\frac{2R_2}{R_1}\right)(u_{i1}-u_{i2}) \qquad (5\text{-}38)$$

该仪用放大器的总电压放大倍数为

$$A_u = -\frac{R_4}{R_3}\left(1+\frac{2R_2}{R_1}\right) \qquad (5\text{-}39)$$

可见，改变 R_1 可调节放大倍数的大小。仪用放大器又称数据放大器或测量放大器等。

2. 电压-电流转换器

在工程应用中，为抗干扰、提高测量精度或满足特定要求等，常常需要进行电压信号与电流信号之间的转换，如图5-21所示电路为电压-电流转换电路。根据"虚断"和"虚短"可知

$$u_- \approx u_+ = u_s, \quad i_1 \approx i_o$$

所以

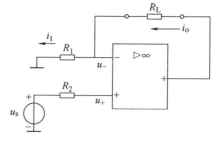

图 5-21　电压-电流转换器

$$i_o = \frac{u_- - 0}{R_1} = \frac{u_s}{R_1} \qquad (5\text{-}40)$$

式（5-40）表明，该电路中输出电路与输入电压成正比，而与负载电阻 R_L 无关，从而将恒压源转化成恒流源输出。

思 考 题

5-3-1　什么叫"虚地"？在图5-11中，反相输入端既然电位接近零，能否直接接地呢？

5-3-2　试绘制图5-11和图5-12两个电路的电压传输特性，并理解为什么要引入深度负反馈？

5-3-3　试根据运算放大器工作在线性区时的两个分析依据推出式（5-28）。

5.4　电压比较器

电压比较器的基本功能是对两个输入电压的大小进行比较，在输出端显示出比较的结果。绝大多数电压比较器是用集成运放不加反馈或加正反馈来实现的，工作于电压传输特性的饱和区，所以属于集成运放的非线性应用。电压比较器常用作模拟电路和数字电路的接口电路，在测量、通信和波形变换等方面应用广泛。

集成运放工作在非线性区，"虚短"不成立，但因为理想运放的差模输入电阻无穷大，故净输入电流仍为零，即有 $i_+ = i_- = 0$。输出电阻也为零。

分析电压比较器，注意掌握以下要素：

1）确定输出电压高电平 U_{OH} 和输出电压低电平 U_{OL}。

2）确定门限电压（或称阈值电压）U_T。U_T 即为 u_o 从 U_{OH} 跃变到 U_{OL} 或从 U_{OL} 跃变到 U_{OH}，所对应输入的电压 u_i。发生跃变时有 $u_- = u_+$。

3）当 u_i 变化且经过 U_T 时，确定 u_o 跃变的方向，即是从 U_{OH} 跃变为 U_{OL}，还是从 U_{OL} 跃变为 U_{OH}。

5.4.1　单限电压比较器

只要将集成运放的反相输入端和同相输入端中的任何一端加上输入信号电压 u_i，另一端加上固定的参考电压 U_R（也称为比较电压），就成了单限电压比较器。反相输入单限电压比较器电路如图 5-22a 所示。若取 $u_- = u_i$，$u_+ = U_R$，则门限电压 $U_T = U_R$，即输入信号与 U_R 比较：

$$当\ u_i > U_R\ 时，u_o = -U_{om}$$
$$当\ u_i < U_R\ 时，u_o = +U_{om}$$

(5-41)

其电压传输特性如图 5-22b 所示。

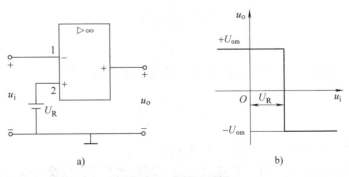

图 5-22　单限比较器

a）电路　b）电压传输特性

若比较电压 $U_R = 0$ 时，称为过零比较器。此时，若输入电压 u_i 为正弦波，输出电压 u_o 的波形将如图 5-23 所示，是与 u_i 同频率的方波。

若比较电压 U_R 为一正值时，若 u_i 为幅值大于 U_R 的正弦波，则输出电压的波形如图 5-24 所示，是与 u_i 同频率但正、负半周宽度不相等的矩形波，显然改变 U_R 的数值，可以改变其正、负半周宽度的比例。

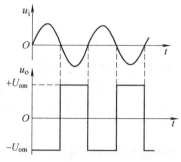

图 5-23　过零比较器波形变换应用

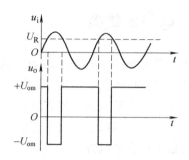

图 5-24　单限比较器波形变换应用

5.4.2　迟滞电压比较器

为了提高电压比较器的抗干扰能力，通常将电压比较器的输出信号反馈到运放同相输入端形成正反馈，组成迟滞电压比较器，也称为滞回电压比较器。图 5-25 所示就是一个反相输入的迟滞电压比较器，下面分析它的工作原理。

在实用电路中为了满足负载的需要，常在集成运放的输出端加稳压管限幅电路，如图 5-25 采用两只特性相同而又制作在一起的稳压管 VS，从而获得合适的 U_{OH} 和

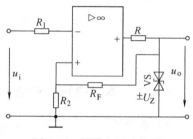

图 5-25　迟滞电压比较器

U_{OL}，R 为限流电阻。两只稳压管的稳定电压均应小于集成运放的最大输出电压 U_{OM}。设稳压管的稳定电压为 U_Z，忽略稳压管正向导通电压，则输出为 $\pm U_Z$。

图中 R_2 和 R_F 构成正反馈电路作用于同相端，同相输入端电压为反馈电压，即

$$u_+ = \frac{R_2}{R_2 + R_F} u_o \qquad (5\text{-}42)$$

其中
$$u_o = \pm U_Z$$

反相输入端 $u_- = u_i$，令 $u_- = u_+$，求出的 u_i 就是门限电压，即

$$\pm U_T = \pm \frac{R_2}{R_2 + R_F} U_Z \qquad (5\text{-}43)$$

上门限电压为 $U_{RH} = +U_T$，下门限电压为 $U_{RL} = -U_T$。

输出电压在输入电压 u_i 等于门限电压时是如何变化的呢？假设 $u_i < U_{RL}$，那么 u_- 一定小于 u_+，因而 $u_o = +U_Z$，所以 $u_+ = U_{RH}$。只有当输入电压 u_i 增加到 U_{RH}，再增大一个无穷小量时，输出电压 u_o 才会从 $+U_Z$ 变为 $-U_Z$。同理，假设 $u_i > U_{RH}$，那么 u_- 一定大于 u_+，因而 $u_o = -U_Z$，所以 $u_+ = U_{RL}$。只有当输入电压 u_i 减小到 U_{RL}，再减小一个无穷小量时，输出电压 u_o 才会从 $-U_Z$ 变为 $+U_Z$。可见，u_o 从 $+U_Z$ 跃变为 $-U_Z$ 和从 $-U_Z$ 跃变为 $+U_Z$ 的门限电压是不同的，电压传输特性如图 5-26 所示。

显然，它和单限电压比较器的传输特性不同。由于通过正反馈使 u_o 影响了同相端电位

的大小，因此在 u_i 从大到小变化和 u_i 从小到大变化时，分别对应两个不同门限电压，传输特性形成了迟滞回线。另外，由于正反馈加速了翻转过程，使传输特性更加接近理想化。

【例 5-4】　图 5-25 电路中，元件参数为 $R_1 = 10\text{k}\Omega$，$R = 1\text{k}\Omega$，$R_2 = R_F = 20\text{k}\Omega$，稳压管稳定电压 $\pm U_Z$ 为 $\pm 10\text{V}$，输入信号的波形如图 5-27a 所示，试画出其传输特性和相应于输入波形的输出电压波形 u_o。

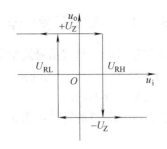

图 5-26　迟滞电压比较器传输特性

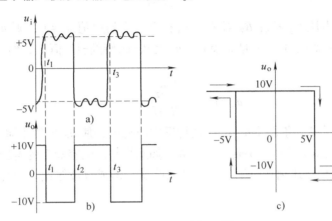

图 5-27　例 5-4 图

解： 由式（5-43）可知上下门限电压为

$$U_{RH} = \frac{R_2}{R_2 + R_F} U_Z = \frac{20}{20+20} \times 10\text{V} = 5\text{V}$$

$$U_{RL} = -\frac{R_2}{R_2 + R_F} U_Z = \frac{20}{20+20} \times (-10)\text{V} = -5\text{V}$$

电压传输特性如图 5-27c 所示。按图 5-27a 即可画出对应于 u_i 的 u_o 波形如图 5-27b 所示。

由例 5-4 可以看出，图 5-25 所示过零迟滞比较器相比于单限电压比较器其抗干扰能力明显提高。由于其抗干扰能力强，因此在实际中应用广泛。

思　考　题

5-4-1　在图 5-22 所示电路中，若 U_R 为一负值，传输特性如何？如果将 u_i 和 U_R 所连接的端子互换，电压传输特性又如何？

5-4-2　在图 5-25 所示电路中，若 R_2 端通过一参考电压 U_R（正值）接地，电压传输特性如何？

5.5　信号发生器

在模拟电子电路中，常常需要各种波形的信号，作为测试信号或控制信号等，它们是不需要外接输入信号就有稳定输出的信号源。本节将介绍方波、三角波非正弦信号发生电路和 RC 正弦波发生电路的组成和基本工作原理。

5.5.1 方波信号发生器

方波信号和三角波信号发生器是迟滞电压比较器的应用。

图 5-25 所示的迟滞比较器与 $R_F C$ 充放电回路构成了图 5-28 所示的方波信号发生器。下面分析它的工作原理。

由迟滞比较器的特性可知 u_o 的输出为 $\pm U_Z$。设 $u_o = U_Z$，这时运放同相端的电位为

$$u_+ = U_{RH} = \frac{R_2}{R_1 + R_2} U_Z \tag{5-44}$$

同时，u_o 的输出电压 U_Z 通过 R_F 对 C 进行充电，设初始值 $u_C = 0$，则 u_C 将逐渐增大。在 $u_C < u_+$ 时，u_o 一直保持 U_Z 值，一旦 $u_C \geq u_+$，u_o 就从 $+U_Z$ 转到 $-U_Z$ 值。此刻，运放同相端的电位也发生了变化。

$$u_+ = U_{RL} = -\frac{R_2}{R_1 + R_2} U_Z \tag{5-45}$$

这时输出端的电压 $-U_Z$ 将通过 R_F 对 C 进行反方向充电，使 u_C 电压下降。当 u_C 下降到 $u_C \leq u_+$ 时，运放输出电压又从 $-U_Z$ 翻转到 $+U_Z$ 值。如此往复，电容器上的电压 u_C 则在 U_{RH} 和 U_{RL} 之间变化，运放输出电压则在 $+U_Z$ 到 $-U_Z$ 之间跳变，形成方波输出，具体波形如图 5-29 所示。

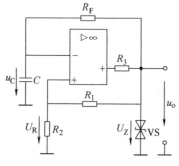

图 5-28　方波信号发生器

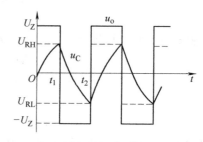

图 5-29　波形图

方波的幅值由稳压管稳压值决定，方波的频率由充、放电时间决定。由三要素法可以求出方波周期为

$$T = 2R_F C \ln\left(1 + \frac{2R_2}{R_1}\right) \tag{5-46}$$

5.5.2 三角波信号发生器

方波信号作为积分电路的输入就组成了图 5-30 所示的三角波信号发生器。比较器（运放 A_1）的输出 u_{o1} 是积分电路（运放 A_2）的输入信号。在该输入信号作用下，运放 A_2 的输出随时间直线上升或下降形成三角波。具体原理分析如下。

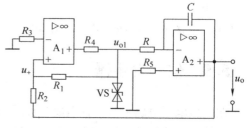

图 5-30　三角波信号发生器

由比较器特性可知，运放 A_1 的输出电压 $u_{o1} = \pm U_Z$，设 $u_{o1} = +U_Z$，则由积分电路的特性可知运放 A_2 的输出为

$$u_o = -\frac{1}{RC}\int u_{o1}\,\mathrm{d}t = -\frac{U_Z}{RC}t \tag{5-47}$$

式中，设积分电路中 u_c 的初始值为 0V。

式（5-47）表明 u_o 轨迹为过原点、斜率为负的一条直线。u_o 通过 R_2 反馈回比较器的同相端和 u_{o1} 共同控制同相端电位 u_+，u_+ 的值为

$$u_+ = \frac{R_2}{R_1+R_2}u_{o1} + \frac{R_1}{R_1+R_2}u_o = \frac{R_2}{R_1+R_2}U_Z + \frac{R_1}{R_1+R_2}u_o \tag{5-48}$$

随着时间的增长 u_o 的值不断减小，u_+ 的值由正变负。当 $u_o = -\dfrac{R_2}{R_1}U_Z$ 时，$u_+ = 0$。当 $u_o \leqslant -\dfrac{R_2}{R_1}U_Z$，即 $u_+ \leqslant 0$ 时，比较器的 u_{o1} 从 $+U_Z$ 转到 $-U_Z$。$-U_Z$ 的电压加在积分电路的输入端，使 A_2 的 u_o 在原来负值的基础上以正斜率 U_Z/RC 上升，形成了斜率为正的直线。此时

$$u_+ = -\frac{R_2}{R_1+R_2}U_Z + \frac{R_1}{R_1+R_2}u_o \tag{5-49}$$

它将随着 u_o 的增加从负值向正值变化。当 $u_o \geqslant \dfrac{R_2}{R_1}U_Z$ 时，$u_+ \geqslant 0$，比较器的 u_{o1} 从 $-U_Z$ 转到 $+U_Z$。如此往复，u_{o1} 的正、负 U_Z 分别使 u_o 的斜率作正负不同变化，形成了三角波，同时 u_{o1} 为方波，具体波形如图 5-31 所示。

三角波的 u_o 变化范围由图 5-31 可知为 $\dfrac{R_2}{R_1}U_Z \rightarrow -\dfrac{R_2}{R_1}U_Z$。

三角波的峰峰值为 $2\dfrac{R_2}{R_1}U_Z$。

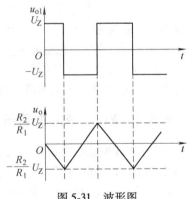

图 5-31　波形图

根据式（5-47）三角波的周期为

$$T = \frac{4R_2RC}{R_1} \tag{5-50}$$

当三角波的上升斜率小于下降斜率时，三角波就变成了锯齿波，方波变成矩形波。

5.5.3　正弦波信号发生器

1. 自激振荡

在图 5-32 所示的反馈放大电路中，要想在 $\dot{X}_i = 0$ 时仍有稳定输出信号 $\dot{X}_o$，必须满足

$$\dot{X}_f = \dot{X}_d \tag{5-51}$$

在输入端没有外接信号的情况下，输出端仍能维持一定频率、一定幅值正弦波输出的电路称为正弦信号发生器，这种现象称为放大电路的自激振荡。

2. 自激振荡条件

图 5-32 中，有

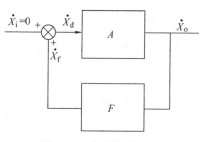

$$\dot{X}_f = \dot{X}_o F, \quad \dot{X}_d = \frac{\dot{X}_o}{A}$$

将它们代入式（5-51）得

$$AF = 1 \qquad (5\text{-}52)$$

式（5-52）就是电路产生自激振荡的条件。由于 $A = |A|\underline{/\varphi_A}$，$F = |F|\underline{/\varphi_F}$，所以式（5-52）实质上包含两个条件：

图 5-32   自激振荡框图

幅值平衡条件：$\qquad\qquad |AF| = 1 \qquad\qquad\qquad (5\text{-}53)$

相位平衡条件：$\qquad \varphi_A + \varphi_F = 2n\pi \quad (n = 0,\ 1,\ 2,\ \cdots) \qquad (5\text{-}54)$

3. 起振

振荡电路的起振条件是：电路中引入的反馈必须是正反馈，起振时 $|AF| > 1$。

当将振荡电路与电源接通时，在电路中激起一个微小的扰动信号，这就是起始信号。通过正反馈电路反馈到输入端。只要满足起振的条件，反馈信号经放大电路放大后就会有更大的输出。这样，经过反馈→放大→再反馈→再放大的多次循环过程，最后利用非线性元件使输出电压的幅度自动稳定在一个数值上，也就是自激振荡的建立过程是从 $|AF| > 1$ 到 $|AF| = 1$ 的变化过程。

起始信号往往是非正弦的，含有一系列不同频率的正弦分量，为了得到单一频率的正弦输出电压，正弦波振荡电路中除了放大电路和正反馈电路外，还必须有选频电路，就是从微小扰动信号的不同频率的正弦信号分量中，选出能满足自激振荡条件的某一个特定频率的信号。

上述分析可知，正弦信号发生器所必须具有的几个环节是：放大环节、正反馈环节、稳幅环节和选频网络。选频网络一般由 RC 电路或 LC 电路构成。

5.5.4 RC 正弦波振荡电路

RC 正弦波振荡电路也称为文氏电桥振荡电路，它的电路如图 5-33 所示。其中运算放大器是振荡器的放大环节。R_1、R_2、C_1、C_2 组成正反馈和选频网络，R_2、C_2 两端电压为反馈电压 u_f，u_f 是运算放大器的输入电压 u_i。运算放大器接成同相比例放大，放大倍数为

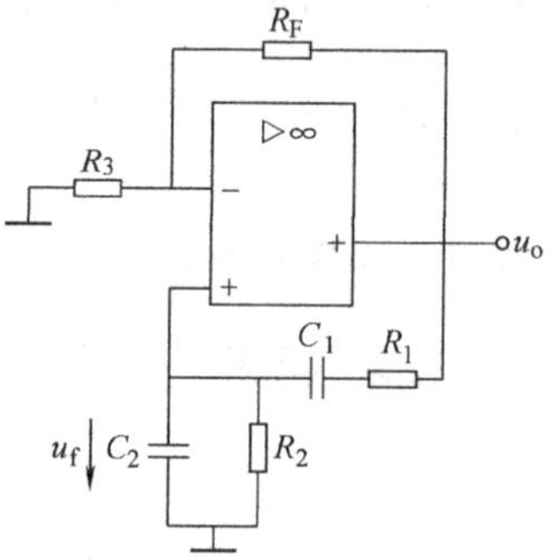

$$A_u = 1 + \frac{R_F}{R_3} \qquad (5\text{-}55)$$

图 5-33 RC 正弦波振荡电路

式（5-55）中 R_F 可以采用负温度系数的热敏电阻。随着输出电压幅值的增大，R_F 值变小，A_u 也降低，从而达到自动稳幅的目的。

该振荡器中由 R_1、R_2、C_1、C_2 组成的反馈网络反馈系数 F 为

$$F = \frac{\dot{U}_f}{\dot{U}_o} = \frac{R_2 // \dfrac{1}{j\omega C_2}}{R_2 // \dfrac{1}{j\omega C_2} + R_1 + \dfrac{1}{j\omega C_1}} = \frac{1}{\left(1 + \dfrac{R_1}{R_2} + \dfrac{C_2}{C_1}\right) + j\left(\omega R_1 C_2 - \dfrac{1}{\omega R_2 C_1}\right)}$$

由振荡条件可知，上式分母的虚部必须为零，此时频率设为 f_o，得

$$2\pi f_o R_1 C_2 = \frac{1}{2\pi f_o R_2 C_1}$$

整理得

$$f_o = \frac{1}{2\pi\sqrt{R_1 R_2 C_1 C_2}} \tag{5-56}$$

通常选 $R_1 = R_2 = R$，$C_1 = C_2 = C$，则

$$f_o = \frac{1}{2\pi RC} \tag{5-57}$$

f_o 即为正弦波振荡频率。

此时

$$F = 1/3 \tag{5-58}$$

由振荡器幅值平衡条件 $|AF| = 1$，可知振荡器在稳幅振荡时放大倍数 A_u 应为 3，所以由式（5-55）得

$$R_F = 2R_3 \tag{5-59}$$

若 R_F 用热敏电阻，在振荡过程中 R_F/R_3 的比值完成了从大于 2 到等于 2 的转变，从而以 f_o 频率稳定振荡。

低频范围（不超过 1MHz）内的正弦波通常用 RC 正弦波振荡器产生，要产生高频率的正弦波，则要用 LC 正弦波振荡器。

思 考 题

5-5-1 试推证图 5-29 所示电路的方波周期是 $T = 2R_F C \ln\left(1 + \frac{2R_2}{R_1}\right)$。

5-5-2 思考如何改动图 5-31 电路，使输出波形 u_{o1} 为矩形波，u_o 输出为锯齿波。

5.6 Multisim 仿真举例

5.6.1 积分电路仿真

积分电路的工作原理见 5.3.4 节，仿真电路如图 5-34 所示，其输出与输入之间的关系为 $u_o = -\frac{1}{R_1 C_1} \int u_i \mathrm{d}t$。

1. 波形变换——输入方波、输出三角波

若输入为方波，只要信号源和 RC 参数选择合适，输出即为三角波，可以实现波形变换。

将输入端接频率为 160Hz、峰峰值 U_{ipp} 为 2V 的方波，取 $R_1 = 10\mathrm{k}\Omega$，$C_1 = 0.1\mu\mathrm{F}$，其余参数如图 5-34 所示，仿真波形如图 5-35 所示。

2. 移相电路——输入正弦波、输出余弦波

对于图 5-34 所示电路，信号源参数不变，只是改变信号源波形为正弦波，对正弦积分。

输入信号 $u_i = U_m \sin\omega t$，电容器初始电压为 0，由式（5-33）得 $u_o = \frac{U_m}{R_1 C_1 \omega} \cos\omega t$。

若信号源频率为 160Hz，峰值 $U_m = 2\mathrm{V}$，计算得 $R_1 C_1 \omega \approx 1$，所以输出为幅值相同的余弦信号 $u_o = U_m \cos\omega t$，即输出幅值、频率与输入相同，相位超前输入 $90°$。输入输出仿真波形如图 5-36 所示。

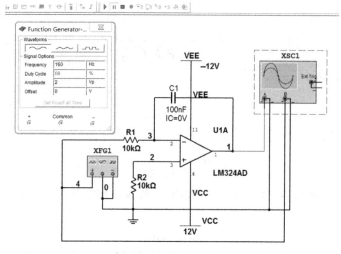

图 5-34　仿真电路

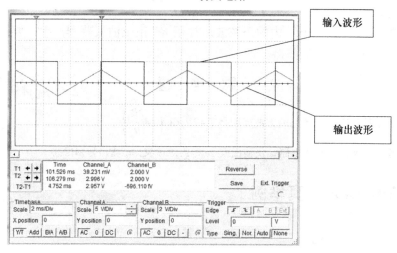

图 5-35　输入方波、输出三角波仿真波形

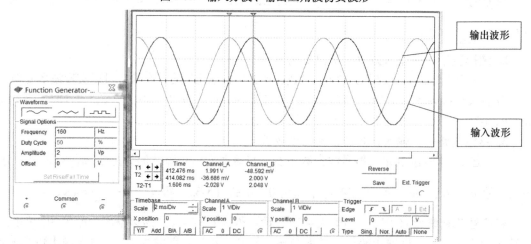

图 5-36　输入正弦波、输出余弦波仿真波形

由计算可以看出，输出信号的幅值与频率成反比，若频率减小，输出幅值增大，相位不变，仿真如图 5-37 所示；若频率增大，输出幅值变小，相位不变，仿真如图 5-38 所示。

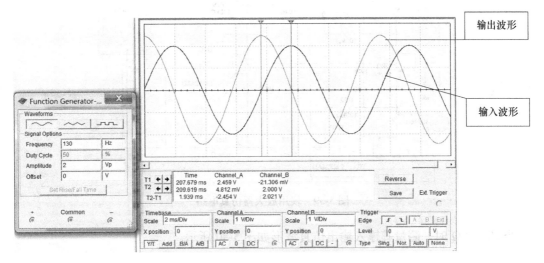

图 5-37　频率减小，输出余弦信号幅值增大

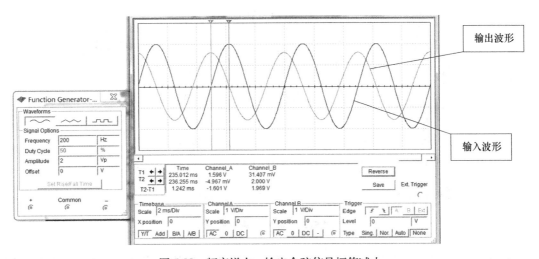

图 5-38　频率增大，输出余弦信号幅值减小

5.6.2　仪用放大器仿真

仪用放大器的原理见 5.3.6 节，其仿真电路如图 5-39 所示，取输入信号 $u_{i2} - u_{i1} = 0.2\text{mV}$，其输出与输入关系由式（5-38）得 $u_\text{o} = \dfrac{R_{41}}{R_{31}} \cdot \dfrac{2R_{21} + R_1}{R_1}(u_{i2} - u_{i1})$，其放大倍数为

$$A_\text{u} = \frac{R_{41}}{R_{31}} \cdot \frac{2R_{21} + R_1}{R_1}。$$

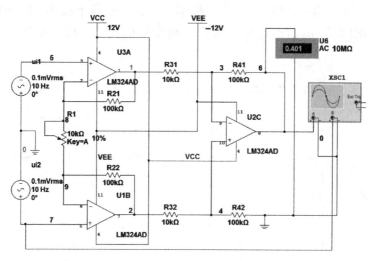

图 5-39 仪用放大器仿真电路

当 $R_1 = 1\text{k}\Omega$ 时，测量其输入输出仿真波形如图 5-40 所示。

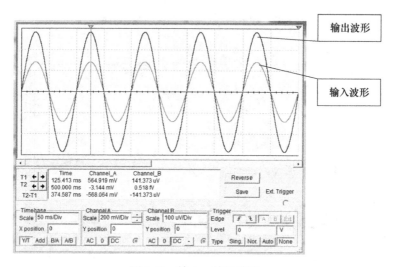

图 5-40 输入、输出波形

调节 R_1 可改变放大倍数，R_1 分别取 $1\text{k}\Omega$ 和 $5\text{k}\Omega$ 时，对放大倍数的影响见表 5-1，其测量结果与理论计算相一致。

表 5-1 R_1 变化对放大倍数的影响

调　节	测　　量		理　　论	
$R_1/\text{k}\Omega$	U_o/mV	$|A_u|$	U_o/V	$|A_u|$
1.0	401	2005	402	2010
5.0	82	410	82	410

本 章 小 结

1. 集成运算放大器是具有高开环电压放大倍数、高输入电阻和低输出电阻的多级直接耦合放大电路。理想情况下，$A_{uo} \to \infty$，$r_{id} \to \infty$，$r_o \to 0$。

2. 运算放大器在线性区工作时，要引入深度负反馈。基本运算电路分析依据有两条，即"虚短""虚断"，由此可以求出输入-输出关系，并可逐级推导多个运放组成的运算电路。

3. 运算放大器在饱和区工作时，通常开环或引入正反馈。电压比较器是运算放大器非线性应用，用于两个输入端电压比较。

4. 产生自激振荡必须引入正反馈，要有足够的反馈量。振荡要满足所需的振幅和相位平衡条件。

习　　题

5-1　负反馈放大电路的开环放大倍数 $A = 2000$，反馈电路的反馈系数 $F = 0.007$，求：（1）闭环放大倍数 A_f；（2）若 A 发生 $\pm 15\%$ 的变化，A_f 的相对变化范围为何值？

5-2　反相输入运放电路，若要求 $\left| \dfrac{u_o}{u_i} \right| = 25$，输入电阻 $r_i > 20\text{k}\Omega$，试选配外接电阻 R_1、R_2、R_F 的阻值。

5-3　如图 5-41 所示运算放大器电路，电阻 $R_1 = 4R$。当输入信号 $u_i = 8\sin\omega t\text{mV}$ 时，试分别计算开关 S 断开和闭合时的输出电压 u_o。

5-4　在图 5-42 所示的电路中，已知 $R_F = 2R_1$，$u_i = -2\text{V}$，试求输出电压 u_o，并说明放大器 A1 的作用。

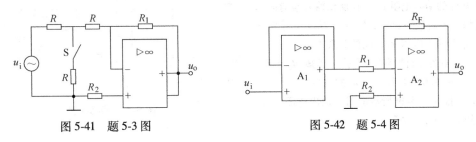

图 5-41　题 5-3 图　　　　　　　　图 5-42　题 5-4 图

5-5　电压跟随器电路如图 5-43 所示，求输出电压的表达式 u_o。

5-6　同相输入加法运算电路如图 5-44 所示，求输出电压的表达式 u_o，并与反相输入加法运算电路进行比较。

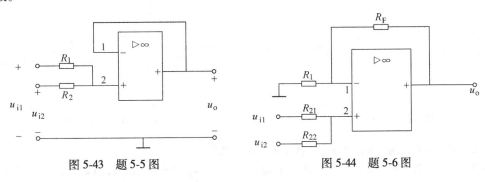

图 5-43　题 5-5 图　　　　　　　　图 5-44　题 5-6 图

5-7　求图 5-45 所示的电路中 u_o 与各输入电压的运算关系。

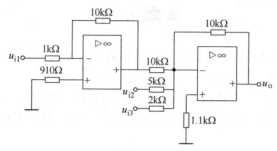

图 5-45　题 5-7 图

5-8　为了扩大运放电路工作于线性区时的最大输出电压范围，通常采用两级反相输入运放电路，如图 5-46 所示，求输出电压 u_o 和输入电压 u_i 的关系式。

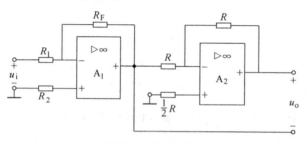

图 5-46　题 5-8 图

5-9　为了提高差分输入运放电路对于反相输入信号源 u_{i1} 的输入电阻 R_{i1}，在反相输入端前面加一级同相输入运放电路，如图 5-47 所示，导出输出电压 u_o 和输入电压 u_{i1}、u_{i2} 的关系式。

5-10　电路如图 5-48 所示，已知 $R_1 = R_2$，$R_3 = R_4$，求 u_o 和输入电压 u_{i1}、u_{i2} 的关系。

5-11　推导图 5-49 所示电路的输出电压 u_o 和输入电压 u_{i1}、u_{i2} 的关系。

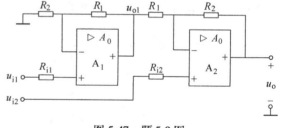

图 5-47　题 5-9 图

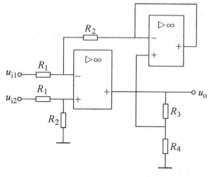

图 5-48　题 5-10 图

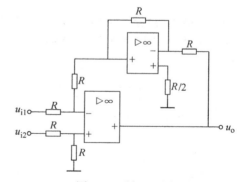

图 5-49　题 5-11 图

5-12　图 5-50 所示为一基准电压源，试计算 u_o 的可调范围。

5-13　电路如图 5-51 所示，（1）写出 u_o 和输入电压 u_1、u_2 的函数关系式；（2）若 $u_1 = 1.25$V，$u_2 =$

$-0.5V$，求u_o。

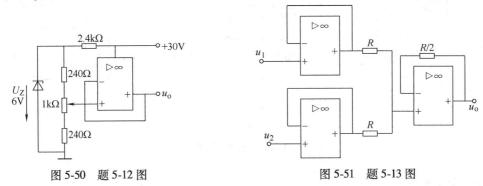

图 5-50 题 5-12 图　　　　　　　　图 5-51 题 5-13 图

5-14　图 5-52 中，A_1、A_2、A_3 均为理想运放，试计算各级的输出值。

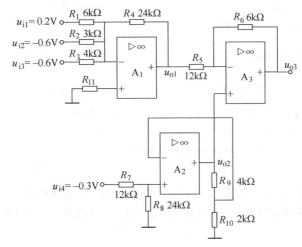

图 5-52　题 5-14 图

5-15　如图 5-53a 所示积分运算电路，其中元件参数 $R_1 = R_2 = 10k\Omega$，$C = 1\mu F$，且 $t = 0$ 时，$u_o = 0$，试求：（1）当输入端所加信号 u_i 如图 5-53b 所示时，画出输出端 u_o 的波形；（2）如果输入端所加电压为恒定电压 $u_i = +2V$，且长时间持续下去，那么输出电压 u_o 是否能始终保持线性积分关系？

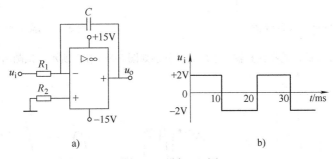

图 5-53　题 5-15 图

5-16　试分别求解图 5-54 所示各电路的运算关系。

5-17　在图 5-55 所示的运放电路中，试求出各级输出电压。

5-18　试按下列数学运算关系式画出对应的运放电路，并按括号中所给的反馈电路的 R_F 或 C 值，选配

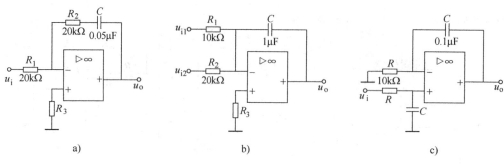

图 5-54　题 5-16 图

电路中的其余参数。

(1) $u_o = -10u_i (R_F = 150\text{k}\Omega)$；

(2) $u_o = 33u_i (R_F = 480\text{k}\Omega)$；

(3) $u_o = -20(u_{i1} + 0.5u_{i2})(R_F = 400\text{k}\Omega)$；

(4) $u_o = -0.05\dfrac{\mathrm{d}u_i}{\mathrm{d}t}(R_F = 100\text{k}\Omega)$；

(5) $u_o = -15(u_i + 3.3\int u_i \mathrm{d}t)(C = 2\mu\text{F})$。

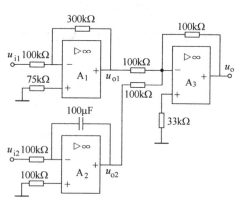

图 5-55　题 5-17 图

5-19　在图 5-56 中，运算放大器的最大输出电压 $U_{OM} = \pm 12\text{V}$，稳压管的稳定电压 $U_Z = 6\text{V}$，$u_i = 12\sin\omega t\text{V}$。当参考电压 $U_R = +3\text{V}$ 和 -3V 两种情况下，试画出传输特性和输出电压 u_o 的波形。

5-20　图 5-57 所示是监控报警装置，如需对某一参数（温度、压力等）进行监控时，可由传感器取得监控信号 u_i，U_R 是参考电压。当 u_i 超过正常值时，报警灯亮，试说明其工作原理。二极管 VD 和电阻 R_3 在此起何作用？

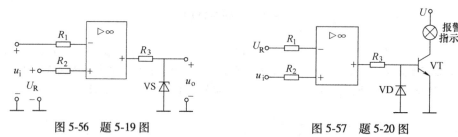

图 5-56　题 5-19 图　　　　　　　　图 5-57　题 5-20 图

5-21　设滞回比较器的传输特性和输入电压波形分别如图 5-58a 和 b 所示，试画出它的输出电压波形。

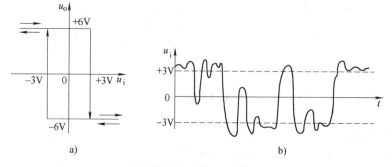

图 5-58　题 5-21 图

5-22　图 5-59 所示为同相输入的迟滞电压比较器，其中 $U_R = 2V$，$R_1 = R_f$，运放的输出饱和电压 $U_{OM} = 12V$，画出它的电压传输特性。

5-23　画出图 5-60 所示电路的电压传输特性。

5-24　图 5-61 所示电路中，$R_f = 12k\Omega$，$R_F = 14k\Omega$，$R = 10k\Omega$，$R_1 = R_2 = 50k\Omega$，$C = 0.01\mu F$，$U_{OM} = \pm 15V$，当电位器的活动端分别置 a、b、c 三个不同位置时，输出电压 u_o 的波形有何不同？请将这三种情况的输出电压波形画出。

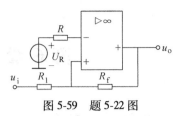

图 5-59　题 5-22 图

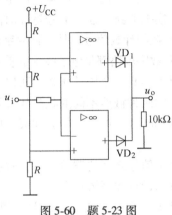

图 5-60　题 5-23 图

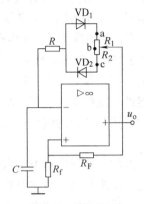

图 5-61　题 5-24 图

5-25　分析图 5-62 所示电路的工作原理并画出 u_{o1}、u_{o2} 的波形，计算 u_{o1} 的频率。其中 $R_1 = R_2 = 0.5k\Omega$，$C_1 = C_2 = 0.1\mu F$，$R_F = 2R_f$，$U_{OM} = \pm 12V$。

5-26　利用 Multisim 仿真设计电路，完成下列 u_o 与 u_i 的运算关系式：

（1）$u_o = -10u_i$；（2）$u_o = 11u_i$；（3）$u_o = u_i$；（4）$u_o = -(10u_{i1} + 10u_{i2})$；（5）$u_o = 10(u_{i2} - u_{i1})$。

5-27　参照图 5-19，利用 Multisim 仿真设计微分电路，参数自选。

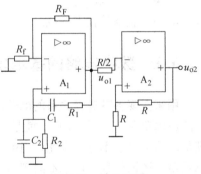

图 5-62　题 5-25 图

第6章 逻辑门和组合逻辑电路

电子电路中的工作信号可以分为模拟信号和数字信号两大类。

模拟信号是在时间上和数值上都连续变化的信号，如热电偶工作时输出的电压信号就是一种模拟信号。用于传输、处理模拟信号的电路称为模拟电路。数字信号是在时间上和数值上都不连续变化的离散信号，如生产中自动记录零件个数的计数信号就是一种数字信号。用于传输、处理数字信号的电路称为数字电路。模拟电路和数字电路都是电子技术的重要基础。

数字电路的工作信号是二进制的数字信号，只有 **1** 和 **0** 两个离散状态。所以，数字电路中的电子器件一般都工作在开关状态，可用电子器件的两种截然不同的状态代表不同的数字信息。例如，用晶体管的截止和饱和、继电器的接通和断开、白炽灯的亮和灭、电平的高和低来表示。

数字电路的主要研究对象是电路的输入信号和输出信号之间的逻辑关系，数字电路的数学分析工具是逻辑代数，数字电路能够对信号进行算术运算和逻辑运算。

数字信号易于存储、加密、压缩、传输和再现数据。数字电路结构简单，便于集成化，可靠性高，抗干扰能力强，已广泛地应用在计算机、数字通信、智能仪器仪表、自动控制、数字电视及航空等技术领域。

6.1 数字电路的基本单元——逻辑门

用来实现各种逻辑关系的电子电路称为逻辑门电路，简称门电路，它是数字电路中最基本的逻辑单元。所谓"门"，就是一种开关作用，在一定条件下它能允许信号通过；条件不满足，信号就通不过。因此，门电路的输入信号和输出信号之间存在一定的因果关系，即逻辑关系。逻辑代数中最基本的逻辑关系有与逻辑、或逻辑和非逻辑三种，与之对应的逻辑门为与门、或门和非门。

6.1.1 与逻辑和与门

在图 6-1a 所示的电路中，灯 Y 受两个串联开关 A、B 的控制。开关 A、B 的状态（闭合或断开）与灯 Y 的状态（亮或灭）之间存在着确定的因果关系，这种因果关系称为逻辑关系。由图可知，只有当开关 A、B 都闭合时，灯 Y 才会亮；只要开关 A、B 有一个断开，灯 Y 就不会亮。

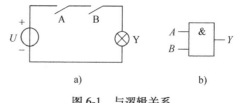

图 6-1　与逻辑关系
a) 电路　b) 逻辑符号

灯 Y 与开关 A、B 的逻辑关系可以用表 6-1 所示的功能表来表示，即左边列出两个开关所有可能的组合，右边列出对应的灯的状态。

若用变量 *A*、*B* 和 *Y* 分别表示开关 A、B 和灯 Y，并用 **0** 表示开关断开和灯灭，用 **1** 表示开关闭合和灯亮，则可将表 6-1 抽象为用 **0**、**1** 表示其逻辑关系的表格，见表 6-2。这种用变量字母表示开关和灯的过程称为设定变量，用 **0** 和 **1** 分别表示开关和灯有关状态的过程称为状态赋值，经过状态赋值得到的反映开关状态和灯状态之间逻辑关系的表格称为逻辑真值表，简称真值表。

<table>
<tr><th colspan="3">表 6-1　与逻辑功能表</th><th colspan="3">表 6-2　与逻辑真值表</th></tr>
<tr><th>开关 A</th><th>开关 B</th><th>灯 Y</th><th>A</th><th>B</th><th>Y</th></tr>
<tr><td>断开</td><td>断开</td><td>灭</td><td>0</td><td>0</td><td>0</td></tr>
<tr><td>断开</td><td>闭合</td><td>灭</td><td>0</td><td>1</td><td>0</td></tr>
<tr><td>闭合</td><td>断开</td><td>灭</td><td>1</td><td>0</td><td>0</td></tr>
<tr><td>闭合</td><td>闭合</td><td>亮</td><td>1</td><td>1</td><td>1</td></tr>
</table>

如果把开关闭合作为条件，灯亮作为结果，则上述电路表示了这样一种因果关系：只有当决定一事件的所有条件都具备时，事件才会发生。这种因果关系称为与逻辑关系。

与逻辑的逻辑表达式为

$$Y = A \cdot B = AB \tag{6-1}$$

式中"·"为与逻辑的运算符号，读作"与"，表示 A、B 的与运算，与运算又称逻辑乘。在不至于引起混淆的情况下，与运算符号"·"书写时可以忽略。与运算的逻辑符号如图 6-1b 所示，实现与逻辑运算的单元电路称为与门。

与运算的口诀为："有 **0** 出 **0**，全 **1** 出 **1**"。

6.1.2　或逻辑和或门

在图 6-2a 所示的电路中，灯 Y 受两个并联开关 A、B 的控制。开关 A、B 只要有一个闭合或两个都闭合，灯 Y 就会亮。灯 Y 与开关 A、B 的逻辑关系可以用表 6-3 所示的功能表来表示，仿照前面类似的分析，经过设定变量和状态赋值之后，可以得到如表 6-4 所示的真值表。

如果把开关闭合作为条件，灯亮作为结果，则上述电路表示了这样一种因果关系：在决定一事件的所有条件中，只要有一个或一个以上条件具备时，事件就会发生。这种因果关系称为或逻辑关系。

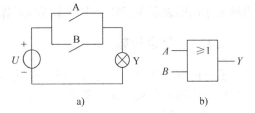

图 6-2　或逻辑关系

a）电路　b）逻辑符号

<table>
<tr><th colspan="3">表 6-3　或逻辑功能表</th><th colspan="3">表 6-4　或逻辑真值表</th></tr>
<tr><th>开关 A</th><th>开关 B</th><th>灯 Y</th><th>A</th><th>B</th><th>Y</th></tr>
<tr><td>断开</td><td>断开</td><td>灭</td><td>0</td><td>0</td><td>0</td></tr>
<tr><td>断开</td><td>闭合</td><td>亮</td><td>0</td><td>1</td><td>1</td></tr>
<tr><td>闭合</td><td>断开</td><td>亮</td><td>1</td><td>0</td><td>1</td></tr>
<tr><td>闭合</td><td>闭合</td><td>亮</td><td>1</td><td>1</td><td>1</td></tr>
</table>

或逻辑的逻辑表达式为

$$Y = A + B \tag{6-2}$$

式中"+"为或逻辑的运算符号，读作"或"，表示 A、B 的或运算，或运算又称逻辑加。"或"运算的逻辑符号如图 6-2b 所示，实现或逻辑运算的单元电路称为或门。

或运算的口诀为："有**1**出**1**，全**0**出**0**"。

6.1.3　非逻辑和非门

在图 6-3a 所示的电路中，灯 Y 受开关 A 的控制。当开关 A 闭合时，灯 Y 不会亮；而当开关 A 断开时，灯 Y 才会亮。灯 Y 与开关 A 的逻辑关系可以用表 6-5 所示的功能表来表示。仿照前面类似的分析，经过设定变量和状态赋值之后，可以得到如表 6-6 所示的真值表。

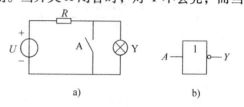

图 6-3　非逻辑关系
a) 电路　b) 逻辑符号

如果把开关闭合作为条件，灯亮作为结果，则上述电路表示了这样一种因果关系：当决定一事件的条件具备时，事件反而不发生；而当条件不具备时，事件才会发生。这种因果关系称为非逻辑关系。

表 6-5　非逻辑功能表

开关 A	灯 Y
断开	亮
闭合	灭

表 6-6　非逻辑真值表

A	Y
0	1
1	0

非逻辑的逻辑表达式为

$$Y=\overline{A} \tag{6-3}$$

式中变量上方的"‾"表示非逻辑的运算符号，读作"非"，表示 A 的非运算，非运算又称逻辑反。通常称 A 为原变量，$\overline{A}$ 为 A 的反变量。非运算的逻辑符号如图 6-3b 所示，图中输出端的小圆圈表示非运算。实现非逻辑运算的单元电路称为非门，又称为反相器。

6.1.4　复合逻辑

实际的逻辑问题往往比与、或、非基本逻辑运算复杂得多，不过它们都可以用这三种基本逻辑运算的组合来实现。常见的复合逻辑运算有与非、或非、与或非、异或和同或等，这些复合逻辑运算的逻辑表达式、逻辑符号和真值表见表 6-7。

表 6-7　常见的复合逻辑运算

逻辑关系	与非	或非	异或	同或	与或非
逻辑表达式	$Y=\overline{A \cdot B}$	$Y=\overline{A+B}$	$Y=A \oplus B$	$Y=A \odot B$	$Y=\overline{A \cdot B+C \cdot D}$
逻辑符号					
真值表	A B Y 0 0 1 0 1 1 1 0 1 1 1 0	A B Y 0 0 1 0 1 0 1 0 0 1 1 0	A B Y 0 0 0 0 1 1 1 0 1 1 1 0	A B Y 0 0 1 0 1 0 1 0 0 1 1 1	A B C D Y × × 1 1 0 1 1 × × 0 其余状态 1

注：其中×表示任意值，其值不影响输出。

与非逻辑是与运算和非运算的组合，它是将 A、B 先进行与运算，然后将其结果进行非运算。与非逻辑的逻辑表达式为

$$Y=\overline{AB} \tag{6-4}$$

或非逻辑是或运算和非运算的组合，它是将 A、B 先进行或运算，然后将其结果进行非运算。或非逻辑的逻辑表达式为

$$Y=\overline{A+B} \tag{6-5}$$

与或非逻辑是与运算、或运算和非运算的组合，它是先将 A、B 及 C、D 分别进行与运算，然后将它们与的结果进行或运算，最后再进行非运算。与或非逻辑的逻辑表达式为

$$Y=\overline{AB+CD} \tag{6-6}$$

异或逻辑关系为：当输入 A、B 不同时，输出 Y 为 **1**；当输入 A、B 相同时，输出 Y 为 **0**。异或逻辑的逻辑表达式为

$$Y=\overline{A}B+A\overline{B}=A\oplus B \tag{6-7}$$

式中 "$\oplus$" 为异或逻辑的运算符号，读作 "异或"。

同或逻辑关系为：当输入 A、B 相同时，输出 Y 为 **1**；当输入 A、B 不同时，输出 Y 为 **0**。同或逻辑的逻辑表达式为

$$Y=AB+\overline{A}\,\overline{B}=A\odot B \tag{6-8}$$

式中 "$\odot$" 为同或逻辑的运算符号，读作 "同或"。

比较异或逻辑和同或逻辑的真值表可知，异或逻辑和同或逻辑互为反运算，即

$$A\oplus B=\overline{A\odot B} \tag{6-9}$$

$$A\odot B=\overline{A\oplus B} \tag{6-10}$$

门电路输入信号和输出信号之间存在着二值逻辑关系，可用逻辑 **1** 和逻辑 **0** 来表示。若规定用逻辑 **1** 表示高电平，用逻辑 **0** 表示低电平，则称为正逻辑；反之，若规定用逻辑 **0** 表示高电平，用逻辑 **1** 表示低电平，则称为负逻辑。本书中除非特别说明，一律采用正逻辑。

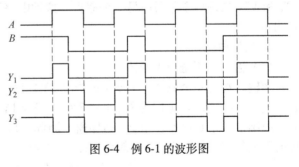

【例 6-1】 已知与门、或门和异或门两个输入变量 A、B 的波形如图 6-4 所示，试画出与门输出 Y_1、或门输出 Y_2 和异或门输出 Y_3 的波形。

图 6-4 例 6-1 的波形图

解 由 $Y_1=AB$、$Y_2=A+B$ 和 $Y_3=A\oplus B$，可得到 Y_1、Y_2 和 Y_3 的波形如图 6-4 所示。

思 考 题

6-1-1 模拟电子电路和数字电子电路的主要区别有哪些？

6-1-2 逻辑代数中有几种基本运算？其中与运算和或运算同二进制的乘法和加法算术运算规律比较有何区别？

6-1-3 你能各举出一个符合与、或、非关系的事例吗？

6.2　集成门电路

门电路可分为分立元件门电路和集成门电路两类。集成电路是将数字电路中的元器件和连线都制作在同一块半导体基片上。与分立元件电路相比，集成电路具有体积小、功耗低、可靠性高、价格低廉、带负载能力强等优点，因而被广泛应用。集成门电路按照使用元器件的不同有双极型集成门电路和单极型集成门电路两大类。双极型集成门电路主要有 TTL、ECL 等电路，而单极型集成门电路有 CMOS 等电路。本节只介绍 TTL 集成门电路，TTL 集成门电路的输入端和输出端均为晶体管结构，故称为晶体管-晶体管逻辑（Transistor-Transistor Logic）电路，简称 TTL 电路。

6.2.1　TTL 与非门电路

1. 电路结构

图 6-5 所示为 TTL 与非门的典型电路，它由输入级、中间级和输出级三部分组成。

输入级由 VT_1 和 R_1 组成。VT_1 是多发射极晶体管，它的基极和集电极是共用的，各发射极是独立的，VT_1 的作用是对输入变量 A、B 和 C 实现与运算。

中间级由 VT_2、R_2 和 R_3 组成。它是一个倒相电路，可以从 VT_2 的集电极和发射极输出两个相位相反的电压信号，去控制输出级 VT_3、VT_4 和 VT_5 的工作。

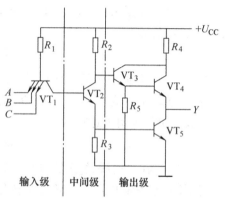

图 6-5　TTL 与非门的典型电路

输出级由 VT_3、R_5、VT_4、R_4 和 VT_5 组成。由中间级 VT_2 输出的两个相反的信号，使得 VT_4 和 VT_5 总是一个导通而另一个截止。这种电路形式称为推拉式结构，它具有较强的带负载能力。

2. 工作原理

（1）输入端不全为 1 的情况

当输入端有一个或几个为 0（约为 0.3V）时，则 VT_1 对应的发射结处于正向偏置而导通。此时 VT_1 的基极电位为 $U_{B1} \approx 0.3V+0.7V=1V$，该电位加在 VT_1 的集电结和 VT_2、VT_5 的发射结上，不足以使三个 PN 结导通，因此 VT_2、VT_5 处于截止状态。由于 VT_2 截止，其集电极电位 U_{C2} 接近于+U_{CC}，使得 VT_3、VT_4 导通。这时与非门输出端的电位为

$$U_Y = U_{CC} - I_{B3}R_2 - U_{BE3} - U_{BE4} \tag{6-11}$$

因为 I_{B3} 很小，可以忽略不计，若与非门工作时的电源电压 $U_{CC}=5V$，则

$$U_Y \approx (5-0.7-0.7)V = 3.6V \tag{6-12}$$

即输出为 $Y=1$。

由于 VT_5 截止，当输出端接负载后，电流从+U_{CC} 经 R_4、VT_4 流向每个负载门，这种电流称为拉电流。这时的与非门处于"关门"状态。

（2）输入端全为 1 的情况

当输入端全为 1（约为 3.6V）时，VT_1 的基极电位升高，使 VT_1 的集电结和 VT_2、VT_5 的发射结正向偏置，电源+U_{CC} 通过 R_1 和 VT_1 的集电结向 VT_2、VT_5 提供足够的基极电流，

使 VT_2、VT_5 饱和导通。这时与非门输出端的电位为

$$U_Y = U_{CES5} \approx 0.3V \tag{6-13}$$

即输出为 $Y=0$。

当 VT_2、VT_5 饱和导通后，VT_2 的集电极电位为

$$U_{C2} = U_{CES2} + U_{BE5} \approx (0.3+0.7)V = 1V \tag{6-14}$$

该电位加在 VT_3 的基极，它能使 VT_3 导通，而 VT_4 的基极电位为 $U_{B4} = (1-0.7)V = 0.3V$，与 VT_4 的发射极电位 U_{E4} 相等，因此 VT_4 截止。

而 VT_1 的基极电位为

$$U_{B1} = U_{BC1} + U_{BE2} + U_{BE5} = (0.7+0.7+0.7)V = 2.1V \tag{6-15}$$

因此，这时 VT_1 的几个发射结均处于反向偏置。

由于 VT_4 截止，当输出端接负载后，VT_5 的集电极电流全部由外接负载门灌入，这种电流称为灌电流。这时的与非门处于"开门"状态。

综上所述，上述 TTL 门电路的逻辑功能是"有 **0** 出 **1**，全 **1** 出 **0**"，即满足与非逻辑关系。TTL 与非门的逻辑符号和逻辑表达式与分立元件的完全相同。

3. 电压传输特性与主要参数

与非门的输出电压 u_O 随输入电压 u_I 变化的关系曲线称为电压传输特性，如图 6-6 所示。它可以通过实验测得，即将与非门的某一个输入端接可调的直流电源，其余输入端接高电平，然后调节电源电压，使 u_I 从零逐渐增大，并测出相应的 u_O 值。

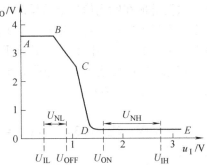

图 6-6 TTL 与非门电压传输特性

由图 6-6 可见，电压传输特性大致分为四个部分：AB 段、BC 段、CD 段和 DE 段。

AB 段：当 $u_I < 0.6V$ 时，VT_5 处于截止状态，输出为高电平，$u_O = U_{OH}$，称 AB 段为与非门的截止区，也称与非门截止。

BC 段：当 $0.6V \leqslant u_I < 1.3V$ 时，u_O 随 u_I 的增大而线性地减小，称 BC 段为与非门的线性区。

CD 段：当 $u_I \geqslant 1.3V$ 时，随着 u_I 略微增大，u_O 急剧下降为低电平，称 CD 段为与非门的转折区。

DE 段：当 u_I 继续增大时，VT_5 处于饱和状态，输出仍为低电平，$u_O = U_{OL}$，称 DE 段为与非门的饱和区，也称与非门导通。

TTL 与非门的主要参数如下：

（1）输出高电平 U_{OH} 和输出低电平 U_{OL}

输出高电平 U_{OH} 为对应于电压传输特性 AB 段的输出电压，它是当与非门的输入端有一个或几个为低电平且输出端接有额定负载时的输出电平，U_{OH} 的典型值为 3.6V，对通用的 TTL 与非门 $U_{OH} \geqslant 2.4V$。输出低电平 U_{OL} 为对应于电压传输特性 DE 段的输出电压，它是当与非门的输入端全为高电平且输出端接有额定负载时的输出电平，U_{OL} 的典型值为 0.3V，对通用的 TTL 与非门 $U_{OL} \leqslant 0.4V$。

（2）开门电平 U_{ON} 和关门电平 U_{OFF}

在保证输出电平为额定低电平 U_{OL} 时，所允许输入高电平的最小值，称为开门电平 U_{ON}，

一般产品要求 $U_{\mathrm{ON}} \leqslant 1.8\mathrm{V}$。显然，只有当 $U_{\mathrm{I}} \geqslant U_{\mathrm{ON}}$ 时，输出才为低电平，即与非门处于"开门"状态。

在保证输出电平为额定高电平 U_{OH} 的90%时，所允许输入低电平的最大值，称为关门电平 U_{OFF}。一般产品要求 $U_{\mathrm{OFF}} \geqslant 0.8\mathrm{V}$。显然，只有当 $U_{\mathrm{I}} \leqslant U_{\mathrm{OFF}}$ 时，输出才为高电平，即与非门处于"关门"状态。

（3）阈值电压 U_{TH}

电压传输特性曲线的转折区中点所对应的输入电压值，称为阈值电压 U_{TH}，也称门槛电压。在近似分析时，可以认为：当 $U_{\mathrm{I}} < U_{\mathrm{TH}}$ 时，与非门截止，输出高电平；当 $U_{\mathrm{I}} \geqslant U_{\mathrm{TH}}$ 时，与非门饱和，输出低电平。一般TTL与非门 $U_{\mathrm{TH}} \approx 1.4\mathrm{V}$。

（4）噪声容限

实际应用中，输入端有时会有噪声电压 U_{N} 叠加在输入信号 U_{I} 上。由电压传输特性可以看出，当输入的低电平信号 U_{IL} 上叠加了正向噪声电压 U_{NL} 而上升时，只要 U_{I} 不大于关门电压 U_{OFF}，则输出的高电平并不会立即下降。同样，当输入的高电平信号 U_{IH} 上叠加了负向噪声电压 U_{NH} 而下降时，只要 U_{I} 不小于开门电平 U_{ON}，则输出的低电平也不会立即上升。可见，只要叠加在输入信号上的噪声电压幅度不超过允许的界限，就不会破坏电路正常的逻辑关系。在保证门电路正常逻辑电平的前提下，所允许的噪声电压幅度的界限称为噪声容限。显然，电路的噪声容限越大，其抗干扰能力越强。

在保证门电路输出为高电平，输入低电平时所允许的最大正向噪声电压称为输入低电平噪声容限，用 U_{NL} 表示，即

$$U_{\mathrm{NL}} = U_{\mathrm{OFF}} - U_{\mathrm{IL}} \tag{6-16}$$

若 $U_{\mathrm{OFF}} = 0.8\mathrm{V}$，$U_{\mathrm{IL}} = 0.3\mathrm{V}$，则 $U_{\mathrm{NL}} = 0.5\mathrm{V}$。$U_{\mathrm{NL}}$ 越大，表明门电路输入低电平时抗正向干扰的能力越强。

在保证门电路输出为低电平时，输入高电平时所允许的最大负向噪声电压称为输入高电平噪声容限，用 U_{NH} 表示，即

$$U_{\mathrm{NH}} = U_{\mathrm{IH}} - U_{\mathrm{ON}} \tag{6-17}$$

若 $U_{\mathrm{ON}} = 1.8\mathrm{V}$，$U_{\mathrm{IH}} = 3.6\mathrm{V}$，则 $U_{\mathrm{NH}} = 1.8\mathrm{V}$。$U_{\mathrm{NH}}$ 越大，表明门电路输入高电平时抗负向干扰的能力越强。

（5）平均传输延迟时间 t_{pd}

门电路的导通和截止是需要一定时间的。因此，在门电路输入端加上一个脉冲电压时，则输出电压将有一定的时间延迟，如图6-7所示。从输入脉冲上升沿的50%到输出脉冲下降沿的50%所对应的时间，称为导通延迟时间 t_{pd1}；从输入脉冲下降沿的50%到输出脉冲上升沿的50%所对应的时间，称为截止延迟时间 t_{pd2}。平均传输延迟时间 t_{pd} 为 t_{pd1} 和 t_{pd2} 的平均值，即

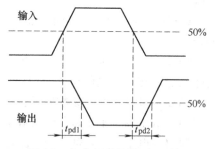

图6-7　与非门的传输延迟时间

$$t_{\mathrm{pd}} = \frac{1}{2}(t_{\mathrm{pd1}} + t_{\mathrm{pd2}}) \tag{6-18}$$

平均传输延迟时间是表示门电路开关速度的一个参数，t_{pd} 越小，开关速度就越快。TTL门电路的 t_{pd} 一般在3~40ns（纳秒）。

（6）扇出系数 N_0

扇出系数是指一个门电路输出端能够驱动同类门的最大数目，它反映了门电路带负载的能力。一般 TTL 门电路 $N_0 \geqslant 8$，功率驱动门电路的 N_0 可达 25。

4. TTL 集成电路系列

实际生产的 TTL 集成电路品种齐全、种类繁多，应用十分普遍。TTL 集成电路分为 54 系列和 74 系列两大类，它们的电路结构和电气性能完全相同，不同之处仅在于 54 系列比 74 系列适用的工作环境温度范围更宽，电源允许的工作范围更大。

54 系列和 74 系列的几个子系列的主要区别反映在平均传输延迟时间 t_{pd} 和平均功耗这两个参数上。在不同子系列的 TTL 集成器件中，只要器件型号的后几位数字相同，则它们的逻辑功能、外形尺寸、引脚排列就完全相同。例如 7400、74H00、74L00、74S00、74LS00、74AS00、74ALS00 等，它们都是四 2 输入与非门（内部有四个 2 输入端的与非门），都采用 14 条引脚双列直插式封装，而且引脚排列顺序也相同。

常用的 TTL 与非门集成电路有 74LS00 和 74LS20 等芯片，如图 6-8 所示。74LS00 是有四个 2 输入端的与非门集成电路，74LS20 是有两个 4 输入端的与非门集成电路。在一片集成电路里可以封装多个与非门，各个逻辑门互相独立，可以单独使用，但共用一根电源引线 U_{CC} 和一根地线 GND；另外，引线端子中未标注的端子为空端。

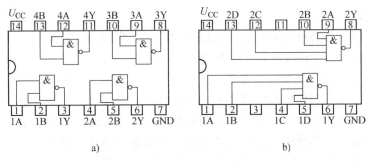

图 6-8　TTL 与非门外引线排列图

a）74LS00　b）74LS20

6.2.2　三态输出与非门电路

三态输出与非门电路与上述的与非门电路不同，它的输出端除出现高电平和低电平外，还可以出现第三种状态——高阻状态。

图 6-9 是 TTL 三态输出与非门电路和逻辑符号。它与图 6-5 比较，只多出了二极管 VD，其中 A 和 B 是输入端，E 是控制端或称使能端，Y 为输出端。

当 $E=1$ 时，三态门的输出状态取决于输入 A、B 的状态，这时电路和一般与非门相同，实现与非逻辑关系，可输出高电平或低电平，此时电路处于工作状态。

当 $E=0$ 时，VT_1 的发射结导通而使 VT_2、VT_5 截止，二极管 VD 导通而使 VT_4 也截止。这时，与输出端 Y 相连的两个晶体管 VT_4 和 VT_5 都截止（不管输入 A、B 的状态如何），Y 与 $+U_{CC}$ 和地之间都不连通，此时电路处于高阻状态。

在图 6-9a 所示的电路中，当 $E=1$ 时，三态门处于工作状态，$Y=\overline{AB}$；当 $E=0$ 时，三态门处于高阻状态，这时称 E 高电平有效，高电平有效的三态与非门逻辑符号如图 6-9b 所示。逻辑符号的 E 端没有小圆圈，表示 E 高电平有效。

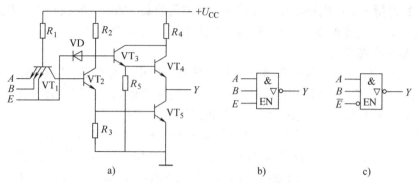

图 6-9 三态输出与非门电路和逻辑符号

a) 电路 b) 高电平有效 c) 低电平有效

同样，也有低电平有效的三态与非门，当 $\overline{E}=0$ 时，三态门处于工作状态，$Y=\overline{AB}$；当 $\overline{E}=1$ 时，三态门处于高阻状态，这时称 $\overline{E}$ 低电平有效，低电平有效的三态与非门逻辑符号如图 6-9c 所示。逻辑符号的 $\overline{E}$ 端有小圆圈，表示 $\overline{E}$ 低电平有效。

三态门在计算机和各种数字系统中应用极为广泛，它的一个重要用途是可以用一根导线分时传送多个不同的数据和控制信号，如图 6-10 所示。图中几个三态门的输出端都接在同一根信号传输线上，通常将这种用于传送多个不同信号的公共传输线称为总线。只要让各门的控制端轮流接高电平控制信号，即任何时刻只允许有一个三态门处于工作状态占用总线，而其余的三态门均处于高阻状态脱离总线，这样同一根总线就会轮流接收各三态门输出的数据或信号并传送出去。

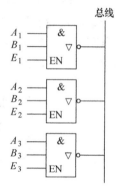

图 6-10 三态输出与非门的应用

思 考 题

6-2-1 TTL 标准与非门电路有哪几部分组成？

6-2-2 试说明三态输出门的逻辑功能，它有什么特点和用途？

6.3 逻辑代数及其化简

逻辑代数又称为布尔代数，它是一种描述客观事物逻辑关系的数学方法，是分析与设计逻辑电路的数学工具。

逻辑代数和普通代数一样，也用字母 A、B、C…表示变量。逻辑代数的变量称为逻辑变量，逻辑变量的取值只有 0 和 1 两种，即逻辑 0 和逻辑 1，而且这里的 0 和 1 并不表示数值的大小，只表示两种相互对立的逻辑状态，如事件的真和伪、信号的有和无、电平的高和低、开关的闭合和断开等。因此，逻辑代数所表示的是逻辑关系而不是数量关系，这是它与普通代数本质上的区别。

逻辑代数有一系列的规则和定律，用它们对逻辑表达式进行处理，可以完成对电路的化简、变换、分析和设计。

6.3.1 逻辑代数的运算公式

在逻辑代数中只有逻辑乘（与运算）、逻辑加（或运算）和逻辑非（非运算）三种基本运算。根据这三种基本运算，可以推导出逻辑代数运算的一些运算公式，见表6-8。

表 6-8 逻辑代数的运算公式

名　称	逻辑关系式	
基本运算规则	$A + 0 = A$ $A + 1 = 1$ $A + A = A$ $A + \bar{A} = 1$ $\bar{\bar{A}} = A$	$A \cdot 0 = 0$ $A \cdot 1 = A$ $A \cdot A = A$ $A \cdot \bar{A} = 0$
交换律	$A + B = B + A$	$AB = BA$
结合律	$A + (B + C) = (A + B) + C$	$A(BC) = (AB)C$
分配律	$A + BC = (A + B)(A + C)$	$A(B + C) = AB + AC$
反演律	$\overline{A + B} = \bar{A} \cdot \bar{B}$	$\overline{A \cdot B} = \bar{A} + \bar{B}$
吸收律	$A + AB = A$ $A + \bar{A}B = A + B$ $AB + \bar{A}C + BC = AB + \bar{A}C$	$A(A + B) = A$ $A(\bar{A} + B) = AB$ $(A + B)(\bar{A} + C)(B + C) = (A + B)(\bar{A} + C)$

这些运算公式反映了逻辑运算的基本规律，可以由与、或、非三种基本运算规则推得，也可以用列真值表的方法加以验证，即检验等式两边函数的真值表是否一致。

【例 6-2】 证明表6-8中的分配律：$A + BC = (A + B)(A + C)$。

证：

$$(A + B)(A + C) = AA + AC + BA + BC = A + AC + BA + BC$$
$$= A(1 + C + B) + BC = A \cdot 1 + BC = A + BC$$

【例 6-3】 证明表6-8中的吸收律：（1）$A + AB = A$；（2）$A + \bar{A}B = A + B$。

证：

$(1) A + AB = A \cdot (1 + B) = A \cdot 1 = A$

$(2) A + \bar{A}B = (A + \bar{A}) \cdot (A + B) = 1 \cdot (A + B) = A + B$

【例 6-4】 用列真值表的方法证明反演律 $\overline{A + B} = \bar{A} \cdot \bar{B}$ 和 $\overline{A \cdot B} = \bar{A} + \bar{B}$。

证： 将 A、B 所有可能的取值组合逐一代入上述等式的两边，算出相应的结果，即得到表6-9所列的真值表。可见，等式两边的真值表相同，故等式成立。

表 6-9 例 6-4 的真值表

A　B	$\bar{A}$　$\bar{B}$	$\overline{A + B}$	$\bar{A} \cdot \bar{B}$	$\overline{A \cdot B}$	$\bar{A} + \bar{B}$
0　0	1　1	1	1	1	1
0　1	1　0	0	0	1	1
1　0	0　1	0	0	1	1
1　1	0　0	0	0	0	0

6.3.2　利用逻辑代数化简逻辑函数

同一个逻辑函数可以用多种不同形式的逻辑表达式表示，例如，与或表达式、或与表达式、与非-与非表达式、或非-或非表达式和与或非表达式。即使同一形式的表达式也并不唯一，有繁有简。一般来讲，逻辑表达式越简单，实现它的逻辑电路也就越简单，这既可以节省器件、降低成本，又可以提高电路的可靠性。因此在分析和设计逻辑电路时，化简逻辑函数是很必要的。

在各种形式的逻辑表达式中，与或表达式是最基本的形式，由它可方便地推导出其他形式的表达式，所以这里只介绍与或表达式的化简。

与或表达式最简的标准：①逻辑表达式中乘积项的个数最少；②在满足上述条件的前提下，每个乘积项中所包含变量的个数也最少。这样才能保证逻辑电路中所需门电路的个数最少，以及门电路输入端的个数最少。

利用逻辑代数的基本公式和定律对逻辑函数进行化简的方法称为公式化简法，常用以下几种方法。

（1）并项法

利用公式 $A + \overline{A} = 1$，将两项合并为一项，并消去一个变量。例如

$$Y_1 = \overline{A}BC + \overline{A}B\,\overline{C} + AB = \overline{A}B + AB = B$$

$$Y_2 = ABC + \overline{A}BC + \overline{B}C = BC + \overline{B}C = 1$$

（2）吸收法

利用公式 $A + AB = A$，消去多余的项。例如

$$Y_1 = AD + ADB(\overline{AB} + C) = AD$$

$$Y_2 = \overline{AB} + \overline{A}D + \overline{B}E = \overline{A} + \overline{B} + \overline{A}D + \overline{B}E = \overline{A} + \overline{B}$$

（3）消去法

利用公式 $A + \overline{A}B = A + B$，消去多余的因子。例如

$$Y_1 = \overline{A} + AB + \overline{B}E = \overline{A} + B + \overline{B}E = \overline{A} + B + E$$

$$Y_2 = AB + \overline{A}C + \overline{B}C = AB + (\overline{A} + \overline{B})C = AB + \overline{AB}C = AB + C$$

（4）配项法

将逻辑式的某一项乘以 $A + \overline{A}$ 或加上 $A \cdot \overline{A}$，或重复写入某一项，再与其他项合并，以获得更简单的化简结果。例如

$$Y_1 = AB + \overline{A}C + BCD = AB + \overline{A}C + BCD \cdot (A + \overline{A})$$

$$= AB + \overline{A}C + ABCD + \overline{A}BCD = (AB + ABCD) + (\overline{A}C + \overline{A}BCD)$$

$$= AB + \overline{A}C$$

$$Y_2 = A\overline{B}\,\overline{C} + A\overline{B}C + ABC = (A\overline{B}\,\overline{C} + A\overline{B}C) + (A\overline{B}C + ABC)$$

$$= A\overline{B}(\overline{C} + C) + AC(\overline{B} + B) = A\overline{B} + AC$$

在化简复杂的逻辑函数时，往往需要灵活、交替地综合运用上述方法，才能得到最简的结果。

【例6-5】 化简逻辑函数

$$Y = AD + A\overline{D} + AB + \overline{A}BC + \overline{C}D + ACDE + \overline{B}EF + BDFG$$

解：

$$\begin{aligned} Y &= AD + A\overline{D} + AB + \overline{A}BC + \overline{C}D + ACDE + \overline{B}EF + BDFG \\ &= A + AB + \overline{A}BC + \overline{C}D + ACDE + \overline{B}EF + BDFG \\ &= A + \overline{A}BC + \overline{C}D + \overline{B}EF + BDFG \\ &= A + BC + \overline{C}D + \overline{B}EF + BDFG \\ &= A + BC + \overline{C}D + \overline{B}EF \end{aligned}$$

思 考 题

6-3-1 能否将 $AB=AC$、$A+B=A+C$ 和 $A+AB=A+AC$ 这三个逻辑式化简为 $B=C$?

6.4 组合逻辑电路

在数字系统中，根据逻辑功能和电路结构的不同特点，数字电路可分为两大类：一类是组合逻辑电路，另一类是时序逻辑电路。组合逻辑电路在逻辑功能上的特点是：电路在任何时刻的输出信号仅取决于该时刻的输入信号，与此信号作用前的电路状态无关。本节介绍组合逻辑电路的分析方法和设计方法，并以加法器、编码器和译码器为例，介绍常用的中规模组合逻辑器件。

6.4.1 组合逻辑电路的分析

组合逻辑电路的分析，就是根据给定的逻辑电路，确定电路的逻辑功能。

组合逻辑电路分析的一般步骤如下：

1）从输入到输出逐级写出给定逻辑电路的逻辑表达式。

2）运用逻辑代数化简或变换逻辑表达式。

3）列出真值表。

4）确定电路的逻辑功能。

【例6-6】 分析图6-11所示电路的逻辑功能。

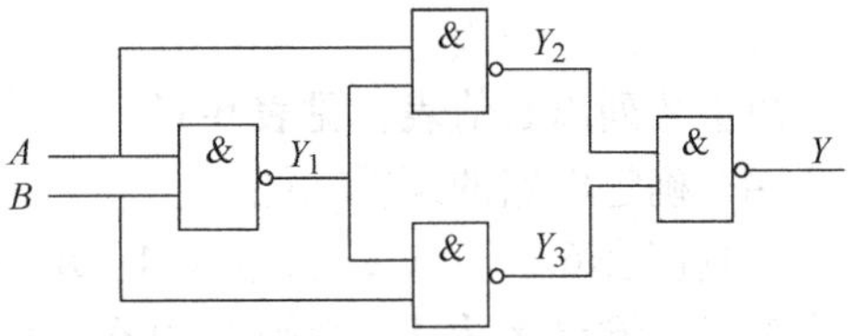

图6-11 例6-6的逻辑图

解：（1）由逻辑图写出逻辑表达式

电路由三级门电路组成，为了得到输出 Y 的逻辑表达式，可以在每一级电路输出端设置中间输出变量 Y_1、Y_2 和 Y_3，由此可得

$$Y_1 = \overline{AB}$$

$$Y_2 = \overline{AY_1} = \overline{A \cdot \overline{AB}}$$

$$Y_3 = \overline{BY_1} = \overline{B \cdot \overline{AB}}$$

$$Y = \overline{Y_2 Y_3} = \overline{\overline{A \cdot \overline{AB}} \cdot \overline{B \cdot \overline{AB}}}$$

（2）化简逻辑表达式

$$Y = A \cdot \overline{AB} + B \cdot \overline{AB} = A(\overline{A} + \overline{B}) + B(\overline{A} + \overline{B}) = A\overline{B} + \overline{A}B$$

（3）列出真值表

由上式列出真值表，见表6-10。

（4）确定电路的逻辑功能

由真值表6-10可知，当输入 A、B 相同时，输出 Y 为 0；当输入 A、B 相异时，输出 Y 为 1。这种电路实现了异或逻辑功能，称为异或门电路。

【例6-7】 分析图6-12所示电路的逻辑功能。

表6-10 例6-6的真值表

A	B	Y
0	0	0
0	1	1
1	0	1
1	1	0

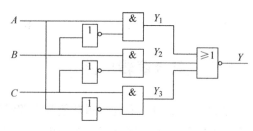

图6-12 例6-7的逻辑图

解：（1）由逻辑图写出逻辑表达式

$$Y_1 = A\overline{B}$$

$$Y_2 = B\overline{C}$$

$$Y_3 = C\overline{A}$$

$$Y = \overline{Y_1 + Y_2 + Y_3} = \overline{A\overline{B} + B\overline{C} + C\overline{A}}$$

（2）化简逻辑表达式

$$Y = \overline{A\overline{B}} \cdot \overline{B\overline{C}} \cdot \overline{C\overline{A}}$$

$$= (\overline{A} + B)(\overline{B} + C)(\overline{C} + A)$$

$$= \overline{A}\,\overline{B}\,\overline{C} + ABC$$

（3）列出真值表

由上式列出真值表，见表6-11。

（4）确定电路的逻辑功能

由真值表6-11可知，当输入 A、B、C 全为 0 或全为 1 时，输出 Y 为 1，否则 Y 为 0。因此，它是一种能够判断输入端状态是否一致的电路，称为判一致电路。

表6-11 例6-7的真值表

A	B	C	Y
0	0	0	1
0	0	1	0
0	1	0	0
0	1	1	0
1	0	0	0
1	0	1	0
1	1	0	0
1	1	1	1

6.4.2　组合逻辑电路的设计

组合逻辑电路的设计，就是根据给定的实际逻辑问题，求出实现这一逻辑功能的最简逻辑电路。

组合逻辑电路设计的一般步骤如下：

1）进行逻辑抽象，列出真值表；根据给定的因果关系，设定输入、输出变量；依据输入、输出变量的状态进行逻辑赋值，即确定输入、输出变量的哪种状态用逻辑 0 表示，哪种状态用逻辑 1 表示；列出真值表。

2）由真值表写出逻辑表达式。

3）根据给定的逻辑器件，运用逻辑代数化简或变换逻辑表达式。

4）画出逻辑电路图。

【例 6-8】　试设计一个三人表决逻辑电路。当多数人赞成时，议案能够通过；否则，议案被否决。

解：（1）进行逻辑抽象，列真值表

以参加表决的三人作为输入变量，分别用 A、B 和 C 表示，并规定逻辑 1 表示赞成议案，逻辑 0 表示反对议案；以表决结果作为输出变量，用 Y 表示，并规定逻辑 1 表示议案被通过，逻辑 0 表示议案被否决。根据给定的因果关系，列出真值表，见表 6-12。

表 6-12　例 6-8 的真值表

A	B	C	Y
0	0	0	0
0	0	1	0
0	1	0	0
0	1	1	1
1	0	0	0
1	0	1	1
1	1	0	1
1	1	1	1

（2）由真值表写出逻辑表达式

由真值表 6-12 写出逻辑表达式的一般方法如下：

1）找出真值表中使函数值 Y 为 1 的那些输入变量取值的组合。

如表 6-12 中第四、六、七、八组组合。

2）每组输入变量取值的组合写成一个乘积项（逻辑与），其中变量值为 1 的写成原变量，变量值为 0 的写成反变量。

例如，第四组组合，当 ABC 为 011 时 Y 为 1，则应由 $\overline{A}BC$ 这一乘积项来表示这一对应关系。同理，101、110、111 分别由乘积项 $A\overline{B}C$、$AB\overline{C}$、ABC 表示。

3）将这些乘积项相加（逻辑或），即可得函数 Y 的与或表达式。

因此由表 6-12 可得

$$Y = \overline{A}BC + A\overline{B}C + AB\overline{C} + ABC$$

（3）化简逻辑表达式

上式经化简后得到函数 Y 的最简与或表达式为

$$Y = \overline{A}BC + A\overline{B}C + AB\overline{C} + ABC + ABC + ABC$$

$$= BC(\overline{A} + A) + AC(\overline{B} + B) + AB(\overline{C} + C)$$

$$= BC + AC + AB$$

（4）画出逻辑电路图

由上式即可画出用与门和或门实现的逻辑电路，如图6-13所示。

如果要求用与非门实现这个逻辑电路，需将最简与或表达式两次求反，即可将最简与或表达式变换为最简与非-与非表达式。即

$$Y = \overline{BC + AC + AB} = \overline{\overline{BC} \cdot \overline{AC} \cdot \overline{AB}}$$

由上式即可画出用与非门实现的逻辑电路，如图6-14所示。

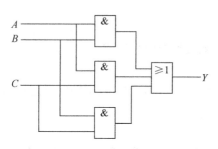

图6-13 用与门和或门实现例6-8的逻辑图

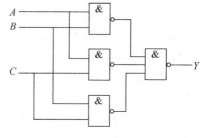

图6-14 用与非门实现例6-8的逻辑图

【例6-9】 在举重比赛中，有一个主裁判和两个副裁判。当裁判认为杠铃举上时，就按下自己面前的按键，否则不按；裁判结果用红、绿灯表示，红、绿灯都亮表示完全举上，只红灯亮表示需研究录像决定，其余为未举上。

1）三个裁判均按下按键，红、绿灯全亮；

2）两个裁判（其中一个是主裁判）按下按键，红、绿灯全亮；

3）两个副裁判或一个主裁判按下按键，只红灯亮；

4）其他情况红、绿灯全灭。

试用与非门设计满足上述要求的控制电路。

解：（1）进行逻辑抽象，列真值表

以一个主裁判和两个副裁判按键的状态作为输入变量，分别用A、B和C表示，并规定逻辑1表示按下按键，逻辑0表示未按按键；以红、绿灯的状态作为输出变量，分别用Y_1、Y_2表示，并规定逻辑1表示灯亮，逻辑0表示灯不亮。根据给定的因果关系，列出真值表，见表6-13。

（2）写出逻辑表达式，并化简为最简与非-与非表达式

$$\begin{aligned} Y_1 &= \overline{A}BC + A\overline{B}\,\overline{C} + A\overline{B}C + AB\overline{C} + ABC \\ &= \overline{A}BC + A\overline{B}(\overline{C} + C) + AB(\overline{C} + C) \\ &= \overline{A}BC + A(\overline{B} + B) \\ &= \overline{A}BC + A \\ &= BC + A \\ &= \overline{\overline{A} \cdot \overline{BC}} \end{aligned}$$

表6-13 例6-9的真值表

A	B	C	Y_1	Y_2
0	0	0	0	0
0	0	1	0	0
0	1	0	0	0
0	1	1	1	0
1	0	0	1	0
1	0	1	1	1
1	1	0	1	1
1	1	1	1	1

$$Y_2 = A\,\overline{B}C + AB\,\overline{C} + ABC$$

$$= (A\,\overline{B}C + ABC) + (AB\,\overline{C} + ABC)$$

$$= AC\,(\overline{B}+B) + AB\,(\overline{C}+C)$$

$$= AC + AB$$

$$= \overline{\overline{AC} \cdot \overline{AB}}$$

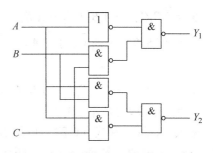

图 6-15 用与非门实现例 6-9 的逻辑图

（3）画出逻辑电路图

由上式即可画出用与非门实现的逻辑电路，如图 6-15 所示。

6.4.3 常用组合逻辑电路

在解决逻辑问题的过程中，有些逻辑电路会经常、大量被使用。为了使用方便，人们已经把这些逻辑电路制成了中、小规模的标准化集成电路产品。本节将介绍加法器、编码器、译码器等常用组合逻辑器件。

1. 加法器

在数字计算机中，二进制数的加、减、乘、除算术运算都是化作若干步加法运算进行的。因此，加法器是构成算术运算电路的基本单元。

（1）1 位加法器

加法器可分为半加器和全加器。

1）半加器。

如果不考虑来自低位的进位，将两个 1 位二进制数相加，称为半加。实现半加运算的电路称为半加器。

按照二进制加法运算规则，可列出半加器的真值表，见表 6-14。其中，A、B 为两个加数，S 为半加和，C 为向相邻高位的进位。

表 6-14 半加器的真值表

输	入	输	出
A	B	S	C
0	0	0	0
0	1	1	0
1	0	1	0
1	1	0	1

由真值表 6-14 可写出半加器的逻辑表达式为

$$S = \overline{A}B + A\overline{B} = A \oplus B \qquad (6\text{-}19)$$

$$C = AB \qquad (6\text{-}20)$$

可见，半加器可由一个异或门和一个与门组成，半加器的逻辑图如图 6-16a 所示，半加器的逻辑符号如图 6-16b 所示。

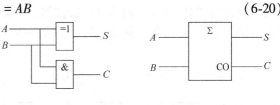

a)　　　　　　　　　　b)

图 6-16 半加器

a）逻辑图　b）逻辑符号

2）全加器。

两个多位二进制数相加时，除了最低位以外，其他各位都需要考虑来自低位的进位。将两个对应位的加数和来自低位的进位三个数相加，称为全加，实现全加运算的电路称为全加器。

按照二进制加法运算规则，可列出全加器的真值表，见表 6-15。其中，A_i、B_i 为两个加数，C_{i-1} 为来自相邻低位的进位，S_i 为本位和，C_i 为向相邻高位的进位。

由真值表 6-15 可写出全加器的逻辑表达式为

$$S_i = \overline{A_i}\overline{B_i}C_{i-1} + \overline{A_i}B_i\overline{C_{i-1}} + A_i\overline{B_i}\overline{C_{i-1}} + A_iB_iC_{i-1}$$

$$= \overline{A_i}(\overline{B_i}C_{i-1} + B_i\overline{C_{i-1}}) + A_i(\overline{B_i}\overline{C_{i-1}} + B_iC_{i-1})$$

$$= A_i \oplus B_i \oplus C_{i-1} \qquad (6\text{-}21)$$

$$C_i = \overline{A_i}B_iC_{i-1} + A_i\overline{B_i}C_{i-1} + A_iB_i\overline{C_{i-1}} + A_iB_iC_{i-1}$$

$$= (A_i \oplus B_i)C_{i-1} + A_iB_i \qquad (6\text{-}22)$$

由式（6-21）和式（6-22）可画出全加器的逻辑图如图 6-17a 所示，全加器的逻辑符号如图 6-17b 所示，双全加器集成芯片 74LS183 的逻辑符号如图 6-18 所示。

表 6-15　全加器的真值表

输　　入			输　　出	
A_i	B_i	C_{i-1}	S_i	C_i
0	0	0	0	0
0	0	1	1	0
0	1	0	1	0
0	1	1	0	1
1	0	0	1	0
1	0	1	0	1
1	1	0	0	1
1	1	1	1	1

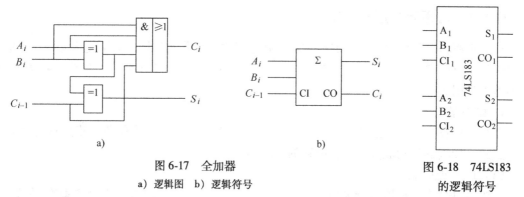

图 6-17　全加器
a）逻辑图　b）逻辑符号

图 6-18　74LS183 的逻辑符号

（2）多位加法器

把多个 1 位全加器级联起来，就可以构成多位加法器。图 6-19 所示为一个 4 位加法器电路，它由四个 1 位全加器串联构成，可实现两个 4 位二进制数 $A_3A_2A_1A_0$ 和 $B_3B_2B_1B_0$ 的加法运算，其和由输出端 $S_3S_2S_1S_0$ 给出。这种加法器虽然各位相加是并行的，但其进位信号是由低位向高位逐级传递的，其任意位的加法运算都必须等到低位的运算完成后送来进位时才能进行，这种结构的电路称为串行进位加法器。串行进位加法器运算速度较慢，但其结构简单，在运算速度要求不高的情况下，仍可采用。

为了提高运算速度，必须设法减小由于进位信号逐级传递所耗费的时间，可以通过逻辑电路事先得出每一位全加器的进位输入信号，而无需再从最低位开始向高位逐位传递进位信号，这种结构的电路称为超前进位加法器。中规模集成芯片 74LS283 就是基于这一原理制作的 4 位超前进位加法器，其逻辑符号如图 6-20 所示。

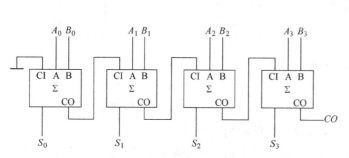

图 6-19　4 位串行进位加法器

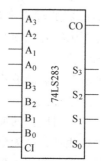

图 6-20　74LS283 的逻辑符号

2. 编码器

不同的数码不仅可以表示数值的大小，而且还可以表示特定信息。用一定位数的数码表示特定信息的过程称为编码，这种具有特定含义的数码称为代码，因为它已失去了表示数值大小的含义，仅仅是表示特定信息的代号而已。例如，运动会中运动员的编号、楼宇里房间的号码等，这些都是编码。

用二进制代码表示特定信息的过程，称为二进制编码。1 位二进制代码有 **0** 和 **1** 两种取值，可对两个信号进行编码；2 位二进制代码有 **00**、**01**、**10**、**11** 四种取值，可对四个信号进行编码；n 位二进制代码有 2^n 种取值，可对 2^n 个信号进行编码。

用二进制代码表示 1 位十进制数的过程，称为二-十进制编码（Binary Coded Decimal），简称为 BCD 码。由于十进制数有 0~9 十个数码，因此，需用 4 位二进制数码来表示 1 位十进制数。而 4 位二进制代码共有 $2^4 = 16$ 种不同的组合，从中任选 10 种组合并按不同的次序排列来表示 0~9 十个数码，可有多种编码方案，表 6-16 所示为几种常用的 BCD 码。

表 6-16　几种常用的 BCD 编码表

编码种类 十进制数	8421 码	5211 码	2421（A）码	2421（B）码	余 3 码	格雷码
0	0 0 0 0	0 0 0 0	0 0 0 0	0 0 0 0	0 0 1 1	0 0 0 0
1	0 0 0 1	0 0 0 1	0 0 0 1	0 0 0 1	0 1 0 0	0 0 0 1
2	0 0 1 0	0 1 0 0	0 0 1 0	0 0 1 0	0 1 0 1	0 0 1 1
3	0 0 1 1	0 1 0 1	0 0 1 1	0 0 1 1	0 1 1 0	0 0 1 0
4	0 1 0 0	0 1 1 1	0 1 0 0	0 1 0 0	0 1 1 1	0 1 1 0
5	0 1 0 1	1 0 0 0	0 1 0 1	1 0 1 1	1 0 0 0	0 1 1 1
6	0 1 1 0	1 0 0 1	0 1 1 0	1 1 0 0	1 0 0 1	0 1 0 1
7	0 1 1 1	1 1 0 0	0 1 1 1	1 1 0 1	1 0 1 0	0 1 0 0
8	1 0 0 0	1 1 0 1	1 1 1 0	1 1 1 0	1 0 1 1	1 1 0 0
9	1 0 0 1	1 1 1 1	1 1 1 1	1 1 1 1	1 1 0 0	1 0 0 0
权	8 4 2 1	5 2 1 1	2 4 2 1	2 4 2 1		

由表 6-16 可知，同一代码在不同编码方案中可以赋以不同的含义，如代码 **0110** 在 8421 码中表示十进制数 6，在余 3 码中表示十进制制数 3。

8421 码每 1 位的权值是固定不变的，为恒权码。它从高位到低位的权值分别为 8、4、2、1，选用了 4 位自然二进制数的前 10 种组合 **0000~1001** 来表示十进制数中的 0~9 十个数码，去掉了后 6 种组合 **1010~1111**，故称为 8421 码，每组代码按位权展开求和后就是它所代表的十进制数。5211 码和 2421 码也是恒权码，从高位到低位的权值分别为 5、2、1、1 和 2、4、2、1。余 3 码没有固定的位权，为无权码，它是在每个 8421 码上加上二进制数 **0011**（即十进制数 3）而得到的。格雷码也是一种无权码，它的特点是任意两组相邻代码之间仅有 1 位数码不同。格雷码可以减少代码在形成和传输过程中产生错误的概率，因此它是一种高可靠性的代码。

实现编码操作的电路称为编码器。常用的编码器有二进制

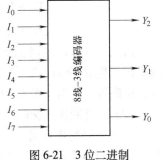

图 6-21　3 位二进制
编码器的示意图

编码器和二-十进制编码器两种。

（1）二进制编码器

用 n 位二进制代码对 $N=2^n$ 个信号进行编码的电路，称为二进制编码器。二进制编码器输入为 $N=2^n$ 个信号，输出为 n 位二进制代码。根据编码器输出代码的位数，二进制编码器可分为 3 位二进制编码器、4 位二进制编码器等。

现以 3 位二进制编码器为例，分析二进制编码器的工作原理。图 6-21 所示为 3 位二进制编码器的示意图，它有 8 个输入端：$I_0 \sim I_7$ 为 8 个需要编码的输入信号，假设输入信号高电平有效；它有三个输出端：Y_2、Y_1、Y_0 为用来进行编码的 3 位二进制代码；因此也称它为 8 线-3 线编码器。

用 3 位二进制代码表示 8 个信号的方案很多，表 6-17 所列的真值表是其中一种方案，它分别用 $Y_2Y_1Y_0=000$、001、010、011、100、101、110、111 来表示 I_0、$I_1 \cdots I_7$。

表 6-17　3 位二进制编码器的真值表

输　　　入								输　　出		
I_0	I_1	I_2	I_3	I_4	I_5	I_6	I_7	Y_2	Y_1	Y_0
1	0	0	0	0	0	0	0	0	0	0
0	1	0	0	0	0	0	0	0	0	1
0	0	1	0	0	0	0	0	0	1	0
0	0	0	1	0	0	0	0	0	1	1
0	0	0	0	1	0	0	0	1	0	0
0	0	0	0	0	1	0	0	1	0	1
0	0	0	0	0	0	1	0	1	1	0
0	0	0	0	0	0	0	1	1	1	1

由表 6-17 可知，编码器在任何时刻只能对一个输入信号进行编码，不允许有两个或两个以上的输入信号同时请求编码，否则输出编码会发生混乱，故 I_0、$I_1 \cdots I_7$ 是一组相互排斥的变量。例如，当输入 $I_1=1$、其余输入为 0 时，用输出 $Y_2Y_1Y_0=001$ 表示对 I_1 的编码；当输入 $I_5=1$、其余输入为 0 时，用输出 $Y_2Y_1Y_0=101$ 表示对 I_5 的编码。

由表 6-17 写出编码器的输出逻辑表达式为

$$\begin{cases} Y_2 = I_4 + I_5 + I_6 + I_7 \\ Y_1 = I_2 + I_3 + I_6 + I_7 \\ Y_0 = I_1 + I_3 + I_5 + I_7 \end{cases} \quad (6\text{-}23)$$

由式（6-23）可画出如图 6-22 所示的逻辑图。图中 I_0 的编码是隐含着的，即当 I_1、$I_2 \cdots I_7$ 均为 0（无编码输入）时，编码器的输出 $Y_2Y_1Y_0=000$ 就是 I_0 的编码。

（2）二进制优先编码器 74LS148

前面介绍的编码器中，输入信号之间是相互排斥的。在优先编码器中则不同，它允许几个信号同时输入。在设计优先编码器时已对所有的输入信号按优先顺序排队，当

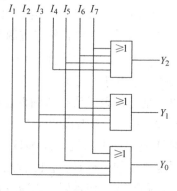

图 6-22　3 位二进制编码器
的逻辑图

几个输入信号同时出现时，电路只对其中优先级最高的一个信号进行编码，对优先级低的信号不予理睬。至于优先级的高低，则完全是由设计者根据各个输入信号轻重缓急的情况决定的。

二进制优先编码器 74LS148 的逻辑图和逻辑符号如图 6-23 所示。图中，$\bar{I}_0 \sim \bar{I}_7$ 为 8 个编码输入端，输入信号低电平有效，即输入低电平表示编码请求，输入高电平表示无编码请求。在 $\bar{I}_0 \sim \bar{I}_7$ 中，$\bar{I}_7$ 的优先级最高，$\bar{I}_0$ 的优先级最低。$\bar{Y}_2$、$\bar{Y}_1$、$\bar{Y}_0$ 为三个编码输出端，输出信号低电平有效，即反码输出。为了扩展电路的功能和增加使用的灵活性，74LS148 设置了输入控制端（或称选通端、使能端、片选端）$\bar{S}$，输出控制端 $\bar{Y}_S$、$\bar{Y}_{EX}$。

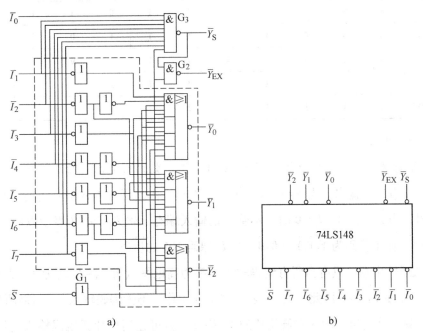

图 6-23　二进制优先编码器 74LS148

a) 逻辑图　b) 逻辑符号

由图 6-23a 写出输出函数的逻辑表达式为

$$\begin{cases} \bar{Y}_2 = \overline{(I_4 + I_5 + I_6 + I_7) \cdot S} \\ \bar{Y}_1 = \overline{(I_2\bar{I}_4\bar{I}_5 + I_3\bar{I}_4\bar{I}_5 + I_6 + I_7) \cdot S} \\ \bar{Y}_0 = \overline{(I_1\bar{I}_2\bar{I}_4\bar{I}_6 + I_3\bar{I}_4\bar{I}_6 + I_5\bar{I}_6 + I_7) \cdot S} \end{cases} \quad (6\text{-}24)$$

$$\bar{Y}_S = \overline{\bar{I}_0\bar{I}_1\bar{I}_2\bar{I}_3\bar{I}_4\bar{I}_5\bar{I}_6\bar{I}_7 S} \quad (6\text{-}25)$$

$$\begin{aligned} \bar{Y}_{EX} &= \overline{\bar{Y}_S \cdot S} \\ &= \overline{(I_0 + I_1 + I_2 + I_3 + I_4 + I_5 + I_6 + I_7)S} \end{aligned} \quad (6\text{-}26)$$

由式（6-24）、式（6-25）和式（6-26）列出 74LS148 的功能表，见表 6-18。

表 6-18　二进制优先编码器 74LS148 的功能表

输 入									输 出				
$\bar{S}$	$\bar{I_0}$	$\bar{I_1}$	$\bar{I_2}$	$\bar{I_3}$	$\bar{I_4}$	$\bar{I_5}$	$\bar{I_6}$	$\bar{I_7}$	$\bar{Y_2}$	$\bar{Y_1}$	$\bar{Y_0}$	$\bar{Y_S}$	$\bar{Y_{EX}}$
1	×	×	×	×	×	×	×	×	1	1	1	1	1
0	1	1	1	1	1	1	1	1	1	1	1	0	1
0	×	×	×	×	×	×	×	0	0	0	0	1	0
0	×	×	×	×	×	×	0	1	0	0	1	1	0
0	×	×	×	×	×	0	1	1	0	1	0	1	0
0	×	×	×	×	0	1	1	1	0	1	1	1	0
0	×	×	×	0	1	1	1	1	1	0	0	1	0
0	×	×	0	1	1	1	1	1	1	0	1	1	0
0	×	0	1	1	1	1	1	1	1	1	0	1	0
0	0	1	1	1	1	1	1	1	1	1	1	1	0

由表 6-18 可知：

$\bar{S}$ 为选通输入端，低电平有效。当 $\bar{S}=1$ 时，禁止编码器工作，所有的输出端均被锁定在高电平，没有编码输出。当 $\bar{S}=0$ 时，允许编码器工作，可对输入信号进行编码。例如编码器工作时，当 $\bar{I_7}=\bar{I_6}=1$、$\bar{I_5}=0$ 时，不管其他输入端有无输入信号（表中以×表示），输出只对 $\bar{I_5}$ 编码，输出代码为 $\bar{Y_2}\bar{Y_1}\bar{Y_0}=010$，是 $\bar{I_5}$ 原码 101 的反码。

$\bar{Y_S}$ 为选通输出端，只有当所有编码输入端都为高电平（即 $\bar{I_0}\sim\bar{I_7}$ 均为 1，无编码输入）且 $\bar{S}=0$ 时，才使 $\bar{Y_S}=0$。因此，$\bar{Y_S}=0$ 表示"电路工作，但无编码输入"。如果两片 74LS148 串接使用，只要将高位片的 $\bar{S}$ 和低位片的 $\bar{Y_S}$ 相连，就可在高位片无编码输入的情况下，启动低位片工作，实现两片编码器之间的优先级控制。

$\bar{Y_{EX}}$ 为扩展输出端，只要任何一个编码输入端为低电平（即 $\bar{I_0}\sim\bar{I_7}$ 不全为 1，有编码输入）且 $\bar{S}=0$ 时，就有 $\bar{Y_{EX}}=0$。因此，$\bar{Y_{EX}}=0$ 表示"电路工作，而且有编码输入"。在多片编码器串接使用时，$\bar{Y_{EX}}$ 可作输出位的扩展端。

（3）二—十进制编码器

将十进制的十个数字 0~9 编成二进制代码的电路，称为二—十进制编码器。74LS147 是一种常用的二—十进制优先编码器，也称为 BCD 码输出的 10 线-4 线优先编码器。

二—十进制优先编码器 74LS147 的逻辑图和逻辑符号如图 6-24 所示，功能表见表 6-19。图中，$\bar{I_1}\sim\bar{I_9}$ 为 9 个编码输入端，低电平有效，$\bar{I_9}$ 的优先级最高，$\bar{I_1}$ 的优先级最低；$\bar{Y_3}$、$\bar{Y_2}$、$\bar{Y_1}$、$\bar{Y_0}$ 为四个编码输出端，低电平有效，即输出为 8421BCD 码的反码；电路中没有设置功能扩展端。

由表 6-19 可知，当 $\bar{I_9}=0$ 时，不管其他输入端有无输入信号（表中以×表示），输出只

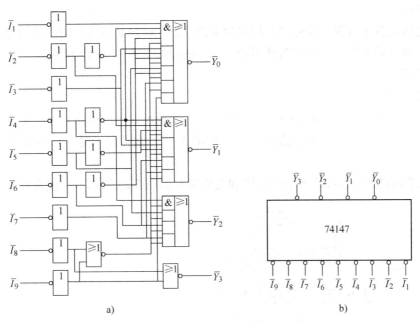

图 6-24 二十进制优先编码器 74LS147

a）逻辑图 b）逻辑符号

对 $\bar{I}_9$ 编码，输出代码为 $\bar{Y}_3\bar{Y}_2\bar{Y}_1\bar{Y}_0 = \mathbf{0110}$，是 $\bar{I}_9$ 原码 **1001** 的反码。当 $\bar{I}_9 = \mathbf{1}$、$\bar{I}_8 = \mathbf{0}$ 时，不管其他输入端有无输入信号，输出只对 $\bar{I}_8$ 编码，输出代码为 $\bar{Y}_3\bar{Y}_2\bar{Y}_1\bar{Y}_0 = \mathbf{0111}$，是 $\bar{I}_8$ 原码 **1000** 的反码。当 $\bar{I}_1 \sim \bar{I}_9$ 全为 **1**（即无编码输入）时，输出代码为 $\bar{Y}_3\bar{Y}_2\bar{Y}_1\bar{Y}_0 = \mathbf{1111}$，其原码为 **0000**，就相当于对 $\bar{I}_0$ 编码，故 $\bar{I}_0$ 端在电路中被省略了。

表 6-19 二十进制优先编码器 74LS147 的功能表

输　　　入									输　　出			
$\bar{I}_1$	$\bar{I}_2$	$\bar{I}_3$	$\bar{I}_4$	$\bar{I}_5$	$\bar{I}_6$	$\bar{I}_7$	$\bar{I}_8$	$\bar{I}_9$	$\bar{Y}_3$	$\bar{Y}_2$	$\bar{Y}_1$	$\bar{Y}_0$
1	1	1	1	1	1	1	1	1	1	1	1	1
×	×	×	×	×	×	×	×	0	0	1	1	0
×	×	×	×	×	×	×	0	1	0	1	1	1
×	×	×	×	×	×	0	1	1	1	0	0	0
×	×	×	×	×	0	1	1	1	1	0	0	1
×	×	×	×	0	1	1	1	1	1	0	1	0
×	×	×	0	1	1	1	1	1	1	0	1	1
×	×	0	1	1	1	1	1	1	1	1	0	0
×	0	1	1	1	1	1	1	1	1	1	0	1
0	1	1	1	1	1	1	1	1	1	1	1	0

3. 译码器

译码是编码的逆过程，即将具有特定含义的一组代码按其编码时的原意翻译成对应的输出信号。实现译码功能的电路称为译码器。常用的译码器有二进制译码器、二-十进制译码器和显示译码器三类。

（1）二进制译码器

将输入的一组 n 位二进制代码翻译成对应的 2^n 个输出信号的电路，称为 n 位二进制译码器。二进制译码器输入为一组二进制代码，输出为一组与输入代码一一对应的高、低电平信号。

3 位二进制译码器 74LS138 的逻辑图和逻辑符号如图 6-25 所示，功能表见表 6-20。

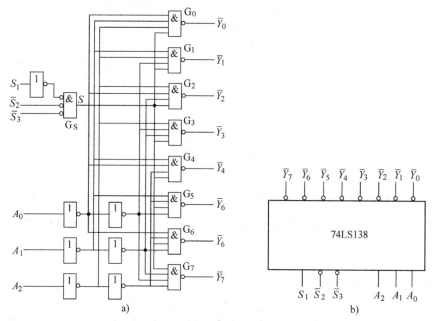

图 6-25 3 位二进制译码器 74LS138

a）逻辑图 b）逻辑符号

表 6-20 3 位二进制译码器 74LS138 的功能表

输 入					输 出							
S_1	$\overline{S}_2+\overline{S}_3$	A_2	A_1	A_0	$\overline{Y}_0$	$\overline{Y}_1$	$\overline{Y}_2$	$\overline{Y}_3$	$\overline{Y}_4$	$\overline{Y}_5$	$\overline{Y}_6$	$\overline{Y}_7$
0	×	×	×	×	1	1	1	1	1	1	1	1
×	1	×	×	×	1	1	1	1	1	1	1	1
1	0	0	0	0	0	1	1	1	1	1	1	1
1	0	0	0	1	1	0	1	1	1	1	1	1
1	0	0	1	0	1	1	0	1	1	1	1	1
1	0	0	1	1	1	1	1	0	1	1	1	1

（续）

输　　入					输　　出							
1	0	1	0	0	1	1	1	1	0	1	1	1
1	0	1	0	1	1	1	1	1	1	0	1	1
1	0	1	1	0	1	1	1	1	1	1	0	1
1	0	1	1	1	1	1	1	1	1	1	1	0

74LS138 有三个输入端：A_2、A_1、A_0 为 3 位二进制代码；有 8 个输出端：$\overline{Y}_0 \sim \overline{Y}_7$ 为与代码状态相对应的 8 个输出信号，低电平有效；因此也称为 3 线-8 线译码器。

74LS138 有三个附加的控制端 S_1、$\overline{S}_2$、$\overline{S}_3$。当 $S_1 = 0$ 或 $\overline{S}_2 + \overline{S}_3 = 1$ 时，门 G_S 的输出为低电平（$S = 0$），译码器处于禁止状态，所有的输出被封锁在高电平。当 $S_1 = 1$、$\overline{S}_2 + \overline{S}_3 = 0$ 时，门 G_S 的输出为高电平（$S = 1$），译码器处于工作状态。此时，输出 $\overline{Y}_0 \sim \overline{Y}_7$ 由输入代码 A_2、A_1、A_0 决定，对于任一组输入代码，输出 $\overline{Y}_0 \sim \overline{Y}_7$ 中只有一个与该代码相对应的输出为 0，其余输出均为 1。例如，当输入 $A_2 A_1 A_0 = 101$ 时，则输出 $\overline{Y}_5 = 0$，其余七个输出均为 1。

S_1、$\overline{S}_2$、$\overline{S}_3$ 这三个控制端能控制译码器的禁止或工作，又称为片选输入端。利用片选的作用可以将多片译码器连接起来，以扩展译码器的功能。

由 74LS138 的功能表，译码器处于工作状态时，其输出的逻辑表达式为

$$\begin{cases} \overline{Y}_0 = \overline{\overline{A}_2 \overline{A}_1 \overline{A}_0} \\ \overline{Y}_1 = \overline{\overline{A}_2 \overline{A}_1 A_0} \\ \overline{Y}_2 = \overline{\overline{A}_2 A_1 \overline{A}_0} \\ \overline{Y}_3 = \overline{\overline{A}_2 A_1 A_0} \\ \overline{Y}_4 = \overline{A_2 \overline{A}_1 \overline{A}_0} \\ \overline{Y}_5 = \overline{A_2 \overline{A}_1 A_0} \\ \overline{Y}_6 = \overline{A_2 A_1 \overline{A}_0} \\ \overline{Y}_7 = \overline{A_2 A_1 A_0} \end{cases} \tag{6-27}$$

（2）二-十进制译码器

将输入 BCD 码的 10 个代码翻译成 10 个高、低电平输出信号的电路，称为二-十进制译码器。

二-十进制译码器 74LS42 的逻辑图和逻辑符号如图 6-26 所示，功能表见表 6-21。图中，A_3、A_2、A_1、A_0 为 BCD 代码输入端；$\overline{Y}_0 \sim \overline{Y}_9$ 为与代码状态相对应的信号输出端，低电平有效。

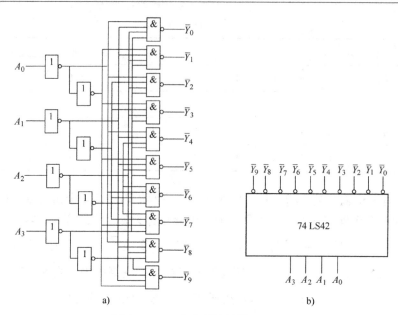

图 6-26　二-十进制译码器 74LS42

a) 逻辑图　b) 逻辑符号

表 6-21　二-十进制译码器 74LS42 的功能表

序号	输　　入				输　　出									
	A_3	A_2	A_1	A_0	$\overline{Y}_0$	$\overline{Y}_1$	$\overline{Y}_2$	$\overline{Y}_3$	$\overline{Y}_4$	$\overline{Y}_5$	$\overline{Y}_6$	$\overline{Y}_7$	$\overline{Y}_8$	$\overline{Y}_9$
0	0	0	0	0	0	1	1	1	1	1	1	1	1	1
1	0	0	0	1	1	0	1	1	1	1	1	1	1	1
2	0	0	1	0	1	1	0	1	1	1	1	1	1	1
3	0	0	1	1	1	1	1	0	1	1	1	1	1	1
4	0	1	0	0	1	1	1	1	0	1	1	1	1	1
5	0	1	0	1	1	1	1	1	1	0	1	1	1	1
6	0	1	1	0	1	1	1	1	1	1	0	1	1	1
7	0	1	1	1	1	1	1	1	1	1	1	0	1	1
8	1	0	0	0	1	1	1	1	1	1	1	1	0	1
9	1	0	0	1	1	1	1	1	1	1	1	1	1	0
伪 码	1	0	1	0	1	1	1	1	1	1	1	1	1	1
	1	0	1	1	1	1	1	1	1	1	1	1	1	1
	1	1	0	0	1	1	1	1	1	1	1	1	1	1
	1	1	0	1	1	1	1	1	1	1	1	1	1	1
	1	1	1	0	1	1	1	1	1	1	1	1	1	1
	1	1	1	1	1	1	1	1	1	1	1	1	1	1

由表 6-21 可知，对于任一组输入 BCD 码，输出 $\overline{Y}_0 \sim \overline{Y}_9$ 中只有一个与该代码相对应的输出为 **0**，其余输出均为 **1**。例如当输入 $A_3A_2A_1A_0 = \mathbf{0110}$ 时，则输出 $\overline{Y}_6 = \mathbf{0}$，其余 9 个输出均为 **1**。当输入 BCD 代码以外的伪码（即 **1010～1111** 6 个代码）时，$\overline{Y}_0 \sim \overline{Y}_9$ 均无低电平信号产生，译码器拒绝翻译，即此电路具有拒绝伪码的功能。

由 74LS42 的功能表，其输出的逻辑表达式为

$$
\left\{
\begin{aligned}
\overline{Y_0} &= \overline{\overline{A_3}\,\overline{A_2}\,\overline{A_1}\,\overline{A_0}} \\
\overline{Y_1} &= \overline{\overline{A_3}\,\overline{A_2}\,\overline{A_1}\,A_0} \\
\overline{Y_2} &= \overline{\overline{A_3}\,\overline{A_2}\,A_1\,\overline{A_0}} \\
\overline{Y_3} &= \overline{\overline{A_3}\,\overline{A_2}\,A_1\,A_0} \\
\overline{Y_4} &= \overline{\overline{A_3}\,A_2\,\overline{A_1}\,\overline{A_0}} \\
\overline{Y_5} &= \overline{\overline{A_3}\,A_2\,\overline{A_1}\,A_0} \\
\overline{Y_6} &= \overline{\overline{A_3}\,A_2\,A_1\,\overline{A_0}} \\
\overline{Y_7} &= \overline{\overline{A_3}\,A_2\,A_1\,A_0} \\
\overline{Y_8} &= \overline{A_3\,\overline{A_2}\,\overline{A_1}\,\overline{A_0}} \\
\overline{Y_9} &= \overline{A_3\,\overline{A_2}\,\overline{A_1}\,A_0}
\end{aligned}
\right.
\tag{6-28}
$$

（3）显示译码器

在数字仪表、计算机和其他数字系统中，常常要把测量数据和运算结果用十进制数显示出来，这就要用到显示器和显示译码器。

显示器是用来显示数字、文字或符号的器件。显示器件的种类很多，按显示方式可分为字形重叠式、分段式和点阵式等，目前数字显示以分段式应用最为普遍；按发光物质可分为半导体数码管、荧光管数码管和液晶数码管等。显示译码器能够把 BCD 代码译成能用于驱动显示器件的输出信号，以使显示器件显示出十进制数来。下面介绍半导体数码管和 BCD-七段显示译码器。

1）半导体数码管。

半导体数码管是由发光二极管组成的字形显示器件，又称发光二极管数码管，简称 LED 数码管。发光二极管是用磷砷化镓、磷化镓或砷化镓等半导体材料制成的，且杂质浓度高，当外加电压时，导带中大量的电子跃迁到价带与空穴复合，把多余的能量以光的形式释放出来，成为一定波长的可见光。发光二极管的工作电压为 1.5~3V，工作电流为几毫安到十几毫安，寿命很长。

半导体数码管将十进制数码分为七段，每段为一个发光二极管，a~g 段用于显示十进制的 10 个数字 0~9，DP 段用于显示小数点，其外引脚示意图如图 6-27 所示。选择不同的字段发光，可显示不同的数字。例如，a、b、c、d、e、f、g 七段全亮，显示数字 8；b、c 段亮时，显示数字 1。

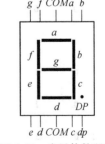

图 6-27　半导体数码管
外引脚示意图

半导体数码管中的发光二极管有共阴极和共阳极两种接法，如图 6-28 所示。图 6-28a 所示为共阴极接法，某一字段接高电平时发光；图 6-28b 所示为共阳极接法，某一字段接低电平时

发光。以共阴极数码管为例，若 a、c、d、f、g 各段接高电平，则对应的各段点亮，显示出十进制数字5；若 b、c、f、g 各段接高电平，则对应的各段点亮，显示出十进制数字4。

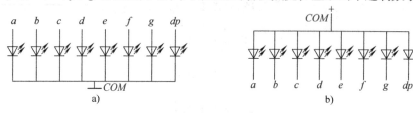

图 6-28　半导体数码管的两种接法

a）共阴极接法　b）共阳极接法

2）BCD-七段显示译码器。

BCD-七段显示译码器将输入的 BCD 代码译成七段数码管所需的驱动信号，以便使七段数码管显示出相应的十进制数字。

七段显示译码器 7448 用于与共阴极半导体数码管连接，其逻辑符号如图 6-29 所示，功能表见表 6-22。图中，A_3、A_2、A_1、A_0 是 BCD 码输入端，$Y_a \sim Y_g$ 是 7 个译码输出端，高电平有效，为七段数码管提供驱动信号。为了扩展器件的功能，还设置了三个附加控制端：试灯输入端 $\overline{LT}$、灭零输入端 $\overline{RBI}$ 和灭灯输入/灭零输出端 $\overline{BI/RBO}$。

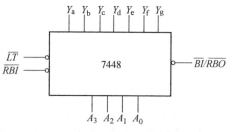

图 6-29　七段显示译码器逻辑符号

表 6-22　七段显示译码器 7448 功能表

数字	A_3	A_2	A_1	A_0	Y_a	Y_b	Y_c	Y_d	Y_e	Y_f	Y_g	字形
	输 入				输 出							
0	0	0	0	0	1	1	1	1	1	1	0	
1	0	0	0	1	0	1	1	0	0	0	0	
2	0	0	1	0	1	1	0	1	1	0	1	
3	0	0	1	1	1	1	1	1	0	0	1	
4	0	1	0	0	0	1	1	0	0	1	1	
5	0	1	0	1	1	0	1	1	0	1	1	
6	0	1	1	0	0	0	1	1	1	1	1	
7	0	1	1	1	1	1	1	0	0	0	0	
8	1	0	0	0	1	1	1	1	1	1	1	
9	1	0	0	1	1	1	1	0	0	1	1	

（续）

数字	输　入				输　　出							字形
	A_3	A_2	A_1	A_0	Y_a	Y_b	Y_c	Y_d	Y_e	Y_f	Y_g	
10	1	0	1	0	0	0	0	1	1	0	1	⊏
11	1	0	1	1	0	0	1	1	0	0	1	⊐
12	1	1	0	0	0	1	0	0	0	1	1	⊔
13	1	1	0	1	1	0	0	1	0	1	1	⊏
14	1	1	1	0	0	0	0	1	1	1	1	⊏
15	1	1	1	1	0	0	0	0	0	0	0	

试灯输入端 $\overline{LT}$：$\overline{LT}=0$ 能驱动数码管的七段同时点亮，以检查数码管各段能否正常发光。

灭零输入 $\overline{RBI}$：$\overline{RBI}=0$ 能把不希望显示的零熄灭。

灭灯输入/灭零输出 $\overline{BI}/\overline{RBO}$：这是一个双功能的输入/输出端。$\overline{BI}/\overline{RBO}$ 作为输入端使用时，令 $\overline{BI}=0$，可将被驱动数码管的各段同时熄灭。$\overline{BI}/\overline{RBO}$ 作为输出端使用时，当输入 $A_3A_2A_1A_0=0000$，且灭零输入 $\overline{RBI}=0$ 时，可使 $\overline{RBO}=0$，表示译码器已将本来应该显示的零熄灭了。

将灭零输入 $\overline{RBI}$ 和灭零输出 $\overline{RBO}$ 配合使用，可实现多位数码显示系统的灭零控制。在图 6-30 所示的 8 位数码显示系统中，整数部分最高位的 $\overline{RBI}$ 接 0，最低位的 $\overline{RBI}$ 接 1，其余各位的 $\overline{RBI}$ 均与高位的 $\overline{RBO}$ 相连；整数部分只有在高位是零，而且被熄灭时，低位才有灭零输入信号。同理，小数部分最高位的 $\overline{RBI}$ 接 1，最低位的 $\overline{RBI}$ 接 0，其余各位的 $\overline{RBI}$ 均与低位的 $\overline{RBO}$ 相连；小数部分只有在低位是零，而且被熄灭时，高位才有灭零输入信号。这样，就可以把前、后多余的零熄灭了。

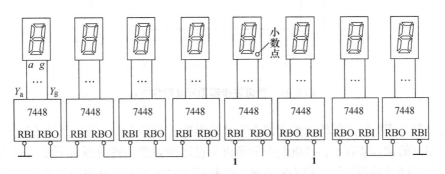

图 6-30　有灭零控制的 8 位数码显示系统

思　考　题

6-4-1　逻辑函数有几种表示方法？它们之间如何相互转换？

6-4-2　组合逻辑电路在逻辑功能上和电路结构上有何特点？

6-4-3　二进制译码（编码）器和二十进制译码（编码）器有何不同？

6.5　Multisim 仿真举例

6.5.1　逻辑函数的转换与化简

逻辑转换器"Logic Converter"对于数字信号的分析是非常方便的，它可以将电路图、真值表及逻辑表达式相互转换。

在 Multisim 右侧的仪表工具栏中找到"Logic Converter"按钮，单击此按钮后拖拽到电路图设计窗口，然后单击放置在合适位置。双击逻辑转换器 XLC1 图标，屏幕上便会弹出逻辑转换器的操作窗口"Logic Converter-XLC1"，如图 6-31 所示。控制面板左侧为真值表输入、显示栏，右侧控制按钮功能自上而下分别为：电路图转换为真值表、真值表转换为逻辑表达式、真值表转换为最简逻辑表达式、逻辑表达式转换为真值表、逻辑表达式转换为与、或、非门组成的电路图、逻辑表达式转换为与非门电路图。

图 6-31 中输入的真值表为例 6-8 的三人表决器，单击右侧第二个按钮，即生成逻辑表达式，转换结果显示在逻辑转换器操作窗口底部的一栏中。注意，非逻辑表示为右上角"'"。单击右侧第三个按钮，即生成表达式最简与或式。单击右侧第五、六个按钮，即生成相应的逻辑图。

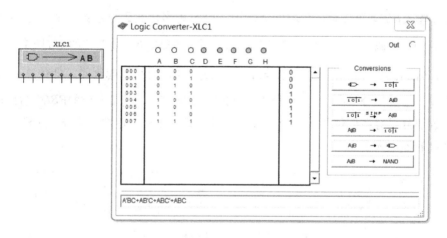

图 6-31　逻辑转换器图标及操作窗口

如需将某个逻辑电路图转化为真值表等其他形式，应首先将电路中的输入节点连接到逻辑转换器相应的输入节点上，将电路中的输出节点连接到逻辑转换器右下角的输出节点上。图 6-32 中为例 6-7 的逻辑图，单击右边第一个按钮，真值表便会在逻辑转换器上显示出来；单击右边第二个按钮，即生成逻辑表达式。

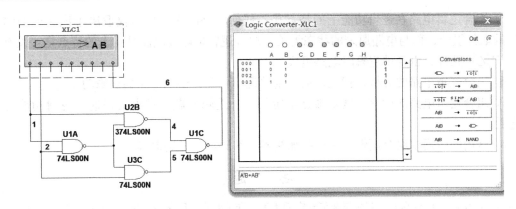

图 6-32　电路图转换成其他逻辑形式

6.5.2　译码器逻辑功能验证

调用 TTL 库里的 3-8 译码器 74LS138D，输入 3 位二进制从高位到低位为 CBA，8 个输出端每次输出时，只有一个为低电平，其余为高电平。如当输入 CBA 为 010，输出 $\overline{Y2}$ 低电平，X2 灯灭，其余灯亮，如图 6-33 所示。

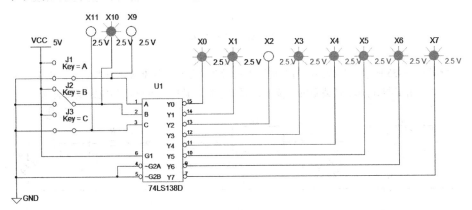

图 6-33　3-8 译码器 74LS138D

本 章 小 结

1. 逻辑代数是分析与设计逻辑电路的数学工具。逻辑代数中最基本的逻辑关系有与逻辑、或逻辑和非逻辑三种，与之对应的逻辑门为与门、或门和非门。常见的复合逻辑运算有与非、或非、与或非、异或和同或等。

2. 门电路可分为分立元件门电路和集成门电路两类，目前广泛使用的集成电路有 TTL 门电路和 CMOS 门电路。

3. 一个逻辑问题可用逻辑函数来描述，逻辑函数有真值表、逻辑表达式、逻辑图、卡诺图和波形图等几种常用的表示方法，它们各具特点并可以相互转换。

4. 逻辑函数化简的目的是为了获得最简逻辑函数式，从而使逻辑电路简单、成本低、可靠性高。逻辑函数的化简方法有公式化简法和卡诺图化简法。

5. 组合逻辑电路在逻辑功能上的特点是：任何时刻的输出信号仅取决于该时刻的输入信号的取值组合，而与电路原来的状态无关。组合逻辑电路在电路结构上的特点是：没有存储（记忆）元件，由各种逻辑门电路组成。

6. 组合逻辑电路的分析，就是根据给定的逻辑电路，确定电路的逻辑功能。

7. 组合逻辑电路的设计，就是根据给定的实际逻辑问题，求出实现这一逻辑功能的逻辑电路。

8. 常用的中规模组合逻辑器件包括加法器、编码器、译码器等。

习　题

6-1　电路如图6-34所示。若状态赋值规定用 **1** 表示开关闭合，用 **0** 表示开关断开；用 **1** 表示灯亮，用 **0** 表示灯灭。试列出 Y 与 A、B、C 关系的真值表，写出逻辑表达式，并画出相应的逻辑符号。

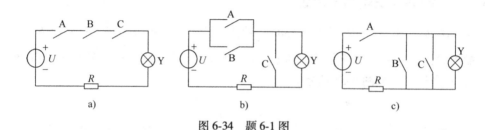

图6-34　题6-1图

6-2　电路如图6-35所示。若状态赋值规定用 **1** 表示开关闭合，用 **0** 表示开关断开；用 **1** 表示灯亮，用 **0** 表示灯灭。试列出 Y 与 A、B、C 关系的真值表，写出逻辑表达式，并画出相应的逻辑符号。

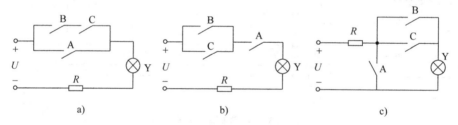

图6-35　题6-2图

6-3　若输入信号 A、B 的波形如图6-36b所示，试画出图6-36a中三种门电路输出 Y_1、Y_2、Y_3 的波形。

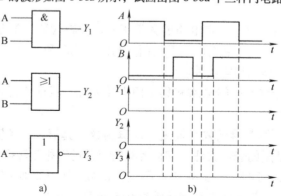

图6-36　题6-3图

6-4　常用 TTL 集成门电路如图 6-37a 所示，已知输入 A、B 波形如图 6-37b 所示，试写出输出 Y_1、Y_2、Y_3、Y_4 的逻辑表达式，并画出各输出的波形。

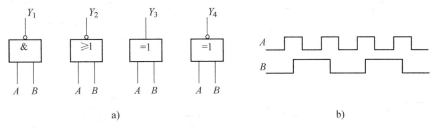

a) 　　　　　　　　　　　　　　　　　b)

图 6-37　题 6-4 图

6-5　用三态非门组成的总线换路开关如图 6-38a 所示。图中 A、B 为信号输入端，E 为换路控制端，它们的波形如图 6-38b 所示，试画出 Y_1、Y_2 的波形。

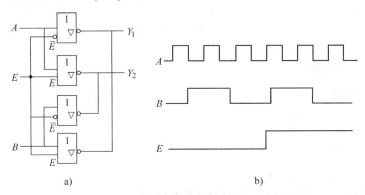

a) 　　　　　　　　　　　　　　　　　b)

图 6-38　题 6-5 图

6-6　二极管门电路如图 6-39a 和 b 所示，试分析电路的逻辑功能，写出输出 Y_1、Y_2 与输入 A、B、C 之间的逻辑关系，并画出相应的逻辑符号；若输入 A、B、C 的波形如图 6-39c 所示，画出输出 Y_1、Y_2 的波形。

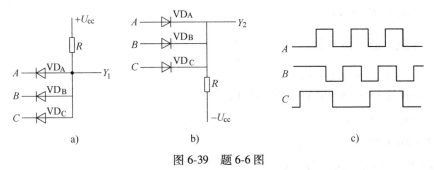

a) 　　　　　　　　　　b) 　　　　　　　　　　c)

图 6-39　题 6-6 图

6-7　试写出图 6-40 所示各电路输出 Y 的逻辑表达式。

6-8　试画出下列逻辑函数的逻辑图。

（1）$Y = (A + \bar{B})\, C$

（2）$Y = \overline{AB + B\,\bar{C}}$

（3）$Y = (\bar{A} + B)(A + C)$

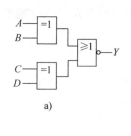

a)

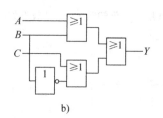

b)

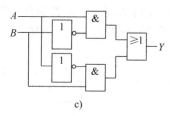

c)

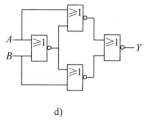

d)

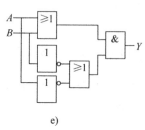

e)

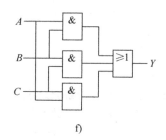

f)

图 6-40　题 6-7 图

(4) $Y = \overline{A}(B + C) + BC$

(5) $Y = AB + A\,\overline{C}D + B\,\overline{D}$

(6) $Y = (AB\overline{C} + \overline{A}C\,\overline{D})A\,\overline{C}D$

(7) $Y = \overline{\overline{AB} + (C \oplus D)}$

(8) $Y = \overline{(AB\,\overline{C} + \overline{B}C)\,\overline{D}} + \overline{A}\,\overline{BD}$

6-9　试画出用与非门和反相器实现下列逻辑函数的逻辑图。

(1) $Y = \overline{A}B + A\overline{B}$

(2) $Y = A\overline{B} + B\,\overline{C} + ABC$

(3) $Y = \overline{A}B + (\overline{A} + B)\,\overline{C}$

(4) $Y = \overline{AB\overline{C} + AB\,\overline{C} + \overline{A}BC}$

(5) $Y = A\,\overline{BC} + \overline{\overline{AB}} + BC + \overline{A}\,\overline{B}$

(6) $Y = (A + \overline{B})(\overline{A} + B)C + B\,\overline{C}$

6-10　试用逻辑代数的基本定理证明下列各式。

(1) $A\overline{B}C + \overline{A} + B + \overline{C} = \mathbf{1}$

(2) $\overline{A}\,\overline{B} + A\overline{B} + \overline{A}B = \overline{A} + \overline{B}$

(3) $AB + BC\,\overline{D} + \overline{A}C + \overline{B}C = AB + C$

(4) $A + \overline{B} + \overline{CD} + \overline{AD \cdot \overline{B}} = A + B$

6-11　用公式法将下列逻辑函数化简为最简与或式。

(1) $Y = A\overline{B} + \overline{A}B + B$

(2) $Y = \overline{A}\,\overline{B} + \overline{A}B + A\overline{B}$

(3) $Y = A\,\overline{BC} + AB\,\overline{C}$

(4) $Y = \overline{A} + B + C + A\overline{B}\,\overline{C}$

(5) $Y = (B + \overline{B}C)(A + AD + B)$

(6) $Y = (A + B + C)(\overline{A} + \overline{B} + \overline{C})$

(7) $Y = A\overline{D} + A\overline{C} + C\overline{D} + AD$

(8) $Y = A(\overline{A} + B) + B(B + C) + B$

(9) $Y = A\overline{B} + B\overline{C} + \overline{A}B + AC$

(10) $Y = A\overline{B}CD + ABD + A\overline{C}D$

6-12 用公式法将下列逻辑函数化简为最简与或式。

(1) $Y = AB + A\overline{B} + \overline{A}B + \overline{A}\,\overline{B}$

(2) $Y = (A\overline{B} + \overline{A}B)(AB + \overline{A}\,\overline{B})$

(3) $Y = (\overline{A} + \overline{B} + \overline{C})(B + \overline{B} + C)(C + \overline{B} + \overline{C})$

(4) $Y = (A + AB + ABC)(A + B + C)$

(5) $Y = ABC + \overline{A}B + AB\overline{C}$

(6) $Y = \overline{A\,\overline{C}B} + A\overline{C} + \overline{B + BC}$

(7) $Y = \overline{A}\,\overline{B}C + \overline{A}\,\overline{B}\,\overline{C} + A\overline{B}\,\overline{C} + A\overline{B}C$

(8) $Y = \overline{A}\,\overline{B}C + \overline{A}BC + AB + A\overline{B}$

(9) $Y = A\overline{B} + \overline{A}\,\overline{C}D + \overline{B}\,\overline{C}D + C$

(10) $Y = A + \overline{\overline{B} + CD} + \overline{AD\,\overline{B}}$

6-13 试根据表 6-23 写出输出 Y_1、Y_2 的逻辑表达式,并将其化简为最简与或式。

6-14 写出图 6-41 所示电路的逻辑表达式,并化简为最简与或式,分析电路的逻辑功能。

6-15 写出图 6-42 所示电路的逻辑表达式,并化简为最简与或式,分析电路的逻辑功能。

6-16 分别用与非门设计能实现下列功能的组合逻辑电路:

(1) 四变量多数表决电路(四个变量中有三个或四个变量为 1 时输出为 1)。

(2) 四变量判奇电路(四个变量中 1 的个数为奇数时,电路输出为 1,否则为 0)。

(3) 四变量判偶电路(四个变量中 1 的个数为偶数时,电路输出为 1,否则为 0)。

(4) 四变量一致电路(四个变量状态完全相同时,电路输出为 1,否则为 0)。

表 6-23 题 6-13 表

A	B	C	Y_1	Y_2
0	0	0	0	1
0	0	1	0	0
0	1	0	1	0
0	1	1	1	1
1	0	0	1	0
1	0	1	1	1
1	1	0	1	1
1	1	1	1	0

6-17 试用与非门设计一个监视交通信号灯工作状态的逻辑电路,每组信号灯由红、黄、绿三盏灯组成。正常情况下,任何时刻必有 1 盏灯点亮。出现其他状态表明电路发生故障,要求发出故障信号,以提醒工作人员前去修理。

6-18 某十字路口的交通管制灯需一个报警电路,当红、黄、绿三种信号灯单独亮或者黄、绿灯同时亮时为正常情况,其他情况均属不正常。发生不正常情况时,输出端应输出高电平报警信号。试用与非门实现这一要求。

6-19 试设计一个故障显示电路,要求如下:(1) 两台电动机 A 和 B 正常工作时,绿灯 Y_1 亮;(2) A

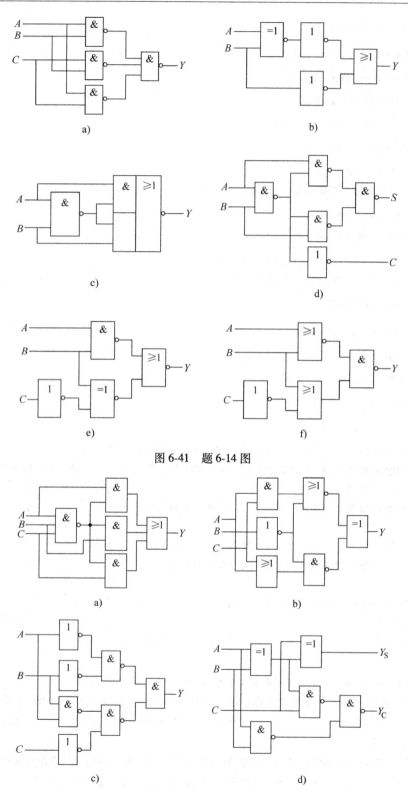

图 6-41　题 6-14 图

图 6-42　题 6-15 图

或 B 发生故障时，黄灯 Y_2 亮；（3）A 和 B 都发生故障时，红灯 Y_3 亮。

6-20　用红、黄、绿三个指示灯表示三台设备的工作状况：绿灯亮表示三台设备全部正常，黄灯亮表示有一台设备不正常，红灯亮表示有两台设备不正常，红、黄灯都亮表示三台设备都不正常。试列出控制电路的真值表，并用合适的门电路实现。

6-21　某产品有 A、B、C、D 四项质量指标，其中 A 是主要的，必须满足，其他三项只要任意两项满足，产品就算合格，试用与非门设计出产品合格的逻辑电路。

6-22　试分别用与非门设计一个组合逻辑电路，它输入的是 4 位二进制数 $B_3B_2B_1B_0$。

（1）当 $2 < B < 9$ 时，输出 Y 为 **1**，否则为 **0**；

（2）当 B 能被 2 整除时，输出 Y 为 **1**，否则为 **0**。

6-23　设有三台电动机 A、B、C，要求 A 开机 C 必须开机，B 开机 C 也必须开机，C 可单独开机，如不满足上述要求发出报警信号，试写出输出报警的逻辑表达式（电动机开机及输出报警均用 **1** 表示），并画出逻辑电路图。

6-24　利用 Multisim 仿真完成题 6-13。

6-25　利用 Multisim 仿真完成题 6-14。

第 7 章　触发器与时序逻辑电路

在很多数字电路，如计数器、数字钟、多路彩灯控制器、数字测量显示系统中，不仅需要对二值信号进行算术运算和逻辑运算，还经常需要将这些信号和运算结果保存起来，即需要使用具有记忆功能的时序逻辑电路。时序逻辑电路的特点是：电路在任一时刻的输出不仅取决于该时刻电路的输入信号，而且还取决于电路原来的状态。而第 6 章讲的组合逻辑电路没有记忆功能，这是两种电路的根本区别。组合逻辑电路的基本单元电路是门电路，时序逻辑电路的基本单元电路称为触发器。把能够存储 1 位二值信号的基本单元电路统称为触发器。

本章在介绍常用触发器的电路结构、动作特点和逻辑功能的基础上，重点介绍时序逻辑电路分析的一般方法和常用中规模时序逻辑芯片的功能及应用。

7.1　触发器

现已研制出的触发器有很多种，其分类方式也很多。按电路结构的不同，可分为基本 RS 触发器、同步触发器、主从触发器、边沿触发器等；按逻辑功能的不同，可分为 RS 触发器、JK 触发器、T 触发器、D 触发器等；按其稳定工作状态，又可分为双稳态触发器、单稳态触发器、无稳态触发器（也称为多谐振荡器）等。

本节针对双稳态触发器，单稳态和无稳态在 7.4 节做简单介绍。双稳态触发器具有两个基本特点：第一，具有两个能自行保持的稳定状态（称为 1 状态和 0 状态）；第二，根据不同的输入信号（又称为触发信号）可以从其他状态置成 1 状态或 0 状态。

7.1.1　基本 RS 触发器

1. 电路结构与工作原理

基本 RS 触发器是各种触发器中电路结构最简单的一种，由它衍生出许多电路结构复杂的触发器。下面通过一个电路说明从门电路演变到触发器的过程。

前面介绍的各种组合逻辑门电路虽然都可以输出高电平 1 和低电平 0，但都不能自行保持。例如在图 7-1a 所示电路中，如果只有一个或非门 G_1，它的一个输入是 u_{i1}，那么当另一

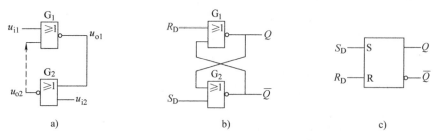

图 7-1　或非门组成的基本 RS 触发器电路演变过程

a）演变示意图　b）规范画法　c）逻辑符号

个输入端固定接低电平时，输出 u_{O1} 将随输入 u_{i1} 的改变而改变，因此它不具备记忆功能。

再增加一个或非门 G_2，让两个或非门的输出反馈回对方的输入端，两个或非门的输出就不再仅由两个输入 u_{i1} 和 u_{i2} 决定，即使原来加在输入端上的 u_{i1} 信号消失了，u_{O1} 和 u_{O2} 的状态也能保持下去，这就变成了基本 RS 触发器电路。将电路稍作整理成为图 7-1b 所示的规范形式，两个输出端分别用 Q 和 $\overline{Q}$ 表示，并且定义 $Q=1$、$\overline{Q}=0$ 为触发器的 **1** 状态，$Q=0$、$\overline{Q}=1$ 为触发器的 **0** 状态。两个输入端分别改用 S_D 和 R_D，S_D 称为置位端或置 **1** 输入端，R_D 称为复位端或置 **0** 输入端。图 7-1c 所示为用或非门组成的基本 RS 触发器的逻辑符号。

下面具体分析这个基本 RS 触发器的逻辑功能。

（1）保持功能

当 $S_D=R_D=0$ 时，若触发器原来的状态为 **0** 状态，即 $Q=0$、$\overline{Q}=1$，由于 $\overline{Q}=1$ 送到了 G_1 的输入端，G_1 输出 $Q=0$，而 $Q=0$ 和 $S_D=0$ 使 G_2 维持 $\overline{Q}=1$，即电路维持原来的 **0** 状态不变；若触发器原来的状态为 **1** 状态，即 $Q=1$、$\overline{Q}=0$，由于 $Q=1$ 送到了 G_2 的输入端，G_2 输出 $\overline{Q}=0$，而 $\overline{Q}=0$ 和 $R_D=0$ 使 G_1 维持 $Q=1$，即电路维持原来的 **1** 状态不变。

这种情况下，称触发器具有保持功能，输入信号无效。

（2）置 **1** 功能

当 $R_D=0$、$S_D=1$ 时，触发器被设置成 **1** 状态，即 $Q=1$、$\overline{Q}=0$，这种功能称为置 **1** 功能。因为当 $R_D=0$、$S_D=1$ 时，如果触发器原来是处在 **1** 状态，则仍保持 **1** 状态不变，即 $Q=1$、$\overline{Q}=0$ 的状态不会改变；如果触发器原来处在 **0** 状态，则由于 $S_D=1$ 送到了 G_2 的输入端，G_2 输出 $\overline{Q}=0$，而 $\overline{Q}=0$ 和 $R_D=0$ 使 G_1 输出 $Q=1$，即触发器置为 **1** 状态。

（3）置 **0** 功能

当 $R_D=1$、$S_D=0$ 时，触发器被设置成 **0** 状态，即 $Q=0$、$\overline{Q}=1$，这种功能称为置 **0** 功能。因为当 $R_D=0$、$S_D=1$ 时，如果触发器原来是处在 **0** 状态，则仍保持 **0** 状态不变，即 $Q=0$、$\overline{Q}=1$ 的状态不会改变；如果触发器原来处在 **1** 状态，则由于 $R_D=1$ 送到了 G_1 的输入端，G_1 输出 $Q=0$，而 $Q=0$ 和 $S_D=0$ 使 G_2 输出 $\overline{Q}=1$，即触发器置为 **0** 状态。

保持、置 **1**、置 **0** 是触发器实现存储功能的基本要求。还有一种特殊情况：当 $S_D=R_D=1$ 时，不论触发器的初始状态如何，$Q=\overline{Q}=0$，这既不是定义的 **1** 状态，也不是定义的 **0** 状态。而且，如果 S_D 和 R_D 同时由 **1** 变为 **0**，则无法断定 Q 和 $\overline{Q}$ 究竟哪一个为 **1**，哪一个为 **0**。因此，在正常工作时不允许输入 $S_D=R_D=1$，即输入信号应该遵守 $S_D R_D=0$ 这一约束条件。

将上述逻辑关系列成真值表，就得到表 7-1。把触发器新的状态 Q^{n+1} 称为次态，触发器原来的状态 Q^n 称为初态。触发器的次态不仅与输入的状态有关，而且与初态有关，所以把初态 Q^n 也作为一个变量列入了真值表，并将 Q^n 称为状态变量，把这种含有状态变量的真值表称为触发器的特性表（或功能表）。

用两个与非门也可以构成基本 RS 触发器，如图 7-2 所示。这个电路是以低电平作为有效

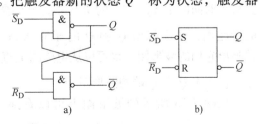

图 7-2　用与非门组成的基本 RS 触发器

a）电路结构　b）逻辑符号

输入信号的，所以用 $\bar{S}_D$ 和 $\bar{R}_D$ 分别表示置 1 端和置 0 端。在图 7-2b 所示的逻辑符号上，用输入端的小圆圈表示低电平作有效输入信号，或者称为低电平有效。表 7-2 是它的特性表。由于 $\bar{S}_D = \bar{R}_D = 0$ 时出现 $Q = \bar{Q} = 1$ 状态，而且当 $\bar{S}_D$ 和 $\bar{R}_D$ 同时从 0 变为 1 以后触发器的状态难于确定，所以在正常工作时同样不应加以 $\bar{S}_D = \bar{R}_D = 0$ 的输入信号。读者可自己分析工作原理。

表 7-1   用或非门组成的基本 RS 触发器的特性表

S_D	R_D	Q^n	Q^{n+1}
0	0	0	0
0	0	1	1
1	0	0	1
1	0	1	1
0	1	0	0
0	1	1	0
1	1	0	0*
1	1	1	0*

* S_D、R_D 的 1 状态同时消失后状态不定。

表 7-2   用与非门组成的基本 RS 触发器的特性表

$\bar{S}_D$	$\bar{R}_D$	Q^n	Q^{n+1}
1	1	0	0
1	1	1	1
0	1	0	1
0	1	1	1
1	0	0	0
1	0	1	0
0	0	0	1*
0	0	1	1*

* $\bar{S}_D$、$\bar{R}_D$ 的 0 状态同时消失以后状态不定。

2. 动作特点

由图 7-1b 和图 7-2a 可看出，在基本 RS 触发器中，由于输入信号直接加在输出门上，所以只要输入信号有效，就能直接改变输出端 Q 和 $\bar{Q}$ 的状态，这就是基本 RS 触发器的动作特点。这种直接加到输出门，可以直接控制触发器输出状态的信号称为直接置位端（也称为置 1 端，常用 S_D 或 $\bar{S}_D$ 表示）或直接复位端（也称为置 0 端，常用 R_D 或 $\bar{R}_D$ 表示）。由表 7-1 和表 7-2 比较可知，对或非门组成的 RS 触发器，$S_D = 1$、$R_D = 0$ 为置 1 端有效，$S_D = 0$、$R_D = 1$ 为置 0 端有效，即高电平为有效触发信号；对与非门组成的 RS 触发器，$\bar{S}_D = 0$、$\bar{R}_D = 1$ 为置 1 端有效，$\bar{S}_D = 1$、$\bar{R}_D = 0$ 为置 0 端有效，即低电平为有效触发信号。

【**例 7-1**】 在图 7-3a 所示的基本 RS 触发器电路中，已知 $\bar{S}_D$ 和 $\bar{R}_D$ 的电压波形如图 7-3b 所示，试画出 Q 和 $\bar{Q}$ 对应的电压波形。

解：这是一个用已知的输入 $\bar{S}_D$ 和 $\bar{R}_D$ 的状态确定输出 Q 和 $\bar{Q}$ 状态的问题。只要根据每个时间段中 $\bar{S}_D$ 和 $\bar{R}_D$ 的状态去查触发器的特性表，即可找出 Q 和 $\bar{Q}$ 的相应状态，并画出它们的波形图。也可以从电路图上直接分析得出 Q 和 $\bar{Q}$ 端的波形图。

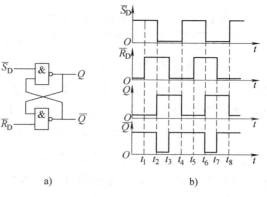

图 7-3   例 7-1 图
a）电路结构 b）电压波形

从图 7-3b 所示的波形图上可以看到，虽然在 $t_3 \sim t_4$ 和 $t_7 \sim t_8$ 期间输入端出现了 $\bar{S}_D = \bar{R}_D = 0$ 的状态，但由于 $\bar{S}_D$ 和 $\bar{R}_D$ 不是同时从 0 变到 1，而是 $\bar{S}_D$ 首先回到了高电平，所以触发器的次态仍是可以确定的。

7.1.2　常见触发器的电路结构及动作特点

在数字系统中，为协调各部分的动作，常常要求某些触发器在规定的时刻动作，这时基本 RS 触发器无法满足要求，必须在其输入端再引入一个时钟脉冲信号，简称时钟，用 CP (Clock Pulse) 表示。触发器只有在时钟信号到达时才能按照输入信号去改变输出状态。这种受时钟信号控制的触发器统称为时钟触发器（或钟控触发器），以区别于直接置位、直接复位的基本 RS 触发器。

根据电路结构的不同，时钟触发器又分为同步触发器和边沿触发器。下面主要对这两种触发器在使用中的优缺点进行分析。

1. 同步 RS 触发器

同步触发器的特点就是只有在同步时钟信号到达时才按输入信号改变输出状态。同步触发器有同步 RS 触发器、同步 JK 触发器、同步 D 触发器、同步 T 触发器等。本书仅介绍同步 RS 触发器。

图 7-4 所示为一种最简单的同步 RS 触发器电路。该电路由两部分组成：与非门 G_1、G_2 组成基本 RS 触发器，与非门 G_3、G_4 组成输入控制电路。当 $CP=0$ 时，G_3、G_4 输出恒为 **1**，与 S、R 输入端无关，即输入信号 S、R 不会影响输出端的状态，故触发器保持原状态不变。但 $CP=1$ 时，S、R 信号通过 G_3、G_4 反相后加到由 G_1 和 G_2 组成的基本 RS 触发器上，使 Q 和 $\overline{Q}$ 的状态跟随输入信号的变化而变化。其特性表见表 7-3，表中的"×"表示任意值，下同。

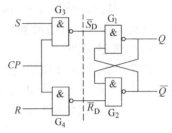

图 7-4　同步 RS 触发器电路结构

表 7-3　同步 RS 触发器的特性表

CP	S	R	Q^n	Q^{n+1}	CP	S	R	Q^n	Q^{n+1}
0	×	×	0	0	1	1	0	1	1
0	×	×	1	1	1	0	1	0	0
1	0	0	0	0	1	0	1	1	0
1	0	0	1	1	1	1	1	0	1*
1	1	0	0	1	1	1	1	1	1*

* CP 回到低电平后状态不定。

从表 7-3 可见，当 CP 信号未到来（$CP=0$ 期间）时，同步触发器不接受输入信号，触发器的状态保持不变。当 CP 信号到来（$CP=1$ 期间）时，触发器接受输入信号，正常工作。像这种 CP 在高电平的整个期间都能起作用的时钟控制方式又称为电平触发方式。这就意味着在 $CP=1$ 期间，只要输入信号有变化，就会引起触发器状态的改变。如果在一个时钟周期里，由于输入信号的变化引起触发器的状态发生两次或两次以上的转移，这种现象称为触发器的空翻。空翻降低了电路的抗干扰能力。如果要求在 $CP=1$ 期间，触发器的输出端只发生一次状态转移的话，就要对时钟信号的宽度提出苛刻要求，即 CP 脉冲的宽度既要保证触发器状态可靠地发生一次转移，又要防止触发器状态发生第二次转移，这是电平触发方式的不足。为从根本上解决空翻问题，只有采取其他的电路结构。

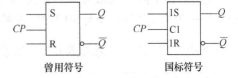

图 7-5 所示的同步 RS 触发器的逻辑符号中，

图 7-5　同步 RS 触发器逻辑符号

CP 为高电平时有效，其他同步触发器的逻辑符号只要输入端做相应的改变即可。

【例 7-2】 已知同步 RS 触发器的输入信号波形如图 7-6 所示，试画出 Q 和 $\overline{Q}$ 端的电压波形。设触发器的初始状态 $Q=0$。

解： 由给定的输入电压波形可见，在第一个 CP 高电平期间先是 $S=1$、$R=0$，输出被置成 $Q=1$、$\overline{Q}=0$。随后输入变成了 $S=R=0$，因而输出状态保持不变。最后输入又变为 $S=0$、$R=1$，将输出置成 $Q=0$、$\overline{Q}=1$，故 CP 脉冲回到低电平以后触发器停留在 $Q=0$、$\overline{Q}=1$ 的状态。在第二个 CP 高电平期间若 $S=R=0$，则触发器的输出状态应保持不变。但由于在此期间 S 端出现了一个干扰脉冲，因而触发器被置成了 $Q=1$。

2. 边沿触发器

为了提高触发器工作的可靠性，增强抗干扰能力，人们希望触发器的次态能够仅仅取决于 CP 信号的下降沿（或上升沿）到达时刻输入信号的状态，而在此之前和之后输入状态的变化对触发器的次态都没有影响。为此人们研制成了各种边沿触发器。这类触发器的电路形式较多，但特点相同。其中 JK 触发器和维持阻塞结构的 D 触发器在 TTL 电路中用得比较多，在此介绍这两种边沿触发器。

（1）JK 触发器

图 7-7 是以 CP 下降沿为有效触发信号的边沿 JK 触发器，特点是两个与或非门 G_1、G_2 构成基本 RS 触发器，与非门 G_3、G_4 作为输入端的控制门，要求控制门的延迟传输时间大于基本 RS 触发器的翻转时间，具体分析如下。

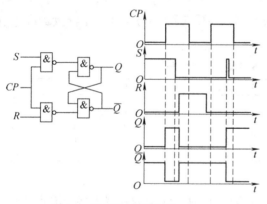

图 7-6　例 7-2 图

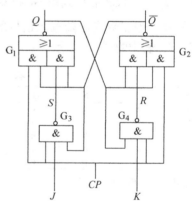

图 7-7　边沿 JK 触发器电路图

在 $CP=0$ 期间，G_3、G_4 的输出 $S=R=1$，触发器的输出状态保持不变。

在 $CP=1$ 期间，由下式可以推出触发器的状态仍然保持不变。

$$Q^{n+1} = \overline{\overline{Q^n} \cdot CP + \overline{Q^n} \cdot S} = \overline{\overline{Q^n} + \overline{Q^n} \cdot S} = Q^n$$

$$\overline{Q^{n+1}} = \overline{Q^n \cdot CP + Q^n \cdot R} = \overline{Q^n + Q^n \cdot R} = \overline{Q^n}$$

当 CP 的下降沿到来时，一方面 CP 信号直接加在 G_1、G_2 的外侧与门输入端将它们封锁；另一方面 CP 经一个与非门的延迟时间 t_{pd} 后才能使 G_3、G_4 的输出 S、R 变为 1，在它们没有变成“1”之前，仍维持 CP 下降沿到来前的状态，即 $S=\overline{J\overline{Q^n}}$、$R=\overline{KQ^n}$，这时的 $\overline{Q^n} = \overline{R \cdot Q^n + Q^n \cdot CP} = \overline{\overline{RQ^n} + Q^n \cdot 0} = \overline{\overline{KQ^n} \cdot Q^n} = KQ^n + \overline{Q^n}$。所以触发器的输出为

$$Q^{n+1} = \overline{\overline{Q^n} \cdot 0} + \overline{Q^n} \cdot S = \overline{\overline{Q^n} \cdot \overline{J Q^n}} = (KQ^n + \overline{Q^n}) \cdot (\overline{J} + Q^n) = J\overline{Q^n} + \overline{K}Q^n$$

当 J、K 取不同值时，触发器的输出按照表 7-4 所示的规律变化。

总之，该触发器是在 CP 下降沿到来之前接收 J、K 信号，在 CP 下降沿到来之时才响应 J、K 信号，瞬间完成了一次触发的变化，在 CP 下降沿之后因为 $CP=0$ 又封锁了新的 J、K 信号，这样可以有效地防止多次翻转的现象。图 7-8 是边沿 JK 触发器的逻辑符号，符号中的小三角表示边沿触发，小圆圈表示 CP 下降沿有效。

表 7-4 边沿 JK 触发器特性表

CP	J	K	Q^n	Q^{n+1}	CP	J	K	Q^n	Q^{n+1}
×	×	×	×	Q^n	⌐	0	1	0	0
⌐	0	0	0	0	⌐	0	1	1	0
⌐	0	0	1	1	⌐	1	1	0	1
⌐	1	0	0	1	⌐	1	1	1	0
⌐	1	0	1	1					

（2）D 触发器

以图 7-9 所示的维持阻塞 D 触发器为例说明边沿 D 触发器的特点。

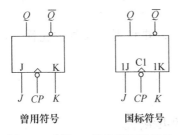

图 7-8 边沿 JK 触发器逻辑符号

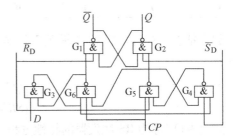

图 7-9 维持阻塞 D 触发器电路

$\overline{S}_D$ 和 $\overline{R}_D$ 直接接到与非门 G_1 和 G_2 的输入端，起到直接置 1 和直接置 0 的作用。分析 D 触发器的工作原理时，将 $\overline{S}_D$ 和 $\overline{R}_D$ 接到高电平，令其无效即可。

当 $CP=0$ 时，G_5 和 G_6 输出都是 1，触发器输出 Q、$\overline{Q}$ 状态不变。若 $D=1$，G_3 的输出等于 0，G_4 的输出等于 1。当 CP 由 0 变 1 时，G_6 输出仍为 1，G_5 的输出为 0，所以 $Q=1$、$\overline{Q}=0$；同理，若 $D=0$，当 CP 由 0 变 1 时，可以分析出 $Q=0$、$\overline{Q}=1$，特性表见表 7-5。

表 7-5 维持阻塞 D 触发器特性表

CP	D	Q^n	Q^{n+1}
×	×	×	Q^n
⌐	0	0	0
⌐	0	1	0
⌐	1	0	1
⌐	1	1	1

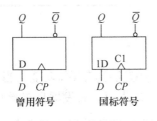

图 7-10 维持阻塞 D 触发器逻辑符号

由上述分析可知，不论 D 触发器的初态如何，在 CP 上升沿的作用下，触发器的状态均与输入信号 D 一致。由于 D 触发器维持了正确的状态，阻塞了不正确的状态，故称为维持阻塞 D 触发器。图 7-10 是 CP 上升沿触发有效时边沿 D 触发器的逻辑符号。可以看出，边沿触发器分为上升沿触发和下降沿触发两种电路。

7.1.3　常见触发器的逻辑功能描述

在分析或者设计时序电路时，往往更关注所使用触发器的逻辑功能。下面按照逻辑功能的分类，对常见的 RS 触发器、JK 触发器、T 触发器和 D 触发器进行总结和比较。

1. RS 触发器

凡在时钟信号作用下，符合表 7-6 所规定的逻辑功能的触发器，称为 RS 触发器。RS 触发器具有保持、置 0、置 1 的功能，但是应用时要遵循 $SR=0$ 的输入约束。

表 7-6　RS 触发器的特性表

S	R	Q^n	Q^{n+1}	S	R	Q^n	Q^{n+1}
0	0	0	0	1	0	0	1
0	0	1	1	1	0	1	1
0	1	0	0	1	1	0	不定
0	1	1	1	1	1	1	不定

如果把表 7-6 所规定的逻辑关系写成逻辑函数式，并利用约束条件化简，便可得出下式：

$$\begin{cases} Q^{n+1} = S + \bar{R}Q^n \\ SR = 0 \end{cases} \tag{7-1}$$

式（7-1）称为 RS 触发器的特性方程，$SR=0$ 为约束条件。

2. JK 触发器

凡在时钟信号作用下，符合表 7-7 规定的逻辑功能的触发器，称为 JK 触发器。

表 7-7　JK 触发器的特性表

J	K	Q^n	Q^{n+1}	J	K	Q^n	Q^{n+1}
0	0	0	0	1	0	0	1
0	0	1	1	1	0	1	1
0	1	0	0	1	1	0	1
0	1	1	0	1	1	1	0

根据表 7-7 可以得到 JK 触发器的特性方程为

$$Q^{n+1} = J\,\overline{Q^n} + \bar{K}Q^n \tag{7-2}$$

由式（7-2）可以看出，当 $J=0$、$K=0$ 时，$Q^{n+1}=Q^n$，触发器具有保持功能；当 $J=0$、$K=1$ 时，$Q^{n+1}=0$，触发器具有置 0 功能；当 $J=1$、$K=0$ 时，$Q^{n+1}=1$，触发器具有置 1 功能；当 $J=1$、$K=1$ 时，$Q^{n+1}=\overline{Q^n}$，触发器具有翻转功能。由于 JK 触发器功能比较齐全，又称为全功能触发器，应用时又没有输入约束，因此得到广泛应用。

3. T 触发器

在某些场合下，需要这样一种逻辑功能的触发器：当输入信号 $T=1$ 时，每来一个 CP 信号它的状态就翻转一次；当 $T=0$ 时，CP 信号到达后它的状态保持不变。具备这种逻辑功能的触发器称为 T 触发器。它的特性表如表 7-8 所示，可以看出 T 触发器具有保持、翻转的功能。

从特性表 7-8 写出 T 触发器的特性方程为

$$Q^{n+1} = T\overline{Q^n} + \overline{T}Q^n \tag{7-3}$$

事实上，只要将 JK 触发器的两个输入端连在一起作为 T 端，就可以构成 T 触发器。正因为如此，在触发器的定型产品中通常没有专门的 T 触发器。T 触发器的逻辑符号如图 7-11 所示。

当 T 触发器的输入端固定接高电平时（即 T 恒等于 **1**），则式（7-3）变为

$$Q^{n+1} = \overline{Q^n} \tag{7-4}$$

即每次 CP 信号作用后触发器必然翻转成与初态相反的状态。有时也把这种接法的触发器称为 T′ 触发器。其实，T′ 触发器只不过是处于一种特定工作状态下的 T 触发器而已。

表 7-8　T 触发器的特性表

T	Q^n	Q^{n+1}
0	0	0
0	1	1
1	0	1
1	1	0

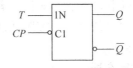

图 7-11　T 触发器的逻辑符号

4. D 触发器

凡在时钟信号作用下逻辑功能符合表 7-9 规定的触发器，称为 D 触发器。可以看出，D 触发器的输出和输入信号始终保持一致，功能齐全，无输入约束，因此得到广泛应用。

表 7-9　D 触发器的特性表

D	Q^n	Q^{n+1}	D	Q^n	Q^{n+1}
0	0	0	1	0	1
0	1	0	1	1	1

从特性表 7-9 写出 D 触发器的特性方程为

$$Q^{n+1} = D \tag{7-5}$$

将 JK、RS、T 三种类型触发器的特性表比较一下可以看出，JK 触发器的逻辑功能强，它包含了 RS 触发器和 T 触发器的所有逻辑功能。因此，在需要使用 RS 触发器和 T 触发器的场合完全可以用 JK 触发器来取代。例如在需要 RS 触发器时，只要将 JK 触发器的 J、K 端当作 S、R 端使用，就可以实现 RS 触发器的功能；在需要 T 触发器时，只要将 J、K 连在一起当作 T 端使用，就可以实现 T 触发器的功能。因此，目前生产的时钟控制触发器定型产品中只有 JK 触发器和 D 触发器这两大类。

思 考 题

7-1-1 如何理解直接置 0 端有效，直接置 1 端有效？什么条件下直接置 0 端有效，直接置 1 端有效？

7-1-2 什么是触发器的空翻现象？哪种触发器存在着空翻现象？怎样克服空翻现象？

7-1-3 添加必要的门电路，将 JK 触发器改接成 D 触发器。

7.2　寄存器与计数器

根据电路中的触发器是否同时翻转，时序电路分为同步时序电路和异步时序电路。在同步时序电路中，所有触发器状态的变化都是在同一时钟信号作用下同时发生的。而在异步时序电路中，触发器状态的变化不是同时发生的。分析一个时序电路，就是要找出这个电路的逻辑功能。具体地说，就是要求找出电路的状态和输出的状态在输入变量和时钟信号作用下的变化规律。

常用的时序逻辑电路有：寄存器、计数器、顺序脉冲发生器、检测器、读/写存储器等，其中寄存器和计数器是最常用的两类时序逻辑电路，理解它们的电路特点是使用集成时序电路芯片的基础。

7.2.1　寄存器

能够存放数码或者二进制逻辑信号的电路，称为寄存器。它被广泛应用于各类数字系统和数字计算机中。一个触发器能储存 1 位二值代码，所以用 N 个触发器组成的寄存器能储存一组 N 位的二值代码。按照功能的不同，寄存器分为两大类：一类是基本寄存器，另一类是移位寄存器。

1. 基本寄存器

基本寄存器电路结构比较简单，可以由基本触发器、同步触发器或边沿触发器组成，对寄存器中的触发器只要求它们具有置 **1**、置 **0** 的功能即可。图 7-12 是用维持阻塞 D 触发器组成的集成 4 位寄存器 74LS175 的逻辑图，根据边沿触发器的动作特点可知，该触发器输出端的状态仅仅取决于 CP 上升沿到达时 D 端的状态。接收数据时 $D_0 \sim D_3$ 是同时输入的，而且触发器中的数据是并行出现在输出端的，因此将这种输入、输出方式称为并行输入、并行输出方式。

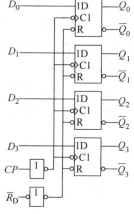

图 7-12　74LS175 的逻辑图

2. 移位寄存器

移位寄存器除了具有存储代码的功能以外，还具有移位功能。所谓移位功能，是指寄存器里存储的代码能在移位脉冲 CP 的作用下依次左移或右移。因此，移位寄存器不但可以用来寄存代码，还可以用来实现数据的串行-并行转换、数值的运算以及数据处理等。

图 7-13 所示电路是由边沿 D 触发器组成的 4 位移位寄存器。其中第一个触发器 FF_0 的输入端接收输入信号 D_1，其余每个触发器的输入端都和前边一个触发器的 Q 端相连，且 CP 的上升沿有效。

假设移位寄存器的初始状态为 $Q_3 Q_2 Q_1 Q_0 = \mathbf{0000}$，要在 4 个时钟周期内输入代码依次为 **1011**。

（1）当第一个 CP 的上升沿到来时，$D_0 = D_1 = \mathbf{1}$、$D_1 = D_2 = D_3 = \mathbf{0}$，4 个触发器被触发后，$Q_0^{n+1} = \mathbf{1}$，$Q_1^{n+1} = Q_2^{n+1} = Q_3^{n+1} = \mathbf{0}$，寄存器的状态为 $Q_3 Q_2 Q_1 Q_0 = \mathbf{0001}$

（2）当第二个 CP 的上升沿到来时，$D_0 = D_1 = \mathbf{0}$、$D_1 = Q_0^n = \mathbf{1}$、$D_2 = D_3 = \mathbf{0}$，4 个触发器被触发后，$Q_0^{n+1} = \mathbf{0}$、$Q_1^{n+1} = \mathbf{1}$、$Q_2^{n+1} = Q_3^{n+1} = \mathbf{0}$，寄存器的状态为 $Q_3 Q_2 Q_1 Q_0 = \mathbf{0010}$

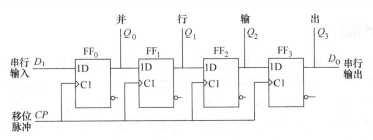

图 7-13　用 D 触发器构成的移位寄存器

（3）当第三个 CP 的上升沿到来时，$D_0 = D_1 = 1$、$D_1 = Q_0^n = 0$、$D_2 = 1$、$D_3 = 0$，4 个触发器被触发后，$Q_0^{n+1} = 1$、$Q_1^{n+1} = 0$、$Q_2^{n+1} = 1$、$Q_3^{n+1} = 0$，寄存器的状态为 $Q_3 Q_2 Q_1 Q_0 = 0101$。

（4）当第四个 CP 的上升沿到来时，$D_0 = D_1 = 1$、$D_1 = Q_0^n = 1$、$D_2 = 0$、$D_3 = 1$，4 个触发器被触发后，$Q_0^{n+1} = 1$、$Q_1^{n+1} = 1$、$Q_2^{n+1} = 0$、$Q_3^{n+1} = 1$，寄存器的状态为 $Q_3 Q_2 Q_1 Q_0 = 1101$。

这时，在移位脉冲（也就是触发器的时钟脉冲）作用下，移位寄存器里代码的移动情况见表 7-10。图 7-14 给出了各触发器输出端在移位过程中的电压波形图。

表 7-10　移位寄存器中代码的移位

CP 的顺序	输入 D_1	Q_0	Q_1	Q_2	Q_3	CP 的顺序	输入 D_1	Q_0	Q_1	Q_2	Q_3
0	0	0	0	0	0	3	1	1	0	1	0
1	1	1	0	0	0	4	1	1	1	0	1
2	0	0	1	0	0						

可以看到，经过 4 个 CP 信号以后，串行输入的 4 位代码全部移入了移位寄存器中，同时在 4 个触发器的输出端得到了并行输出的代码。因此，利用移位寄存器可以实现代码的串行-并行转换。图 7-15 是用 JK 触发器组成的 4 位移位寄存器，它和图 7-13 电路具有同样的逻辑功能。

如果首先将 4 位数据并行置入移位寄存器的 4 个触发器中，然后连续加入 4 个移位脉冲，让移位寄存器里的 4 位代码从串行输出端依次送出，就可以实现数据的并行-串行转换。

为便于扩展逻辑功能和增加使用的灵活性，在定型生产的移位寄存器集成电路上有的又附加了左、右控制、数据并行输入、保持、异步置零（复位）等功能。如 74LS194A 便是 4 位双向移位寄存器。

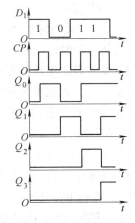

图 7-14　图 7-13 输出端的电压波形

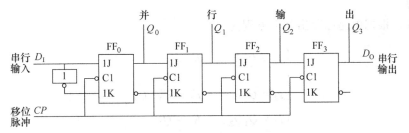

图 7-15　用 JK 触发器构成的移位寄存器

7.2.2   计数器

计数器是用来计算输入脉冲数目的电路。它是用电路的不同状态来表示输入脉冲的个数。计数器循环计数一个周期所需要的脉冲个数称为计数器的模。计数器在数字系统中使用非常广泛，因为它除了计数外，还可用于分频、定时、产生节拍脉冲和脉冲序列等。

计数器的种类繁多，按时钟控制方式分为同步计数器和异步计数器；按计数过程中数字的增减分为加法计数器、减法计数器和可逆计数器（或称为加/减计数器）；按计数器的模分为十进制、六十进制或其他任意进制计数器。

现在使用的计数器大都是集成芯片，会在7.3节专门介绍。比较简单的计数器也可以用触发器添加必要的门电路自行设计，经常需要分析、判断一个时序电路是不是计数器，是几进制的计数器、该计数器是否实用等。下面给出这种情况下同步时序电路的分析步骤：

1）从给定的逻辑图中写出每个触发器的驱动方程（即每个触发器输入信号的逻辑函数式）。

2）把驱动方程代入相应触发器的特性方程，得出每个触发器的状态方程，从而得到由这些状态方程组成的整个时序电路的状态方程组。

3）根据逻辑图写出电路的输出方程。

4）列出完整的状态转换表或画出状态转换图，以便可以直观看出电路的逻辑功能。

5）必要时画出时序图。

6）若电路中有无效状态（即电路中未使用的状态），应检查电路能否自启动。

7）有时需要用文字总结、叙述电路的逻辑功能。

分析异步时序电路时要注意：每次电路状态发生转移时，只有那些接收到有效时钟信号的触发器才需要用状态方程去计算新状态，而没有接收到有效时钟信号的触发器则保持原来的状态不变。其他步骤和分析和同步时序电路一样，但是要在第一步专门写出时钟方程。

1. 同步计数器的分析

【例7-3】   分析图7-16所示电路，（1）写出电路的驱动方程、状态方程和输出方程；（2）画出电路 $Q_3Q_2Q_1$ 的状态转换图；（3）设初始状态 $Q_3Q_2Q_1=000$，画出 $Q_3Q_2Q_1$ 的时序图；（4）说明电路的逻辑功能并检查电路能否自启动。

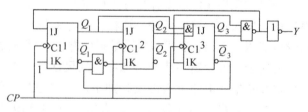

图7-16   例7-3图

解：（1）根据电路图写出驱动方程为

$$
\begin{cases}
J_1 = \overline{Q_2^n Q_3^n}, & K_1 = 1 \\
J_2 = Q_1^n, & K_2 = \overline{\overline{Q_1^n}\ \overline{Q_3^n}} \\
J_3 = Q_1^n Q_2^n, & K_3 = Q_2^n
\end{cases}
\tag{7-6}
$$

把驱动方程代入JK触发器的特征方程：$Q^{n+1}=J\overline{Q^n}+\overline{K}Q^n$，得到状态方程为

$$\begin{cases} Q_1^{n+1} = \overline{Q_2^n\, Q_3^n\, \overline{Q_1^n}} \\ Q_2^{n+1} = Q_1^n\, \overline{Q_2^n} + \overline{Q_1^n}\, \overline{Q_3^n} Q_2^n \\ Q_3^{n+1} = Q_1^n Q_2^n\, \overline{Q_3^n} + \overline{Q_2^n} Q_3^n \end{cases} \tag{7-7}$$

写出输出方程为

$$Y = Q_2^n Q_3^n \tag{7-8}$$

（2）列状态转换表和状态转换图

电路无输入变量，次态和输出只取决于电路的初态，设初态 $Q_3^n Q_2^n Q_1^n = \mathbf{000}$，代入状态方程和输出方程得

$$\begin{cases} Q_1^{n+1} = \overline{0 \cdot 0 \cdot \overline{0}} = 1 \\ Q_2^{n+1} = 0 \cdot \overline{0} + \overline{0} \cdot \overline{0} \cdot 0 = 0 \\ Q_3^{n+1} = 0 \cdot 0 \cdot \overline{0} + \overline{0} \cdot 0 = 0 \end{cases}$$
$$Y = 0 \cdot 0 = 0$$

再把 $Q_3^{n+1} Q_2^{n+1} Q_1^{n+1} = \mathbf{001}$ 作为初态，代入式（7-7）和式（7-8），得 $Q_3^{n+1} Q_2^{n+1} Q_1^{n+1} = \mathbf{010}$，$Y = 0$，再把 **010** 作为初态，继续代入得到电路的新状态，依次得到 **011**、**100**、**101**、**110**。当 $Q_3^n Q_2^n Q_1^n = \mathbf{110}$ 时，代入式（7-7）和式（7-8），得 $Q_3^{n+1} Q_2^{n+1} Q_1^{n+1} = \mathbf{000}$，$Y = 1$。依次循环下去，得到的状态转换表见表 7-11。

表 7-11　例 7-3 的状态转换表

Q_3^n	Q_2^n	Q_1^n	Q_3^{n+1}	Q_2^{n+1}	Q_1^{n+1}	Y	Q_3^n	Q_2^n	Q_1^n	Q_3^{n+1}	Q_2^{n+1}	Q_1^{n+1}	Y
0	0	0	0	0	1	0	1	0	0	1	0	1	0
0	0	1	0	1	0	0	1	0	1	1	1	0	0
0	1	0	0	1	1	0	1	1	0	0	0	0	1
0	1	1	1	0	0	0							

已经知道，3 位二进制数 $Q_3^n Q_2^n Q_1^n$ 的状态应该有 $2^3 = 8$ 种，而根据上述计算发现仅有 7 种，这 7 种状态称为有效状态。电路在 CP 作用下，在有效状态之间的循环，称为有效循环。没有出现的状态 **111** 称为无效状态。如果一个电路有至少两个无效状态，电路在 CP 作用下在这些无效状态之间的循环称为无效循环。

当接通电源或者由于干扰信号的影响，电路进入了无效状态，在 CP 作用下，电路能够自动进入到有效循环，就称电路能够自启动。否则，电路就不能自启动，不能自启动的电路是不实用的，设计者要注意这一点。本题中将无效状态 $Q_3^n Q_2^n Q_1^n = \mathbf{111}$ 作为初态，代入式（7-7）和式（7-8）得 $Q_3^{n+1} Q_2^{n+1} Q_1^{n+1} = \mathbf{000}$，$Y = 1$，可以进入到有效循环中，所以能够自启动。状态表见表 7-12a 所示，表 7-12b 是另一种形式的状态转换表，它给出了在一系列时钟信号作用下电路状态转换的顺序，比较直观。

此外，还可以用图 7-17 所示的状态转换图形象地表示该电路的逻辑功能。图中以圆圈内的数值分别代表各个状态，用箭头表示状态转换的方向，同时在箭头的旁边注明了输出值。

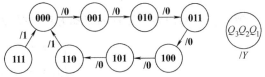

图 7-17　例 7-3 的完整状态转换图

从表7-12很容易看出：每经过7个时钟信号，电路的状态循环变化一次，所以这个电

表7-12　例7-4完整状态转换表的两种形式

a）例7-4的完整状态转换表

Q_3^n	Q_2^n	Q_1^n	Q_3^{n+1}	Q_2^{n+1}	Q_1^{n+1}	Y
0	0	0	0	0	1	0
0	0	1	0	1	0	0
0	1	0	0	1	1	0
0	1	1	1	0	0	0
1	0	0	1	0	1	0
1	0	1	1	1	0	0
1	1	0	0	0	0	1
1	1	1	0	0	0	1

b）例7-4的完整状态转换表的另一种形式

CP的顺序	Q_3	Q_2	Q_1	Y
0	0	0	0	0
1	0	0	1	0
2	0	1	0	0
3	0	1	1	0
4	1	0	0	0
5	1	0	1	0
6	1	1	0	1
7	0	0	0	0
0	1	1	1	1
1	0	0	0	0

路具有对时钟信号计数的功能。又因为每经过7个时钟脉冲后输出端 Y 输出一个脉冲（由 **0** 变 **1**，再由 **1** 变 **0**），所以这是一个七进制计数器，Y 端的输出就是进位脉冲。

（3）时序图

为便于用实验观察的方法观察时序电路的逻辑功能，还可以将状态转换表的内容画成时间波形的形式。在时钟脉冲序列作用下，电路状态、输出状态随时间变化的波形图称为时序图。利用时序图检查时序电路逻辑功能的方法不仅用在实验测试中，也用于数字电路的计算机模拟中。图7-18是例7-3的时序图。

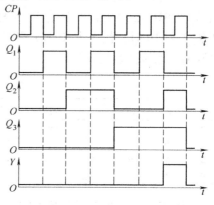

图7-18　例7-3的时序图

2. 异步计数器的分析

【例7-4】　分析图7-19所示时序逻辑电路的逻辑功能，写出电路的驱动方程、状态方程和输出方程，画出电路的状态转换图。

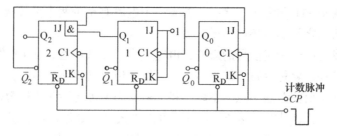

图7-19　例7-4图

解：（1）写出各触发器的驱动方程和时钟方程

$$\begin{cases} J_0 = \overline{Q_2^n}, & K_0 = 1 \\ J_1 = K_1 = 1 \\ J_2 = Q_0^n \cdot Q_1^n, & K_2 = 1 \end{cases} \tag{7-9}$$

$$\begin{cases} CP_0 = CP_2 = CP \\ CP_1 = Q_0^n \end{cases} \tag{7-10}$$

（2）由 JK 触发器的特征方程 $Q^{n+1} = J\,\overline{Q}^n + \overline{K}Q^n$，同时考虑时钟方程式（7-10），得到状态方程为

$$\begin{cases} Q_0^{n+1} = (\overline{Q}_2^n \cdot \overline{Q}_0^n)\,CP \\ Q_1^{n+1} = (\overline{Q}_1^n)\,Q_0^n \\ Q_2^{n+1} = (\overline{Q}_2^n \cdot Q_1^n \cdot Q_0^n)\,CP \end{cases} \tag{7-11}$$

（3）画出电路的时序图和状态图

由清零脉冲得到电路的初始状态 $Q_2^n Q_1^n Q_0^n = \mathbf{000}$，代入状态方程式（7-11），求出电路的新状态。应注意每一个方程式有效的时钟条件，只有当时钟条件具备时，触发器才会按照方程式的规定更新状态，否则触发器保持原来的状态不变。例如，在电路的时序图 7-20 中，第一个 CP 脉冲的下降沿到来时，方程 $Q_0^{n+1} = \overline{0} \cdot \overline{0} = \mathbf{1}$，$Q_2^{n+1} = \overline{0} \cdot 0 \cdot 0 = \mathbf{0}$，而 Q_1^{n+1} 方程中的时钟脉冲（Q_0^n）没有出现下降沿，输出保持不变。在第二个 CP 脉冲的下降沿到来时，$Q_0^{n+1} = \overline{0} \cdot \overline{1} = \mathbf{0}$，$Q_2^{n+1} = \overline{0} \cdot 0 \cdot 1 = \mathbf{0}$，这时 Q_1^{n+1} 方程中的时钟脉冲 Q_0^n 出现了下降沿，$Q_1^{n+1} = \overline{0} = \mathbf{1}$。以此类推，由此得到状态图 7-21，余下读者自己分析。

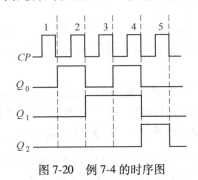

图 7-20　例 7-4 的时序图

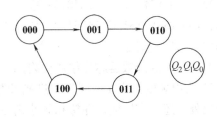

图 7-21　例 7-4 的状态转换图

（4）检查自启动

分别检查三个无效状态：$\mathbf{101}$、$\mathbf{110}$、$\mathbf{111}$。当 $Q_2^n Q_1^n Q_0^n = \mathbf{101}$ 时，在 CP 脉冲的下降沿到来时，$Q_0^{n+1} = \overline{1} \cdot \overline{1} = \mathbf{0}$，$Q_2^{n+1} = \overline{1} \cdot 0 \cdot 1 = \mathbf{0}$，而 Q_1^{n+1} 方程中的时钟脉冲 Q_0^n 由 $\mathbf{1}$ 变到 $\mathbf{0}$ 出现了下降沿，$Q_1^{n+1} = \overline{0} = \mathbf{1}$，新状态 $Q_2^{n+1} Q_1^{n+1} Q_0^{n+1} = \mathbf{010}$，进入了有效循环。同理，当 $Q_2^n Q_1^n Q_0^n = \mathbf{110}$ 时，对应的新状态 $Q_2^{n+1} Q_1^{n+1} Q_0^{n+1} = \mathbf{010}$，进入了有效循环。当 $Q_2^n Q_1^n Q_0^n = \mathbf{111}$ 时，对应的新状态 $Q_2^{n+1} Q_1^{n+1} Q_0^{n+1} = \mathbf{000}$，进入了有效循环，所以电路可以自启动。完整的状态图如图 7-22 所示和状态表见表 7-13。

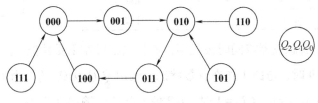

图 7-22　例 7-4 的完整状态转换图

表7-13　例7-4的完整状态转换表

Q_2^n	Q_1^n	Q_0^n	Q_2^{n+1}	Q_1^{n+1}	Q_0^{n+1}	Q_2^n	Q_1^n	Q_0^n	Q_2^{n+1}	Q_1^{n+1}	Q_0^{n+1}
0	0	0	0	0	1	1	0	0	0	0	0
0	0	1	0	1	0	1	0	1	0	1	0
0	1	0	0	1	1	1	1	0	0	1	0
0	1	1	1	0	0	1	1	1	0	0	0

可以看出，该电路是一个异步的、能够自启动的五进制加法计数器。

思　考　题

7-2-1　如何判断一个电路是不是时序逻辑电路？

7-2-2　分析同步计数器和异步计数器的方法上有什么异同之处。

7-2-3　什么是计数器的模？若设计一个模为 N 的计数器，至少需要多少个1位二进制的触发器？

7.3　常用中规模集成计数器的应用

7.3.1　集成同步计数器

1. 4位二进制加法计数器

4位二进制计数器（因为模为 2^4，也称为十六进制计数器）的主要产品有：CT54LS161/CT74LS161、CC40161 等，它们采用的都是异步清零。此外，还有同步清零的计数器，如 CT54LS163/CT74LS163、CC40163 等，它们是在清零端为低电平有效时，在时钟信号作用下，实现清零。

实际生产的计数器芯片往往还附加一些控制电路，以增加电路的功能和使用的灵活性。图7-23为中规模集成4位同步二进制计数器 74LS161 的引脚图。这个芯片除了可以进行加法计数外，还具有置数、保持和异步清零等附加功能。图中 $D_0 \sim D_3$ 为数据输入端，$Q_0 \sim Q_3$ 是计数器状态输出端，CP 为输入的计数脉冲，$\overline{LD}$ 为置数控制端，CO 为进位输出端，$\overline{CR}$ 为清零端，CT_P 和 CT_T（有时也用 EP 和 ET 表示）是计数器工作状态的两个控制端。

表7-14是74LS161的功能表，它给出了不同控制端在不同取值时电路的工作状态。

表7-14　74LS161功能表

输入									输出			
$\overline{CR}$	$\overline{LD}$	CT_P	CT_T	CP	D_3	D_2	D_1	D_0	Q_3	Q_2	Q_1	Q_0
0	×	×	×	×	×	×	×	×	0	0	0	0
1	0	×	×	↑	d_3	d_2	d_1	d_0	d_3	d_2	d_1	d_0
1	1	0	1	×	×	×	×	×	保持			
1	1	×	0	×	×	×	×	×	保持			
1	1	1	1	↑	×	×	×	×	计数			

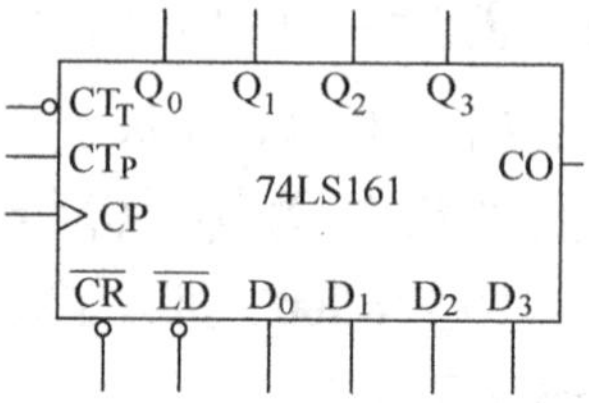

图7-23　74LS161

当 $\overline{CR}=0$ 时，所有触发器将同时被置零，而且置零操作不受其他输入端状态的影响。

当 $\overline{CR}=1$、$\overline{LD}=0$ 时，电路工作在置数状态。输出 $Q_3 Q_2 Q_1 Q_0$ 的值由 $D_3 \sim D_0$ 的状态决定。

当 $\overline{CR}=\overline{LD}=1$ 而 $CT_P=0$、$CT_T=1$ 时，CP 信号到达时输出状态不变，进位输出 CO 也保

持不变。如果 $CT_T = 0$，则 CT_P 不论为何状态，计数器的状态也将保持不变，但这时进位输出 CO 等于 **0**。

当 $\overline{CR} = \overline{LD} = CT_P = CT_T = 1$ 时，电路工作在计数状态。因为 $CO = CT_T Q_3 Q_2 Q_1 Q_0$，从 **0000** 状态开始连续输入 15 个计数脉冲时，$Q_3 Q_2 Q_1 Q_0 = 1111$，这时 CO 由 **0** 变为 **1**，输入第 16 个计数脉冲时，电路会从 **1111** 状态返回 **0000** 状态，CO 端从 **1** 跳变至 **0**，可以利用 CO 端输出的高电平或下降沿作为进位输出信号。

此外，有些同步计数器（例如 74LS162、74LS163）是采用同步置零方式的，应注意与 74LS161 这种异步置零方式的区别。在同步置零的计数器电路中，$\overline{CR}$ 出现低电平后还要等下一个 CP 信号到达后才能将触发器置零。而在异步置零的计数器电路中，只要 $\overline{CR}$ 出现低电平，触发器立即被置零，不受 CP 的控制。

2. 4 位二进制可逆计数器

在有些应用场合要求计数器既能进行递增计数又能进行递减计数，这就需要可逆计数器。图 7-24 是 74LS191 的引脚示意图，表 7-15 是 74LS191 的功能表。可以看出，74LS191 除了能做加/减计数外，还有一些附加功能：$\overline{LD}$ 为置数控制端，当 $\overline{LD} = 0$ 时电路处于置数状态，$D_0 \sim D_3$ 的数据立刻被置入而不受时钟信号 CP 的控制。因此，它的置数是异步式的，与 74LS161 的同步式置数不同。$\overline{S}$ 是使能控制端，低电平有效，当 $\overline{S} = 1$ 且 $\overline{LD} = 1$ 时，输出 $Q_3 Q_2 Q_1 Q_0$ 保持原来的状态不变，当 $\overline{S} = 0$ 且 $\overline{LD} = 1$ 时，芯片工作在计数状态。C/B 是进位/借位信号输出端（也称最大/最小输出端）。当计数器作加法计数（$M = 0$ 时），且 $Q_3 Q_2 Q_1 Q_0 = 1111$ 时，$C/B = 1$，表示有进位输出；当计数器作减法计数（$M = 1$），且 $Q_3 Q_2 Q_1 Q_0 = 0000$ 时，$C/B = 1$，表示有借位输出。

表 7-15　74LS191 的功能表

CP	$\overline{S}$	$\overline{LD}$	M	工作状态
×	1	1	×	保持
×	×	0	×	预置数
⊓	0	1	0	加法计数
⊓	0	1	1	减法计数

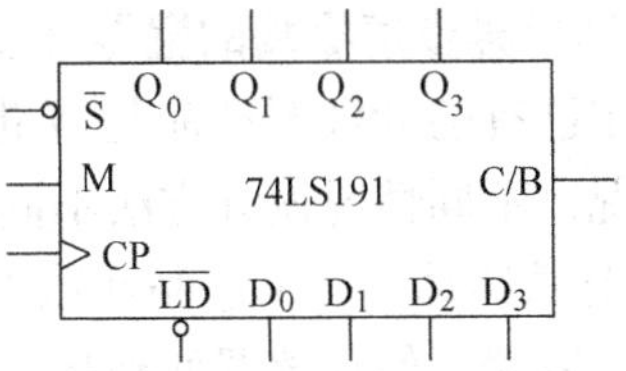

图 7-24　74LS191

3. 同步十进制计数器

中规模集成同步十进制加法计数器 74160 各输入端的功能和用法与图 7-23 所示的 74LS161 对应的输入端相同。74160 的功能表也与 74LS161 的功能表（表 7-14）相同。所不同的仅在于，74160 是十进制而 74LS161 是十六进制。

十进制计数器 74LS190 与同步十六进制加/减计数器 74LS191 的用法完全类同。74LS190 的功能表也与 74LS191 的功能表（见表 7-15）相同，不再赘述。

7.3.2　集成异步计数器

异步计数器在做"加 1"计数时是采取从低位到高位逐位进位的方式工作的。因此，计数器中的各个触发器不是同步翻转的。

目前常见的异步二进制加法计数器产品有 4 位的（如 74LS293、74LS393、74HC393 等）、7 位的（如 CC4024 等）、12 位的（如 CC4040 等）和 14 位的（如 CC4060 等）几种类型。较为典型的异步十进制加法计数器是 74LS290。这些异步计数器的产品读者可查阅相关手册。

和同步计数器相比，异步计数器具有结构简单的优点。但异步计数器也存在两个明显的缺点：一是工作频率比较低，因为异步计数器的各级触发器是以串行进位方式连接的，所以在最不利的情况下要经过所有各级触发器传输延迟时间之和以后，新状态才能稳定建立起来；二是在电路状态译码时存在竞争-冒险现象。这两个缺点使异步计数器的应用受到了很大的限制。

7.3.3   用中规模集成计数器实现任意进制计数器

从降低成本考虑，集成电路的定型产品必须有足够大的批量。因此目前常见的计数器芯片在计数进制上只做成应用较广的几种类型，如十进制、十六进制、7 位二进制、12 位二进制、14 位二进制等。在需要其他任意一种进制的计数器时，只能用已有产品经过外电路的不同连接得到。通过前面的学习已经知道，集成计数器的清零和置数有异步和同步两种工作方式。所谓异步工作方式，就是利用有效信号直接实现清零或置数，而与 CP 脉冲无关。同步工作方式是指在触发器的清零或置数控制端加上有效信号后，还要等下一个 CP 到来后，才能完成清零或置数的任务。

在集成计数器产品中，有的清零、置数均采用异步方式（如 74LS193）；有的计数器清零、置数均采用同步方式（如 74LS163）；有的计数器清零采用异步方式，置数采用同步方式（如 74LS161、74LS160）；有的计数器则只有异步计数功能。因此，使用具体芯片时一定要注意"清零""置数"的工作方式。下面分情况讨论。

1. 利用异步清零端的置零（复位）法

假定已有的计数器产品是 N 进制，需要得到 M 进制计数器。这时要考虑 $M<N$ 和 $M>N$ 两种情况，不同情况设计方法不同。当 $M<N$ 时，N 进制计数器从全 0 状态 S_0 开始计数，输入 M 个计数脉冲后，N 进制计数器处于 S_M 状态。如果利用 S_M 状态产生一个清零信号，加到异步清零端，使计数器回到状态 S_0，这样 N 进制计数器就跳过了（$N-M$）个状态，成了一个 M 进制计数器。

需要注意的是，由于电路一进入 S_M 状态立即又被置成 S_0 状态，所以 S_M 状态仅在极短的瞬时出现，在稳定的状态循环中不能包括 S_M 状态。图 7-25 为置零法原理示意图。

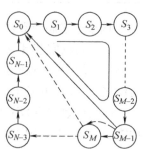

图 7-25   用置零法获得任意 M 进制计数器的原理示意图

【例 7-5】   利用同步十进制计数器 74LS160 设计一个同步六进制计数器。74LS160 的功能表与 74LS161 的功能表（见表 7-14）相同。

解： 当计数器 74LS160 从 S_0 计到 S_6 状态时，74LS160 的输出 $Q_3Q_2Q_1Q_0 = \mathbf{0110}$，可利用这时的 $Q_2Q_1 = \mathbf{11}$ 通过一个与非门输出 $\mathbf{0}$ 来作为 74LS160 清零端 $\overline{CR}$ 的信号，将计数器置零，回到 $S_0 = \mathbf{0000}$ 状态，电路连接图 7-26 所示。

计数器被置零后，由于 CT_P 和 CT_T 接固定的高电平，74LS160 始终处于计数功能，置零信号会随着计数的进行而立即消失，所以置零信号持续时间极短，如果 74LS160 内触发器的置零速度有快有慢，则动作慢的触发器可能还未来得及置零，置零信号已经消失，导致电路误动作。因此，这种接法的电路可靠性不高。

2. 利用同步清零端的复位（置零）法

具有同步清零端的集成 N 进制计数器是在清零端 $\overline{CR}=0$ 且 CP 到来后才实现清零的，设计 M 进制计数器时需要写出状态 S_{M-1} 的二进制代码，并根据这个二进制代码得到清零端的信号函数。

【例 7-6】 试用 74LS163 设计一个十二进制计数器。

解：（1）写出状态 S_{M-1} 的二进制代码：$S_{M-1}=S_{12-1}=S_{11}=Q_3Q_2Q_1Q_0=\mathbf{1011}$；

（2）求出利用与非门得到清零端 $\overline{CR}$ 的信号函数式：$\overline{CR}=\overline{Q_3Q_1Q_0}$；

（3）画出电路图，如图 7-27 所示。

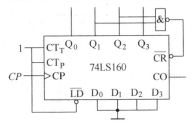

图 7-26　例 7-5 的电路连接图

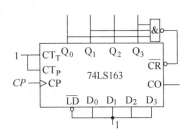

图 7-27　例 7-6 电路连接图

例 7-5 和例 7-6 都是将芯片设置成计数功能（$CT_P=CT_T=1$）且置数端无效（$\overline{LD}=1$），利用清零端，让计数器从 **0** 开始自动计数，与 $D_0 \sim D_3$ 的数值无关，所以 $D_0 \sim D_3$ 接成高电平或低电平都无所谓。

3. 利用同步置数端的置位法

置位法与置零法不同，它是利用 N 进制计数器的置数控制端 $\overline{LD}$，原则上讲，可以将 N 进制计数器计数循环中的任何一个状态作为置入数，只要跳过（$N-M$）个状态，就可以得到 M 进制计数器。但为了设计简单，一般常用 **0** 做置入数，即把数据输入端 $D_0 \sim D_3$ 置为 **0**。具体地讲，就是 N 进制计数器从状态 S_0 开始计数，当输入了（$M-1$）个 CP 脉冲后，N 进制计数器就处于 S_{M-1} 状态。这时利用 S_{M-1} 状态产生一个置数控制信号，加到置数控制端，使其有效。当下一个 CP 脉冲到来时，计数器便被置数为 S_0，即 $S_0=Q_3Q_2Q_1Q_0=D_3D_2D_1D_0=\mathbf{0000}$，这就跳过了（$N-M$）个状态，得到 M 进制计数器。

【例 7-7】 试利用 74LS161 的置数控制端设计一个八进制计数器。

解：（1）由 74LS161 功能表可知：当 $\overline{LD}=0$、$\overline{CR}=1$ 时，在 CP 脉冲作用下，计数器实现并行置数，这时 $Q_3Q_2Q_1Q_0=D_3D_2D_1D_0$，将置数输入端 $D_3D_2D_1D_0$ 接固定的低电平 **0**，状态 $S_0=\mathbf{0000}$；

（2）写出状态 S_{M-1} 的二进制代码：$S_{M-1}=S_{8-1}=S_7=\mathbf{0111}$；

（3）求出利用与非门得到置数控制端 $\overline{LD}$ 的函数表达式：$\overline{LD}=\overline{Q_2Q_1Q_0}$；

（4）画出电路图，如图 7-28 所示。

4. 利用异步置位端的置位法

异步置位与同步置位不同，在设计 M 进制计数器时，需要写出状态 S_M 的二进制代码，然后求出置数控制端 $\overline{LD}$ 的函数表达式，画出相应电路图。

【例7-8】 利用74LS191设计一个十三进制计数器。

解： 令状态 $S_0 = 0000$，即 $D_3D_2D_1D_0$ 均为 **0**。

（1）写出状态 $S_M = S_{13} = \mathbf{1101}$；

（2）求出利用与非门得到置数控制端 $\overline{LD}$ 的函数表达式：$\overline{LD} = \overline{Q_3Q_2Q_0}$；

（3）电路图如图7-29所示，使能控制端有效（$\overline{S} = 0$），计数器处于加法计数（$M = 0$），当第13个计数脉冲到来后，计数器状态为 $S_{13} = Q_3Q_2Q_1Q_0 = \mathbf{1101}$，与非门输出低电平使 $\overline{LD} = \mathbf{0}$，置数端有效，计数器被置数成 "**0000**"，从而实现十三进制加法计数。

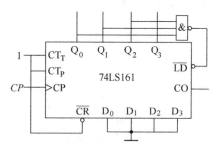
图 7-28 例 7-7 的电路连接图

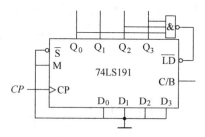
图 7-29 例 7-8 的电路连接图

以上四种情况全都是针对 $M<N$，若要设计 $M>N$ 的 M 进制计数器，需要利用多片 N 进制计数器组合起来进行容量扩展。可通过下面的例题来理解。

【例7-9】 试用两片同步十进制计数器接成百进制计数器。

解： 本例中 $M = 100$，$N_1 = N_2 = 10$，用两片74LS160接成如图7-30所示电路即可得到百进制计数器。以第（1）片的进位输出 CO 作为第（2）片的 CT_P 和 CT_T 输入，每当第（1）片记成9（**1001**）时 CO 变为 **1**，下一个 CP 脉冲到达时第（2）片为

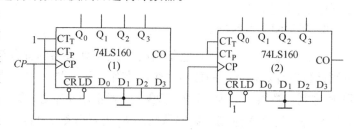
图 7-30 例 7-9 的电路连接图

计数工作状态，计入 **1**，而第（1）片计成0（**0000**），它的 CO 端回到低电平。第（1）片的 CT_P 和 CT_T 恒为 **1**，始终处于计数工作状态。这样，当 CP 计到90个时，第（2）片的 CO 输出高电平 **1**，当 CP 计到100个时，第（2）片的进位输出 CO 由 **1** 变为 **0**，可以利用 CO 的高电平或下降沿作为百进制计数器的进位信号。

思 考 题

7-3-1 试举例说明集成计数器异步清零、同步清零、异步置数、同步置数的不同。

7-3-2 图7-26所示的计数器电路有什么不足之处？可以怎样改进？

7.4　集成 555 定时器

555 定时器是一种多用途的单片集成电路。利用它可以方便地构成施密特触发器、单稳态触发器和多谐振荡器，在脉冲的产生和波形的变换、测量与控制、电子玩具等许多领域都得到广泛的应用。

7.4.1　555 定时器的电路结构与功能

图 7-31 是 555 定时器的电路结构，因为三个串联的阻值均为 $5k\Omega$ 的电阻而得名，图中虚线旁的阿拉伯数字表示集成 555 定时器的外部引脚编号。表 7-16 是 555 定时器的功能表。

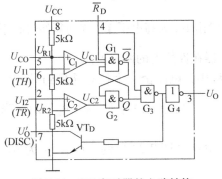

图 7-31　555 定时器的电路结构

表 7-16　555 定时器功能表

输 入			输 出	
$\overline{R}_D$	U_{I1}	U_{I2}	U_O	VT_D 状态
0	×	×	0	导通
1	$>2/3U_{CC}$	$>1/3U_{CC}$	0	导通
1	$<2/3U_{CC}$	$>1/3U_{CC}$	保持	不变
1	$<2/3U_{CC}$	$<1/3U_{CC}$	1	截止
1	$>2/3U_{CC}$	$<1/3U_{CC}$	1	截止

7.4.2　555 定时器构成施密特触发器

施密特触发器是脉冲波形变换中经常使用的一类电路。它的特点是具有两个稳态，而且每个稳态都需要外加信号才能维持，一旦输入信号撤除后，稳态会自动消失。

1. 电路组成

在图 7-32 中，两个输入端引脚 2、6 连在一起作为信号输入端 U_I，5 脚和地之间的电容主要起滤波作用，以提高比较器参考电压的稳定性。4 脚接至电源 U_{CC} 使置零端无效，以提高可靠性。

2. 工作原理

图 7-33 是在图 7-36 所示电路的输入端 U_I 加上三角波后输出 U_O 的波形。

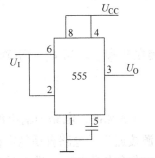

图 7-32　555 组成的施密特触发器

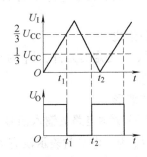

图 7-33　图 7-32 所示电路的输入、输出波形

可结合表 7-16 来理解工作波形。

（1）当 $0 \leqslant t < t_1$ 时

$t = 0$ 时，$U_I = 0V$，由表 7-16 可知，输出 U_0 为高电平 **1**。

在 t_1 时刻以前，U_I 虽然在上升，但只要 $U_I < \frac{2}{3}U_{CC}$，输出 U_0 就为高电平 **1**。

（2）当 $t_1 \leqslant t < t_2$ 时

t_1 时刻 U_I 上升到 $\frac{2}{3}U_{CC}$，当 $t > t_1$ 时，$U_I > \frac{2}{3}U_{CC}$，输出 U_0 跳变为 **0**，U_I 先上升达到最大值后开始减小，但在 t_2 时刻之前 $U_I > \frac{1}{3}U_{CC}$，输出 U_0 保持低电平 **0**。

（3）当 $t > t_2$ 时

t_2 时刻 U_I 减小到 $\frac{1}{3}U_{CC}$，$t > t_2$ 时，$U_I < \frac{1}{3}U_{CC}$，输出 U_0 为高电平 **1**。周而复始进行下去。

从这种电路的输出波形，可以得出施密特触发器在性能上的两个特点：

第一，电路的输入波形 U_I 从低电平上升的过程中，电路由一个稳态转换到另一个稳态时所对应的输入电平（图 7-33 中的 $\frac{2}{3}U_{CC}$，记为 U_{T+}），与输入信号 U_I 从高电平的下降过程中电路由一个稳态转换到另一个稳态所对应的输入电平（图 7-33 中的 $\frac{1}{3}U_{CC}$，记为 U_{T-}）不相同。

第二，施密特触发器可以将变化非常缓慢的连续信号整形为适合数字电路的矩形脉冲。

施密特触发器的一个重要参数是回差电压 ΔU_T，其定义为

$$\Delta U_T = U_{T+} - U_{T-} \tag{7-12}$$

施密特触发器的应用十分广泛，它既可以用作波形的整形，将不规则的信号变换为矩形脉冲，还可以用于脉冲鉴幅等。

7.4.3　555 定时器构成单稳态触发器

单稳态触发器广泛应用在脉冲的整形、延时和定时等场合。该触发器的特点是：它具有一个稳态、一个暂稳态，而且在无触发脉冲作用时，电路处于稳态。当有触发脉冲时，电路能够从稳态翻转到暂稳态，在暂稳态维持一段时间后自动返回稳态，暂稳态维持时间的长短只取决于电路本身的参数，而与触发脉冲无关。图 7-34 是一种单稳态电路的电路图。

1. 电路组成

图中 R、C 为定时元件，U_I 为触发脉冲输入端，接在 2 脚上。当 U_I 的下降沿到来时，触发器触发。

2. 工作波形

在图 7-34 所示电路的输入信号 U_I 端加上如图 7-35a 所示脉冲，电路的输出波形如图 7-35b 所示。U_I 为高电平时表示没有触发信号，所以当电源接通后，电路自动稳定在 $U_0 = 0$ 的稳态。当触发脉冲 U_I 的下降沿到来时，电路被触发，电路输出高电平，进入暂稳态，经过一段时间，电路又自动返回到稳态。

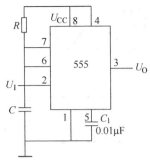

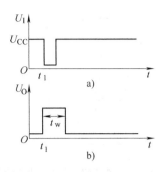

图 7-34　555 组成的单稳态触发器电路　　　　图 7-35　图 7-34 所示电路的输入、输出波形

3. 输出脉冲 U_O 的脉冲宽度 t_w

输出脉冲 U_O 的脉冲宽度 t_w 为（证明过程可参考相关文献）

$$t_w = 1.1RC \tag{7-13}$$

通常，电阻 R 的取值在几百欧姆到几兆欧姆范围内，电容的取值范围在几百皮法到几百微法，故脉冲宽度可在几微秒到几分钟的范围内调节。需要注意的是，随着 t_w 宽度的增加，其精度和稳定度也将下降。

7.4.4　利用 555 定时器构成多谐振荡器

多谐振荡器是能够产生矩形脉冲的自激振荡器，因为矩形波中除了基波以外，还包括许多高次谐波，因此这类振荡器称为多谐振荡器。多谐振荡器没有稳态，只有两个暂稳态，它们交替变化，输出连续的矩形脉冲，常用作脉冲信号源。

1. 电路组成

图 7-36 中 R_1、R_2、RP、C 是外接的定时元件，555 的 2、6 脚接在 R_2 和 C 之间。555 内部的晶体管 VT_D 的集电极即 7 脚接在 R_2 和 RP 之间。

2. 工作原理

图 7-37 所示为电容 C 两端电压 U_C 和输出端电压 U_O 的波形。下面分析它的工作原理：当电源接通时，电容 C 还未充电，2、6 引脚的电位是 0V，U_O 为高电平，555 中的晶体管 VT_D 截止，电容 C 充电，电容上的电压 U_C 增加；当 $U_C \geqslant \dfrac{2}{3}U_{CC}$ 时，输出 U_O 为低电平，晶体管 VT_D 饱和导通，1、7 脚之间相当于短路，电容通过电阻 R_2 放电，电容上的电压 U_C 下降；当 $U_C \leqslant \dfrac{1}{3}U_{CC}$ 时，输出 U_O 为高电平，晶体管 VT_D 截止，周而复始，输出 U_O 为一系列脉冲波形，如图 7-37 所示。

3. 振荡周期 T

这里只给出输出脉冲波 U_O 的脉冲宽度 t_{w1}、t_{w2} 及周期 T 的计算公式：

$$t_{w1} = 0.7(R_1 + R_P + R_2)C \tag{7-14}$$

$$t_{w2} = 0.7R_2C \tag{7-15}$$

$$T = t_{w1} + t_{w2} = 0.7(R_1 + RP + 2R_2)C \tag{7-16}$$

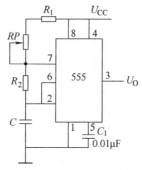

图 7-36　555 组成的多谐振荡器

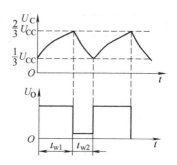

图 7-37　图 7-36 的输入输出波形

式中，RP 表示图 7-36 中电位器 RP 的有效电阻值，因此可以通过调节电位器改变输出脉冲的周期 T。

思　考　题

7-4-1　比较由 555 构成的施密特触发器、单稳态触发器和多谐振荡器的异同之处。

7-4-2　单稳态触发器中的暂稳态持续时间由什么元件决定？

7-4-3　试举出 555 定时器的其他应用实例。

7.5　Multisim 仿真举例

7.5.1　触发器应用——二人抢答器

利用触发器结合必要的门电路可以设计具有"记忆"功能的电路。图 7-38 是以两个 D 触发器为主要器件的二人抢答器电路，J1、J2 分别是两位参赛人的抢答按钮，抢答时按下接高电平，LED1 和 LED2 分别为对应的发光二极管，J3 为主持人控制的按钮。

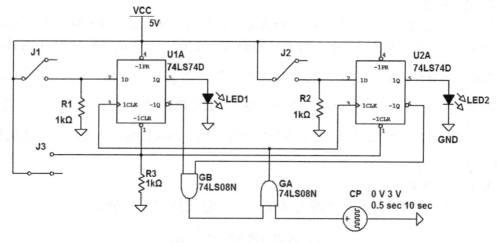

图 7-38　二人抢答器仿真电路

当主持人未启动比赛时，J3 接低电平，如图 7-38 中所示，两个 D 触发器复位，$Q_1 = Q_2 =$

0，LED1 和 LED2 都不亮。此时，$\overline{Q_1} = \overline{Q_2} = 1$，与门 GB 的输出为 1，与门 GA 开启，时钟脉冲 CP 可送至两个 D 触发器的 CLK 端。此时，二位参赛人不能抢答。如图 7-39 所示，即使第一位参赛人按下 J1，使其接高电平，LED1 仍不亮。

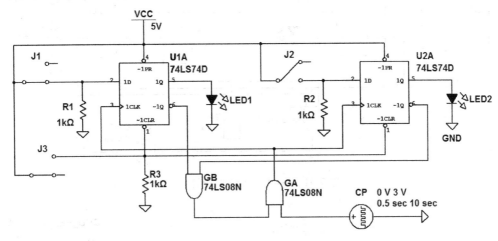

图 7-39　J3 = 0，J1 = 1 时抢答无效

开始抢答后，主持人按下开关，使 J3 接高电平。若 J1 先接高电平，CP 上升沿到来后，$Q_1 = 1$，LED1 亮，表明该参赛人抢答成功，如图 7-40 所示。与此同时，$\overline{Q_1} = 0$，与门 GB 输出为 0，与门 GA 被封闭，CP 脉冲不能再送至两个 D 触发器的 CLK 端，这使得后一个参赛者的 J2 无效，无法抢答。同时，即使 J1 停按，使 D1 = 0，也无法改变该触发器的输出状态，LED1 会继续亮，直到主持人按下 J3，触发器复位为止。

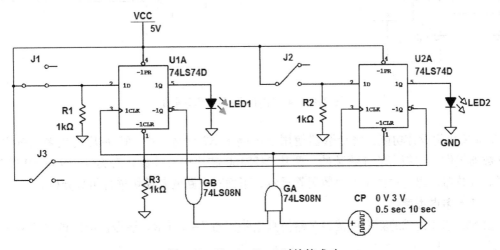

图 7-40　J3 = 1，J1 = 1 时抢答成功

同理，当第二个参赛者按下 J2 抢答成功时，LED2 亮，J1 按键失效如图 7-41 所示。

7.5.2　计数器应用——60 进制计数/显示电路

60 进制计数/显示的仿真电路如图 7-42 所示，为使整体电路结构简明易懂，采用

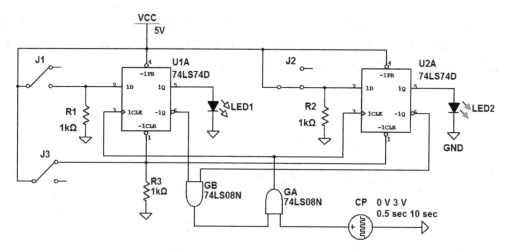

图 7-41 J3＝1，J2＝1 时抢答成功

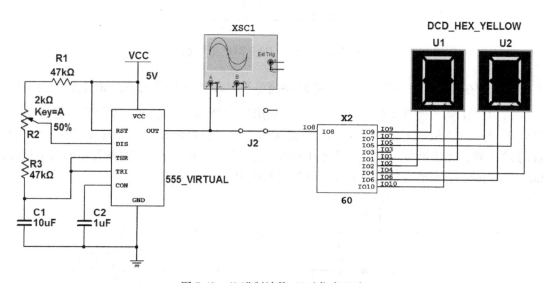

图 7-42 60 进制计数/显示仿真电路

Multisim 模块化设计功能，将计数器使用子电路图 X2 代替。由 555 芯片构成多谐振荡器，为计数器提供一定频率的计数脉冲，两片 74LS160 芯片构成计数状态为 0～59 的 60 进制计数器。计数器输出通过两个七段数码管显示，下面对电路的各模块进行仿真分析。

1. 555 多谐振荡器

由 555 芯片构成的频率可调振荡器仿真电路如图 7-43 所示。该振荡电路的输出频率 $f =$
$$\frac{1}{0.7(R_1 + R_2 + 2R_3 + R_{2P})\,C_1},$$
式中 R_{2P} 为电位器 R2 的下段电阻值。

当滑动头在电位器 50% 的位置时，$R_{2P} = 1\text{k}\Omega$，代入数据得 $f \approx 1\text{Hz}$，和图 7-44 中所示输出脉冲波形一致。

2. 60 进制计数器

Multisim 建立层次电路图的方法如下：在主电路图界面中，单击菜单栏中的 Place ＼ New

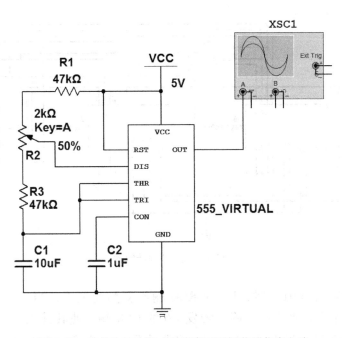

图 7-43　由 555 芯片构成的频率可调振荡器仿真电路

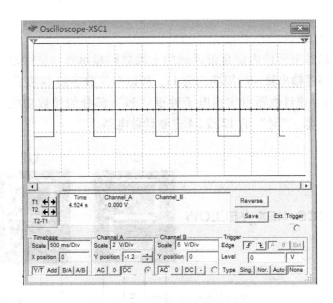

图 7-44　555 振荡器输出脉冲波形

subcircuit 建立子电路图，并命名。在层次视图窗口打开子电路图，设计好电路后，在子电路图中需要与主电路图连接的地方添加连接器。操作路径：Place\Connector\HB\HC Connector。这样就可以在主图中调用子图了。建好的子电路图如图 7-45 所示。

　　两片 74LS160 采用串行进位方式构成 60 进制计数器，ENP 和 ENT 都接高电平，恒为 1，都工作在计数状态。U7 是计数器的个位，555 振荡器产生的脉冲作为它的 CLK

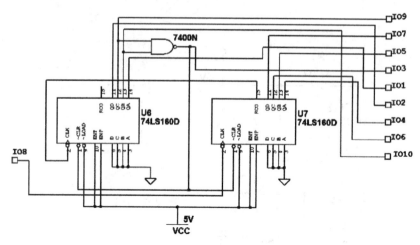

图 7-45　60 进制计数器

计数脉冲，当计到 9（1001）时，U7 的 RCO 输出变为高电平，当下一个 CLK 到来时，RCO 输出变为低电平，产生的下降沿触发 U6 的 CLK 端，使其计入 1。当 U6 的输出端 $Q_D Q_C Q_B Q_A = 0110$ 时，与非门输出为 0，将两片 74LS160 整体置 0。由于 74LS160 是异步置 0，U6 的这个置 0 状态是瞬间的，不包含在稳定的计数循环中，所以 60 个计数状态依次是 0~59。

3. 数码管显示电路

将计数器的输出送至两位内部自带译码的七段数码显示器，进行数值显示，如图 7-46 所示。由于 555 振荡器输出脉冲的周期约为 1s，所以个位数字约 1s 变化一次，10 位数字约 10s 变化一次，因此，该计数器可实现电子钟里"秒"部分的计数功能。同理，可以设计"分"的 60 进制计数器、"时"的 12 或 24 进制计数电路。

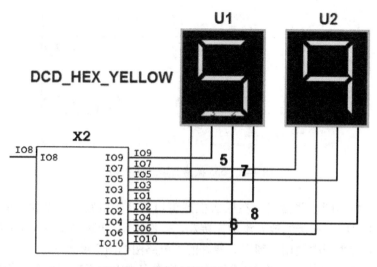

图 7-46　60 进制计数器的显示电路

本 章 小 结

1. 触发器是时序逻辑电路的基本单元电路。触发器的"触"表现其动作特点，触发器的"发"便是逻辑功能。触发器的动作特点由其电路结构决定，逻辑功能则由特征方程描述。

2. 基本 RS 触发器具有直接置位、直接复位的特点；同步触发器属于电平触发方式，有空翻现象；边沿触发器的抗干扰能力相对来说最强。

3. JK 触发器和 D 触发器的功能多，无输入约束，有定型产品，也可以转换为其他形式的触发器，因此得到广泛使用。

4. 一个触发器只能储存 1 位二值代码。基本寄存器只能储存代码；移位寄存器还可以实现代码的左移、右移、数据的串行-并行转换等。

5. 分析同步时序电路逻辑功能的关键是：写出触发器的驱动方程并代入特性方程得到触发器的状态方程，分析异步时序电路时还需要结合时钟方程得到状态方程。借助状态转换表、状态转换图或时序图可以更容易地总结电路功能。

6. 利用计数器芯片产品和必要的门电路可以设计出任意进制的计数器。只用一个芯片时具体方法有异步清零法、同步清零法、异步置位法和同步置位法；需要多个芯片时可通过级联的方法进行容量扩展。

7. 555 定时器应用广泛，可组成施密特触发器、单稳态触发器、多谐振荡器等典型电路。施密特触发器的两个稳态都需要外加的信号来维持；单稳态触发器的暂稳态持续时间由电路元件参数决定，与触发信号无关；多谐振荡器没有稳态，也没有触发信号，属于自激振荡。

习 题

7-1 判断题（对的打√，不对的打×）

（1）数字电路分为门电路和时序逻辑电路两大类。（　　）

（2）边沿触发器和基本 RS 触发器相比，解决了空翻的问题。（　　）

（3）边沿触发器的状态变化发生在 CP 上升沿或下降沿到来时刻，其他时间触发器状态均不变。（　　）

（4）基本 RS 触发器的输入端就是直接置 0 端和直接置 1 端。（　　）

（5）3 位二进制计数器可以构成模为 2^3+1 的计数器。（　　）

（6）十进制计数器最高位输出的周期是输入脉冲 CP 周期的 10 倍。（　　）

（7）构成一个 7 进制计数器需要 7 个触发器。（　　）

（8）当时序电路存在无效循环时该电路不能自启动。（　　）

（9）寄存器要存放 n 位二进制数码时，需要 2^n 个触发器。（　　）

（10）同步计数器的计数速度比异步计数器快。（　　）

（11）在计数器电路中，同步置零与异步置零的区别在于，置零信号有效时，同步置零还需要等到时钟信号到达时才能将触发器置零，而异步置零不受时钟的控制。（　　）

（12）计数器的异步清零端或异步置数端在计数器正常计数时应置为无效状态。（　　）

（13）自启动功能是任何一个时序电路都具有的。（　　）

（14）无论是用置零法还是用置数法来构成任意 N 进制计数器时，只要置零或置数控制端是异步的，则在状态循环过程中一定包含一个过渡状态；只要是同步的，则不需要过渡状态。（   ）

（15）用置零法或置位法可以设计任意进制的计数器。（   ）

7-2 由或非门组成的基本 RS 触发器如图 7-47 所示，已知 R、S 的电压波形，试画出与之对应的 Q 和 $\overline{Q}$ 的波形。

7-3 由与非门组成的基本 RS 触发器如图 7-48 所示，已知 $\overline{R}$、$\overline{S}$ 的电压波形，试画出与之对应的 Q 和 $\overline{Q}$ 的波形。

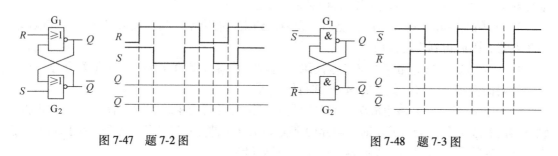

图 7-47 题 7-2 图   图 7-48 题 7-3 图

7-4 已知如图 7-49 所示的各触发器的初始状态均为 0，试对应画出在时钟信号 CP 的连续作用下各触发器输出端 Q 的波形。

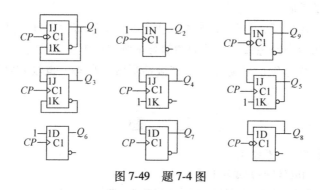

图 7-49 题 7-4 图

7-5 把 D 触发器分别转化成 JK 触发器和 T 触发器，画出连线图。

7-6 分别写出图 7-50 所示电路中 $C=0$ 和 $C=1$ 时的状态方程，并说出各自实现的功能。

7-7 已知 D 触发器是 CP 上升沿有效，CP 和 D 的输入波形如图 7-51 所示，试画出输出 Q 和 $\overline{Q}$ 的波形。设触发器的初始状态 $Q=0$。

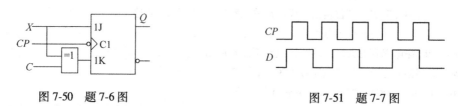

图 7-50 题 7-6 图   图 7-51 题 7-7 图

7-8 TTL 边沿 JK 触发器如图 7-52a 所示，输入端 CP、J、K 的波形如图 7-52b 所示，试对应画出输出端 Q 和 $\overline{Q}$ 的波形。设触发器的初始状态 $Q=0$。

7-9 分析如图 7-53 所示电路，画出 Y_1、Y_2、Y_3 的波形。

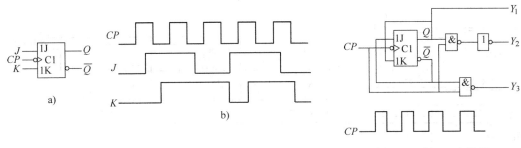

图 7-52　题 7-8 图　　　　　　　　　　　　　　图 7-53　题 7-9 电路图

7-10　如图 7-54 所示时序电路。写出电路的驱动方程、状态方程，画出电路的状态转换图，说明电路的逻辑功能，并分析该电路能否自启动。

7-11　分析图 7-55 所示 TTL 电路实现何种逻辑功能，其中 X 是控制端，对 $X=0$、$X=1$ 分别分析，假定触发器的初始状态为 $Q_2=1$、$Q_1=1$，并判断能否自启动。

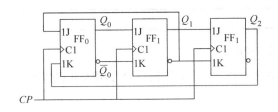

图 7-54　题 7-10 图　　　　　　　　　　　图 7-55　题 7-11 图

7-12　分析图 7-56 所示时序电路的逻辑功能。要求：

（1）写出电路的驱动方程、状态方程和输出方程；

（2）画出电路的状态转换图，并说明电路能否自启动。

7-13　电路如图 7-57a 所示，输入时钟脉冲 CP 如图 7-57b 所示，试画出输出 Q_0 和 Q_1 的波形。设触发器的初始状态 $Q_0=Q_1=0$。

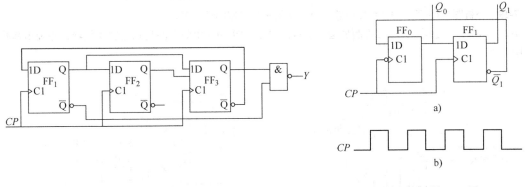

图 7-56　题 7-12 图　　　　　　　　　　　图 7-57　题 7-13 图

7-14　已知各触发器的初态均为 **0**，CP、$\overline{R_\mathrm{D}}$ 波形如图 7-58 所示，试画出 Q_1、Q_2 波形。

7-15　分析如图 7-59 所示的同步时序逻辑电路，写出电路功能。

7-16　如图 7-60 所示电路和各输入端波形，画出 Q_0 和 Q_1 的波形，并说明电路的功能。

7-17　试画出如图 7-61 所示时序电路在一系列 CP 信号作用下，Q_0、Q_1、Q_2 的输出电压波形，设触发器的初始状态为 **0**。

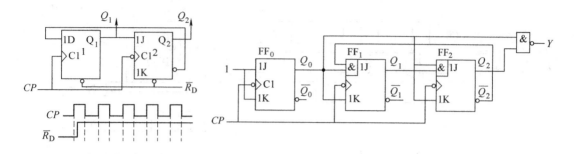

图 7-58　题 7-14 图　　　　　　　　　　　图 7-59　题 7-15 图

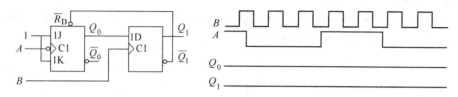

图 7-60　题 7-16 图

7-18　分析如图 7-62 所示电路，（1）画出电路时序图；（2）画出状态图；（3）说明是几进制计数器。设各触发器的初态均为 **0**。

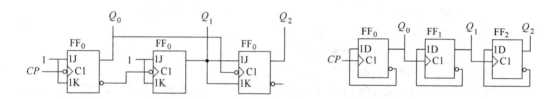

图 7-61　题 7-17 图　　　　　　　　　　图 7-62　题 7-18 图

7-19　分析图 7-63 所示的计数器电路，说明这是多少进制的计数器。

7-20　74LS161 是同步 4 位二进制加法计数器，试分析图 7-64 中的电路是几进制计数器，并画出其状态图。

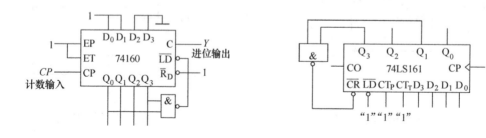

图 7-63　题 7-19 图　　　　　　　　　　图 7-64　题 7-20 图

7-21　用 74161 及门电路组成的时序电路如图 7-65 所示，要求：

（1）分别列出 $X=0$ 和 $X=1$ 的状态图；

（2）指出该电路的功能。

7-22　用 74161 设计十一进制计数器，要求分别用"清零法"和"置数法"实现。

7-23　用 74LS161 构成初始状态为 **0010** 的七进制计数器，画出状态转换图和电路图。

7-24　中规模集成计数器 74LS193 引脚图和功能表如图 7-66 所示，其中 $\overline{CO}$ 和 $\overline{BO}$ 分别为进位和借位输出。

（1）画出进行加法计数实验时的实际连接电路；

（2）试通过外部的适当连线，将 74LS193 连接成十进制的减法计数器。

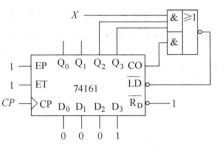

图 7-65　题 7-21 图

输入								输出			
R_D	$\overline{LD}$	CP_U	CP_D	D_3	D_2	D_1	D_0	Q_3	Q_2	Q_1	Q_0
1	×	×	×	×	×	×	×	0	0	0	0
0	0	×	×	d_3	d_2	d_1	d_0	d_3	d_2	d_1	d_0
0	1	↑	1	×	×	×	×	4 位二进制加计数			
0	1	1	↑	×	×	×	×	4 位二进制减计数			

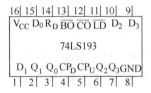

图 7-66　题 7-24 图

7-25　试分析图 7-67 所示电路，说明它是几进制计数器。

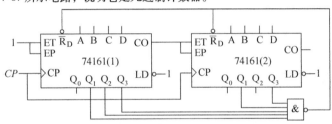

图 7-67　题 7-25 电路图

7-26　图 7-68 是由两片同步十进制可逆计数器 74LS192 构成的电路和 74LS192 的真值表。

求：（1）指出该电路是几进制计数器；

（2）列出电路状态转换表的最后一组有效状态。

CT74LS192 真值表

CR	$\overline{LD}$	CP_U	CP_D	D_3	D_2	D_1	D_0	Q_3	Q_2	Q_1	Q_0
1	×	×	×	×	×	×	×	0	0	0	0
0	0	×	×	d_3	d_2	d_1	d_0	d_3	d_2	d_1	d_0
0	1	↑	1	×	×	×	×	递增计数			
0	1	1	↑	×	×	×	×	递减计数			
0	1	1	1	×	×	×	×	保持			

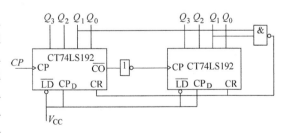

图 7-68　题 7-26 图

7-27　用两片集成计数器 74161 构成七十五进制计数器，画出连线图。

7-28　试说明如图 7-69 所示的用 555 定时器构成的电路功能，求出 U_{T+}、U_{T-} 和 ΔU_T，并画出其输出波形。

7-29　分析图 7-70 中的电路并回答问题：

（1）该电路为单稳态触发器还是无稳态触发器？

（2）当 $R=1\text{k}\Omega$、$C=20\mu\text{F}$ 时，计算电路的相关参数（对单稳态触发器而言计算脉宽，对无稳态触发器而言计算周期）。

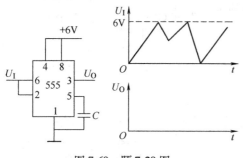

图 7-69　题 7-28 图

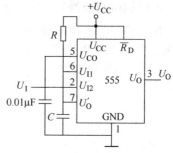

图 7-70　题 7-29 图

7-30　利用 Multisim 仿真分析题 7-11。

7-31　利用 Multisim 仿真分析题 7-25，并添加定时报警功能。

第 8 章 D/A 转换器和 A/D 转换器

随着微电子技术的高速发展和数字信号处理技术的广泛应用，模拟信号的数字化传输和处理已越来越普遍。为了能够使数字电路处理模拟信号，必须把模拟信号转换成相应的数字信号，这样才能送入数字系统（如微计算机）进行处理。同时，一般还要求把处理后得到的数字信号再转换成相应的模拟信号，作为最后的输出。

从模拟信号到数字信号的转换称为模/数转换，简称 A/D 转换或 ADC（Analog to Digital Conversion）；从数字信号到模拟信号的转换称为数/模转换，简称 D/A 转换或 DAC（Digital to Analog Conversion）。

8.1 D/A 转换器

8.1.1 D/A 转换器的基本原理

D/A 转换器的作用是将输入的数字量转换成模拟量，其输出的模拟电压 u_0 与数字量 D 成正比，即转换关系为

$$u_0 = k_V D \tag{8-1}$$

式中，k_V 为转换比例系数；D 表示输入的 n 位二进制数码，即 $D = 2^{n-1} \cdot d_{n-1} + 2^{n-2} \cdot d_{n-2} + \cdots + 2^1 \cdot d_1 + 2^0 \cdot d_0 = \sum\limits_{i=0}^{n-1} 2^i \cdot d_i$，最高位（MSB）的权为 2^{n-1}，最低位（LSB）的权是 2^0。

n 位数字输入表示有 2^n 个二进制数字的组合，对应有 2^n 个模拟电流或电压值。图 8-1 所示是一个表示 D/A 转换器输入、输出关系的框图。

设输出电压的满量程为 U_m，一个 3 位 D/A 转换器的理想传输特性如图 8-2 所示。可见，转换后的信号是不连续的，其最小输出电压（即 $d_0 = 1$，其余各位为 0）$U_{LSB} = \dfrac{U_m}{7} = \dfrac{U_m}{2^3 - 1}$，

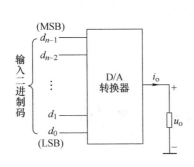

图 8-1 D/A 转换器输入、输出关系框图

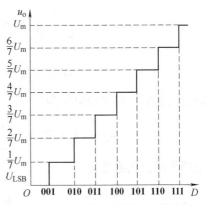

图 8-2 3 位 D/A 转换器的理想传输特性

推广到 n 位 D/A 转换器, 其输出的最小模拟电压 $U_{LSB} = \dfrac{U_m}{2^n - 1}$。因此, 数字编码的位数越多, 对于同样的满量程输入, 输出信号的步长越小, 输出信号越接近连续的模拟信号。

在 D/A 转换器中, 基本类型有三种, 即权电阻网络型、权电流网络型和 T 形电阻网络型。在双极型的 D/A 转换器产品中权电流网络型使用比较多, 在 CMOS 集成 D/A 转换器中, 则以倒 T 形电阻网络型较为常见。下面以倒 T 形电阻网络 D/A 转换器为例来介绍 D/A 转换器的工作原理。

8.1.2　倒 T 形电阻网络 D/A 转换器

4 位倒 T 形电阻网络 D/A 转换器如图 8-3 所示。它包括由 R、$2R$ 构成的倒 T 形电阻网络、模拟开关、求和放大器 A 以及基准电压源 U_{REF}。

开关 $S_3 \sim S_0$ 分别受输入代码 $d_3 \sim d_0$ 的状态控制。当输入的 4 位二进制数的某位代码为 **1** 时, 相应的开关将电阻接到求和放大器的反相输入端, 该端为虚地; 当某位代码为 **0** 时, 相应的开关将电阻接到求和放大器的同相输入端, 该端接地。

由图 8-3 可见, d_i 无论为 **0** 或为 **1**, 每节电路向左看进去的输入

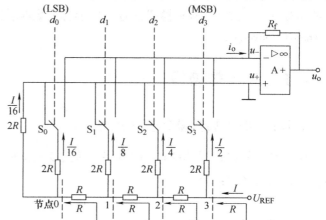

图 8-3　倒 T 形电阻网络 D/A 转换器

电阻都等于 R, 即从节点 0~3 向左看进去等效电阻均为 R, 这样从基准电压 U_{REF} 端流进的总电流为 $I = U_{REF}/R$, 电路中 0~3 各节点的电位是逐位减半的, 即 $U_3 = U_{REF}$, $U_2 = U_3/2$, $U_1 = U_2/2$, $U_0 = U_1/2$, 每节 $2R$ 支路的电流也是逐位减半的, 即分别为 $I/2$、$I/4$、$I/8$、$I/16$, 因此流入求和放大器输入端的总电流为

$$
\begin{aligned}
i_o &= I\left(d_3 \times \frac{1}{2} + d_2 \times \frac{1}{4} + d_1 \times \frac{1}{8} + d_0 \times \frac{1}{16}\right) \\
&= \frac{U_{REF}}{2^4 \times R}(d_3 \times 2^3 + d_2 \times 2^2 + d_1 \times 2^1 + d_0 \times 2^0) \\
&= \frac{U_{REF}}{2^4 \times R} \sum_{i=0}^{3} d_i \times 2^i
\end{aligned}
\tag{8-2}
$$

经运算放大器后, 得输出电压为

$$
u_o = -i_o \times R_f = -\frac{U_{REF} \times R_f}{2^4 \times R} \sum_{i=0}^{3} d_i \times 2^i = -\frac{U_{REF} \times R_f}{2^4 \times R} D
\tag{8-3}
$$

因此电压转换比例系数为

$$
k_V = -\frac{U_{REF} \times R_f}{2^4 \times R}
\tag{8-4}
$$

若 $R=R_f$，则式（8-3）为

$$u_o = -\frac{U_{REF}}{2^4}\sum_{i=0}^{3} d_i \times 2^i = -\frac{U_{REF}}{2^4}D \tag{8-5}$$

式（8-4）可写为

$$k_V = -\frac{U_{REF}}{2^4} \tag{8-6}$$

将以上讨论推广到 n 位二进制数，则经转换后，所对应的模拟输出电压和转换系数为

$$u_o = -\frac{U_{REF}}{2^n}\sum_{i=0}^{n-1} d_i \times 2^i = -\frac{U_{REF}}{2^n}D \tag{8-7}$$

$$k_V = -\frac{U_{REF}}{2^n} \tag{8-8}$$

倒 T 形电阻网络 D/A 转换器中，模拟开关在地与虚地之间转换，各支路电流始终不变，因此不需要电流建立时间，同时各支路电流直接流入运放的输入端，不存在传输时间差，因而提高了转换速度，并减小了动态过程中输出电压的尖峰脉冲。倒 T 形电阻网络 D/A 转换器是目前 D/A 转换器中速度较快的一种，也是用得最多的一种。

8.1.3　D/A 转换器的主要技术指标

D/A 转换器的主要技术指标是转换精度和转换速度。转换精度通常用分辨率和转换误差来描述，其他技术指标还有电源电压、输出电压满度值及输入逻辑电平等。

1. 分辨率

分辨率是指 D/A 转换器能够分辨最小输出电压的能力，是在理论上可以达到的精度，它定义为 D/A 转换器能分辨出来的最小输出电压与最大输出电压之比，即

$$S = \frac{U_{LSB}}{U_m} = \frac{1}{2^n-1} \tag{8-9}$$

在实际使用中，表示分辨率高低最常用的方法是采用输入数字量的位数表示。例如 8 位二进制 D/A 转换器的分辨率为 8 位。显然，位数越多，分辨率就越高。

2. 转换误差

转换误差表示实际的 D/A 转换特性和理想转换特性之间的最大偏差。转换误差通常用输出电压满刻度（Full Scale Ratio，FSR）的百分数表示，也可以用最低有效位的倍数表示，例如转换误差为 $\frac{1}{2}$LSB，表明输出电压与理想值只差半个电压步长。

3. 转换速度

通常用建立时间 t_{set} 来定量描述 D/A 转换器的转换速度。建立时间是指输入数字从全 0 变为全 1（或从全 1 变为全 0），输出电压达到与稳态值相差 $\pm\frac{1}{2}$LSB 范围以内这段时间。

在外加运算放大器组成完整 D/A 转换器时，完成一次转换的全部时间应包括建立时间和运算放大器的上升时间（或下降时间）这两部分。若运放的输出电压的转换速率为 S_R（即输出电压的变化速度），则完成一次转换的最长时间为

$$T_{TR(max)} = t_{set} + \frac{U_{0m}}{S_R} \tag{8-10}$$

式中，U_{0m} 为输出模拟电压的最大值。

8.1.4　集成 D/A 转换器及其应用

DAC 0832 是 NS 公司生产的 8 位 D/A 转换器，是专为微型计算机设计的，带有使能端和控制端，可以直接和微型计算机相连。

1. DAC 0832 内部结构和引脚功能

DAC 0832 内部结构及引脚如图 8-4 所示。其内部由 8 位输入寄存器、8 位 DAC 寄存器、8 位 D/A 转换器、逻辑控制电路及输出电路的辅助元件 R_{fb}（15kΩ）组成。

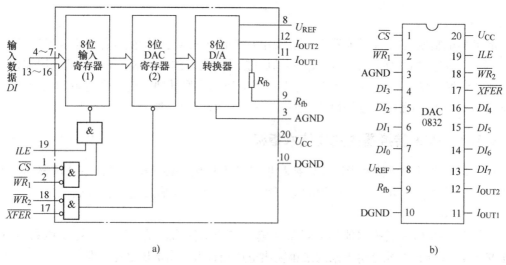

图 8-4　DAC 0832 内部结构框图及引脚图

a）内部结构　b）引脚图

$DI_7 \sim DI_0$ 是 8 位数字输入端，当数字锁存允许 ILE、片选 $\overline{CS}$、$\overline{WR_1}$ 同时有效时，数字量被存入输入寄存器；当传送控制 $\overline{XFER}$ 和写控制 $\overline{WR_2}$ 有效时，输入寄存器的内容送入 DAC 寄存器，开始进行 D/A 转换。

I_{OUT1}、I_{OUT2} 是电流输出端，由于 8 位 D/A 转换电路由倒 T 形电阻网络和电子开关组成，是模拟电流输出，因此，DAC 0832 需要外接运放才能得到模拟电压输出。使用时 I_{OUT1} 和 I_{OUT2} 分别接运算放大器反相端和同相端。运放的输出端可接 R_{fb} 端，通过内部 R_{fb} 构成反馈支路。

U_{CC}、DGND 是数字部分的电源和地，U_{CC} 的工作范围为 +5～+15V，采用 +15V 最佳。

U_{REF}、AGND 是参考电压输入端与模拟地端（为避免数字、模拟两部分相互干扰，两者的地在内部是互相分开的，可在外部适当处相接）。U_{REF} 需要外接，一般在 −10～+10V 范围内取值。

2. DAC 0832 的典型应用

（1）直通工作方式

DAC 0832 有单极性和双极性直通工作方式，单极性直通工作方式电路如图 8-5 所示。在电路中，$\overline{CS}$、$\overline{WR_1}$、$\overline{WR_2}$ 和 $\overline{XFER}$ 接地，ILE 接高电平。通过运算放大器把电流输出形式转化为电压输出形式。此时的输入寄存器和 ADC 寄存器都工作于透明模式，模拟输出电压取决于当时的数字量输入，即 $u_o = -\dfrac{U_{REF}}{256}D_n$。当 U_{REF} 为 +5V 时，u_o 的范围是 0~5V。

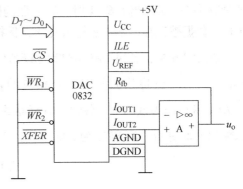

图 8-5 单极性直通工作方式

双极性直通工作方式是在图 8-5 所示电路的基础上，增加了一级放大器，将 U_{REF} 反相并把 A 的输出放大 -2 倍，相加之后使 u_o 偏移 $-U_{REF}$。

（2）单缓冲与双缓冲工作方式

当 ILE、$\overline{CS}$ 和 $\overline{WR_1}$ 同时有效时，$D_7 \sim D_0$ 被写入输入寄存器中，对输入数据进行第一次缓冲；当 $\overline{XFER}$ 和 $\overline{WR_2}$ 同时有效时，输入寄存器中的数据被送入 DAC 寄存器中，进行第二次缓冲锁存，同时开始 D/A 转换，这就是双缓冲工作方式。如果 $\overline{XFER}$ 和 $\overline{WR_2}$ 输入端始终有效，则只有一级缓冲。

采用双缓冲工作方式有利于提高工作速度，在 D/A 转换器正在转换时，可预先把一组要转换的数据锁存于输入寄存器。这种工作方式还便于同时更新多个 DAC 0832 芯片中的 DAC 寄存器的内容，使几个芯片同时开始数据转换，得到多个模拟量输出，使各通道模拟数据同时更新。

多个 DAC 0832 与微处理器总线的连接如图 8-6 所示。DAC 0832 内部寄存器受控于各自

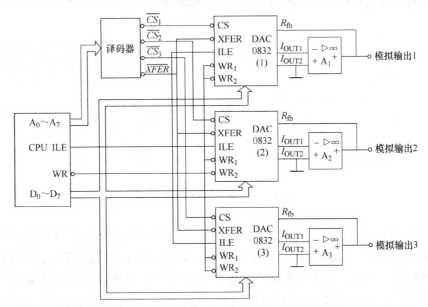

图 8-6 工作于双缓冲模式的多路 DAC 数字分配系统

...

的锁存命令 ILE，当 $ILE = 1$ 时，寄存器的输出随输入变化，即处于"透明"状态；当 $ILE = 0$ 时，数据被锁存，不再随输入变化，保持数据稳定。

在图 8-6 中，各块 DAC 0832 的 $XFER$、$\overline{WR_1}$、$\overline{WR_2}$ 分别并接，各 $\overline{CS}$ 分别接到译码器，由 $\overline{WR_1}$、$\overline{CS}$ 分时地将数据分别送入相应的输入寄存器中，$\overline{CS}$ 为高电平时该数据锁存待用，$\overline{XFER}$、$\overline{WR_2}$ 同为低电平，各输入寄存器的数据同一时刻传送到 DAC 寄存器输出端，各路模拟输出同时更新。$\overline{XFER}$ 变为高电平时，DAC 寄存器锁存，模拟输出维持不变。

思 考 题

8-1-1   D/A 转换器中电阻网络的功能是什么？

8-1-2   D/A 转换器的位数与转换精度之间有什么关系？

8.2 A/D 转换器

8.2.1 A/D 转换器的基本原理

由于模拟信号在时间上是连续的，而数字信号则是离散量，因此 A/D 转换必须按一定的时间间隔取模拟电压值，对其进行转换，这称为对模拟信号采样。转换需要时间，就要将采样时刻的电压值保持下来。对保持下来的模拟电压值进行量化和编码，即可得到数字量输出 D，所以 A/D 转换一般要经过采样、保持、量化、编码 4 个基本过程才能完成。

1. 采样与保持

采样是将模拟信号按一定的时间间隔读取模拟电压的值，或者说，采样是把一个时间上连续的模拟量转化为一串脉冲，这些脉冲是等宽的，但其幅度取决于采样时刻输入的模拟量。通常采样和保持是用同一电路来完成的，其电路原理图如图 8-7 所示。

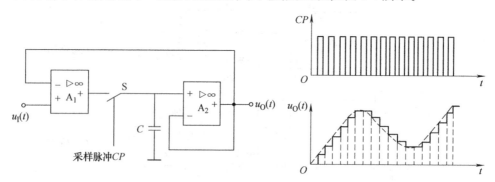

图 8-7 采样/保持电路原理图

图中，A_1 是高增益运放，A_2 是高输入阻抗运放，S 为采样控制模拟开关，C 为保持电容器。在采样脉冲 CP 为高电平时，开关 S 闭合，输入信号 u_I 经放大器 A_1 向电容 C 充电，此时为采样状态，由于运放输出电阻小，很快充电到与 u_I 等值。在采样脉冲 CP 为低电平时，开关 S 断开，由于运放 A_2 的输入阻抗高，电容 C 上的电荷不能放掉，保持原来的电平。u_O 的波形和电容 C 上的电压波形相同，如图 $u_O(t)$ 所示。

为了确保能从采样后的信号中恢复出原信号，采样脉冲的频率应符合采样定理，即 $f_S \geqslant 2f_{max}$，其中 f_S 是采样频率，f_{max} 是输入信号高频分量的最大值。

2. 量化和编码

对于采样/保持电路输出的阶梯电压，不同的高度对应的值用不同的数字量表示，它只能是规定的最小量化单位的整数倍。把各个阶梯电压的值转化为这个最小电压的整数倍，这就要采用近似的方法将其取整，取整的过程称为量化。所取最小电压的量值称为量化单位，用 LSB 表示。把量化的结果用数字代码表示，称为编码。编码后的这些代码就是 A/D 转换的结果。

最小量化单位 LSB 取决于模拟电压的输入范围和编码的位数，当输入电压范围相同时，编码位数越多，量化单位越小，转化精度越高。

A/D 转换器可以分为直接 A/D 转换器和间接 A/D 转换器两大类。在直接 A/D 转换器中，输入的模拟电压信号直接被转换成相应的数字信号，常用的有并联比较型和反馈比较型两种 A/D 转换器；在间接 A/D 转换器中，输入的模拟信号首先被转换成某种中间变量（如时间 T、频率 f 等），然后再将这个中间变量转换为输出的数字信号。

在 A/D 转换器中，最常见的为逐次逼近型 A/D 转换器和双积分 A/D 转换器。逐次逼近型 A/D 转换为直接 A/D 转换器中的反馈比较型；双积分 A/D 转换为间接 A/D 转换器中的电压–时间变换型，简称 V-T 变换型。下面以逐次逼近型 A/D 转换器为例来介绍 A/D 转换器的工作原理。

8.2.2　逐次逼近型 A/D 转换器

逐次逼近型 A/D 转换器，其转换过程类似于用天平称物体质量过程。例如选用 4 个分别重 8g、4g、2g、1g 的砝码去称质量为 13g 的物体。称重时，将砝码从大到小逐一放到天平上加以试探，经天平比较后选择去或留，一直到天平平衡为止，这样就以一系列砝码质量之和表示被称物体的质量。

逐次逼近型 A/D 转换器的原理框图如图 8-8 所示，它由电压比较器、逻辑控制器、n 位逐次寄存器和 n 位 D/A 转换器组成。模拟信号输入到比较器的同相输入端。

当电路收到启动信号后，将逐次逼近寄存器清零，然后转换开始。

第一个 CP 脉冲到来后，逻辑控制电路将逐次逼近寄存器的最高位 D_{n-1} 置 1，D/A 转换器的输出电压 $u_o = \dfrac{U_{REF}}{2}$，该电压与 u_I 进行比较。若 $u_I \geqslant u_o$，将保留这一位，否则置 0。

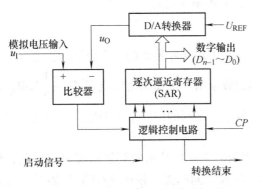

图 8-8　逐次逼近型 A/D 转换器框图

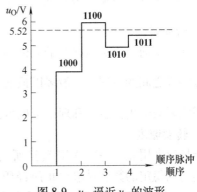

图 8-9　u_o 逼近 u_I 的波形

第二个 CP 脉冲到来后，根据 u_I 和 u_0 的比较结果，D_{n-1} 被置成 **1** 或 **0**，同时逻辑控制电路使逐次逼近寄存器次高位 D_{n-2} 置 **1**，经 D/A 转换后，u_0 再与 u_I 比较，以确定在下个 CP 脉冲到来后，D_{n-2} 位的 **1** 是否应当保留。

这样逐位比较下去，直到最低位 D_0 比较完毕，此时逐次逼近寄存器中的 n 位数码即为模拟输入电压 u_I 所对应的数字量。通常，从清零到输出数据完成，n 位转换需要 $n+2$ 个 CP 脉冲周期。

举例说明逐次逼近型 A/D 转换器转换过程：设 D/A 转换器的 $U_{REF} = 8V$，输入 $u_I = 5.52V$，由 $u_0 = \dfrac{U_{REF}}{2^n}D$ 可求 u_0。其转换过程见表 8-1，其转换结果为 **1011**。

表 8-1 4 位逐次逼近型 A/D 转换过程

CP 顺序	$D_3D_2D_1D_0$	u_0/V	比较判断	该位数码 1 是保留还是舍去
1	**1000**	4	$u_0 < u_I$	留
2	**1100**	6	$u_0 > u_I$	去
3	**1010**	5	$u_0 < u_I$	留
4	**1011**	5.5	$u_0 < u_I$	留

逐次逼近型 A/D 转换器是一种转换速度较快、转换精度较高的转换器。目前常用的单片集成逐次逼近型 A/D 转换器分辨率为 8~12 位，一次转换时间在数微秒至数百微秒范围内。逐次逼近型 A/D 转换器是目前集成 ADC 产品中用得最多的一种电路。

8.2.3 A/D 转换器主要技术指标

A/D 转换器的主要技术指标是转换精度和转换速度。转换精度通常用分辨率和转换误差来描述，其他技术指标还有转换电压范围及电源电压等。

1. 分辨率

分辨率通常用 A/D 转换器输出二进制代码的位数表示，它反映了 ADC 能对转换结果产生影响的最小输入量（即 LSB）。例如，输入模拟电压满量程 5V，对 8 位 A/D 转换器，可以分辨的最小模拟电压值为 $\dfrac{5}{2^8}V \approx 19.53mV$；而用 10 位 A/D 转换器，则可分辨的最小电压为 $\dfrac{5}{2^{10}}V = 4.88mV$。可见，A/D 转换器的位数越多，分辨率就越高。

2. 转换误差

转换误差通常以输出误差最大值的形式给出，它表示实际输出的数字量和理论上应有的输出数字量之间的差别，一般多以最低有效位的倍数给出。例如给出转换误差 $< \pm\dfrac{1}{2}LSB$，这就表明实际的输出数字量和理论上应得到的输出数字量之间的误差小于最低有效位的一半。

3. 转换速度

转换速度用完成一次 A/D 转换所用的时间表示。它是指从接收到转换控制信号起，到输出端得到稳定的数字量输出止所经历的时间。转换时间越短，说明 A/D 转换器的工作速度就越高。典型的高速 A/D 转换器的转换时间在 50ns 之内，而中速 A/D 转换器在 50μs 左右。有时也用转换速率表示转换速度，转换速率是指单位时间完成转换的次数。在含有采样-保持电路的 A/D 集成芯片中，经常给出转换速率的值。

8.2.4　集成 A/D 转换器及其应用

ADC 0809 是 NS 公司生产的 CMOS 8 位 8 通道逐次逼近型 A/D 转换器，采用双列直插式 28 引脚封装。

1. ADC 0809 内部结构、引脚功能及工作过程

ADC 0809 内部结构如图 8-10a 所示。由图可知，电路主要包括：8 通道多路模拟开关和通道地址锁存及译码电路、逐次 A/D 转换电路、三态输出锁存缓冲电路三部分。8 路输入的模拟信号 $IN_0 \sim IN_7$ 通过内部多路模拟开关进入 A/D 转换器，模拟开关根据三条地址线 $ADDC$、$ADDB$、$ADDA$ 提供地址选通其中一路进行 A/D 转换。D/A 转换采用 256 个电阻网络的开关树形式。三态输出锁存缓冲器在输出使能端 OE 控制下，高电平时输出 8 位二进制码，低电平时为高阻状态。

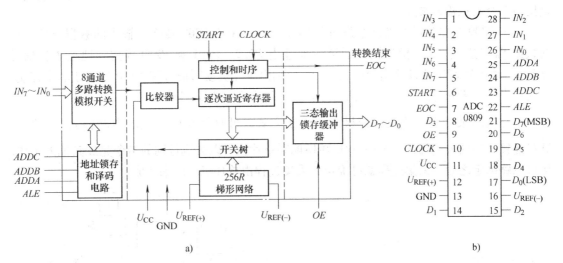

图 8-10　ADC 0809 内部结构框图和引脚图

a）内部结构　b）引脚图

ADC 0809 引脚如图 8-10b 所示，各引脚功能说明如下。

$IN_7 \sim IN_0$：8 路模拟信号输入端，电压范围 0~5V。

$D_7 \sim D_0$：8 位数字输出端。

$ADDC \sim ADDA$：输入地址选择，其中 $ADDC$ 为高位。

ALE：地址锁存允许端，上升沿锁存地址。

$START$：启动信号，上升沿将所有内部寄存器清零，下降沿开始转换。通常 ALE 和 $START$ 连在一起。

EOC：转换结束标志，高电平有效。当转换结束，EOC 变为高电平。因此 EOC 可以作为中断请求信号或查询方式的状态信号。

OE：输出使能，高电平有效。当 OE 为高电平时，开放三态输出锁存器，将转换结果从 $D_7 \sim D_0$ 输出。当 OE 为低电平时，$D_7 \sim D_0$ 处于高阻状态。

U_{CC}：+5V 电源。

U_{REF}：参考电压输入，单极性转换时 $U_{REF(+)}$ 与 U_{CC} 相连，U_{REF-} 接地。

$CLOCK$：时钟输入端，典型的频率为 640kHz，最高不超过 1.2MHz。

ADC 0809 的工作过程大致为：首先输入地址选择信号，在 ALE 信号作用下，地址信号被锁存，产生译码信号，选中一路模拟量输入。然后输入启动转换控制信号 $START$（不应小于 100μs）启动转换。A/D 转换一开始，芯片内部就立即将结束标志 EOC 变为低电平，当从 $CP(CLOCK)$ 引入 8 个时钟脉冲信号后，A/D 转换即告完成，此时 EOC 变为高电平，同时将数码寄存器的转换结果输送到输出三态缓冲器中，在允许输出信号 OE 的控制下，再将转换结果输出到外部数据总线。

2. ADC 0809 的典型应用

数据采集是现代高新技术中信息获取的重要手段，在现代工业控制、数字化测量及实时控制等领域占有相当重要的地位。一般是由集成 ADC 与单片机构成各种数据采集系统。

由 ADC 0809 构成的数据采集系统的一般结构如图 8-11 所示。系统由传感器、A/D 转换部分、单片机部分三部分组成。选择传感器把被测物理量转换成电压信号，经电路放大后，直接与 8 个模拟输入端连接。

ADC 0809 与单片机的接口电路如图 8-12 所示。ADC 0809 转换后输出的数据与单片机的数据 P_0 口连接，8 个模拟输入通道的地址由 $P2.2$、$P2.1$ 和 $P2.0$ 确定，地址锁存信号 ALE、启动信号 $START$ 及输出允许信号 OE 分别由单片机读写信号和 $P1.0$ 通过或非来控制。转换结束信号 EOC 可采用两种接法：如果利用程序查询方式判断 A/D 转换是否结束，可直接与单片机的某一端口连接；如果采用中断方式，可直接与单片机的中断输入端 $\overline{INT0}$ 和 $\overline{INT1}$ 连接。中断方式的优点是在 A/D 转换期间单片机可以去执行别的指令完成其他的工作。接口电路确定之后，采集过程就可确定，采集过程由单片机程序来完成。

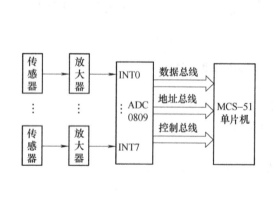

图 8-11　ADC 数据采集系统

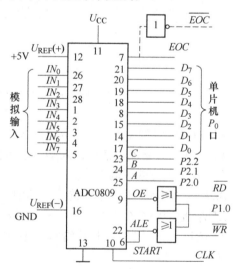

图 8-12　ADC 与单片机接口

上面分别介绍了 D/A 转换器和 A/D 转换器的原理及应用，计算机和数字信号处理器（DSP）在通信、测控系统和过程控制诸多领域的广泛应用，是与 A/D 转换器和 D/A 转换器集成电路的发展密不可分的。如对计算机控制系统，以计算机为控制中心，D/A 转换器和 A/D 转换器是计算机与外围设备的重要接口，其控制系统框图如图 8-13 所示。系统的输入信息大多是连续变化的物理量，例如温度、压力、流量和位移等，数据采集系统把从传感器得到的这些模拟信号，经过必要的处理，如放大、滤波等，经 A/D 转换送给计算机进行分析、处理与存储；将处理后的数字信号经 D/A 转换成模拟信号，经必要的处理，如滤波、功率放大等，控制执行机构。可以看出，A/D 转换器和 D/A 转换器是计算机与外部设备连接不可缺少的接口电路。A/D 转换器和 D/A 转换器已成为大量应用的电路模块。

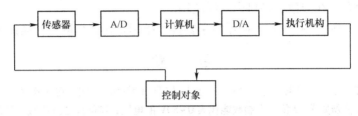

图 8-13　计算机控制系统框图

思 考 题

8-2-1　A/D 转换包括哪些过程？

8-2-2　A/D 转换器的位数与转换精度之间有什么关系？

8.3　Multisim 仿真举例

4 位倒 T 形电阻网络 D/A 转换器仿真电路如图 8-14 所示，单刀双掷开关 J1~J4 设定由键盘数字 0~3 控制，键盘数字 0~3 控制依次为二进制数码的低位到高位，控制开关拨到运放的反相输入端为"1"，控制开关拨到运放的同相输入端为"0"。图 8-14 中输入为 1111，输出电压表为-4.688V，与理论计算 $u_。=-\dfrac{U_{REF}}{2^4}D=-\dfrac{5}{16}\times15=-4.6875V$ 相一致。

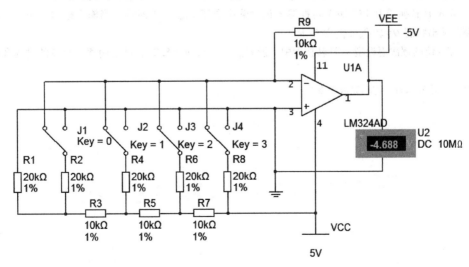

图 8-14　4 位倒 T 形电阻网络 D/A 转换器仿真电路

本 章 小 结

1. 倒 T 形电阻网络 D/A 转换器工作原理。集成 D/A 转换器 DAC 0832 是微机控制系统常用芯片，其内部采用倒 T 形电阻网络。

2. 逐次逼近型 A/D 转换器的工作原理。集成 A/D 转换器 ADC 0809 是 8 位 8 通道逐次逼近型 A/D 转换器，在与微机接口中广泛应用。

3. 衡量 A/D 转换器和 D/A 转换器的主要技术指标是转换精度和转换速度。

习 题

8-1　设 D/A 转换器的输出电压为 0~5V，对于 12 位 D/A 转换器，试求它的分辨率?

8-2　某 D/A 转换器要求 12 位二进制数能代表 0~50V 的电压，试问此二进制数的最低位代表几伏?

8-3　10 位倒 T 形电阻网络 D/A 转换器，若取 $R_f = R$，$U_{REF} = 5V$，求:

(1) 输出电压的取值范围。

(2) 当输入数字量 $d_9 \sim d_0 = 0101001010$ 时，输出模拟量 u_0 为多少?

8-4　一个 8 位的倒 T 形电阻网络 D/A 转换器，设 $R_f = R$，若 $d_7 \sim d_0 = 00000001$ 时，$u_0 = -0.04V$，试求输入数字 $d_7 \sim d_0 = 01011010$ 和 11111111 时的输出电压 u_0 的值。

8-5　一个 8 位的倒 T 形电阻网络 D/A 转换器，设 $U_{REF} = 6V$，$R_f = 3R$，试求输入数字 $d_7 \sim d_0 = 00000001$、10000000 和 11111111 时的输出电压 u_0 的值。

8-6　在图 8-3 所示的倒 T 形电阻网络 D/A 转换器中，设 $U_{REF} = 10V$，$R_f = R = 10k\Omega$，当 $d_3 \sim d_0 = 1101$ 时，试求此时的 I、i_0、u_0。

8-7　已知某个 8 位 A/D 转换器输入模拟电压的范围是 0~10V，求该 A/D 转换器能分辨的最小模拟电压。

8-8　对逐次逼近型 A/D 转换器，解答下列问题:

(1) 逐次逼近型 A/D 转换器由哪几部分组成?

(2) 已知 8 位 A/D 转换器的时钟频率 $f_{CP} = 100kHz$，求完成一次 A/D 转换的时间是多少?

(3) 若 A/D 转换器中 8 位 D/A 转换器的最大输出电压 $U_{Omax} = 9.945V$，当输入模拟电压 $u_I = 6.436V$ 时，电路的输出状态 $D = Q_7Q_6 \cdots Q_0$ 是多少?

8-9　在 4 位的逐次逼近型 A/D 转换器中，设 $U_{REF} = 10V$，$u_I = 8.2V$，试说明逐次比较的过程和转换的结果。

8-10　利用 Multisim 仿真完成题 8-5。

附　　录

附录 A　Multisim 简介

A. 1　Multisim 功能概述

EDA 是 "Electronic Design Automation" 的缩写，即电子设计自动化。电子设计是人们进行电子产品设计、开发和制造过程中十分关键的一步。加拿大 IIT 公司推出的从电路仿真设计到版图生成全过程的电子设计工作平台 Electronics Workbench，是一套功能完善、操作界面友好、方便使用的 EDA 工具。Electronics Workbench 主要包括 Multisim 电路仿真设计工具、VHDL/Verilog 编辑/编译工具、Ultiboard PCB 设计工具和 Ultiroute 自动布线工具。这些工具可以独立使用，也可以配套使用，如果配备了上述全部工具，就可以构成一个相对完整的电子设计软件平台。

Multisim 属于 PCB 前端设计工具，主要完成电路输入、电路仿真和设计。Multisim 的设计结果以网表等文件格式正向传递给 Ultiboard。Ultiboard 是 PCB 后端设计工具，用来接收 Multisim 的前端设计信息，按照设计规则进行 PCB 设计。为了达到良好的布线效果，可以使用 Ultiroute 自动布线工具，采用基于网络的布线算法进行自动布线。Ultiboard 的设计结果可以生成光绘机需要的 Gerber 格式版图设计文件。

Multisim 提供了方便友好的操作界面，完成原理图的设计输入。单击鼠标完成元件的选择，拖动鼠标将元件放在原理图上，自动排列连线，原理图输入的烦琐工作就可以轻松地完成。

Multisim 提供了全面集成化的设计环境，完成从原理图设计输入、电路仿真分析到电路功能测试等工作。当改变电路连接或改变元件参数、对电路进行仿真时，可以清楚地观察到各种变化对电路性能的影响。

Multisim 提供了相当广泛的元器件，有数千个器件模型：从无源器件到有源器件，从模拟器件到数字器件，从分立元件到集成电路，还有微机接口元件、射频元件等。设计过程中，还可以自己添加新元件。

Multisim 提供的虚拟电子设备种类齐全，有直流电源、示波器、函数发生器、万用表、频谱仪、失真度仪、网络分析仪和逻辑分析仪等，操作这些设备如同操作真实设备一样；Multisim 提供了全面的分析工具，利用这些工具，可以完成对电路的稳态和瞬态分析、时域和频域分析、噪声和失真度分析、傅里叶分析、零极点和传输函数分析等，帮助设计者全面了解电路的性能。

利用 Multisim 可以实现各种电路的虚拟实验，对电路进行全面的仿真分析和设计。Multisim 提供的元器件和仪器仪表齐全，使用的元器件种类和数量不受限制，实验成本低、速度快、效率高。在 Multisim 环境下，电路的修改调试方便，可直接打印输出实验数据、实验曲线、电路原理图和元件清单等。

A.2　Multisim 使用指南

A.2.1　Multisim 10 操作界面

启动 Multisim 10，出现如图 A.1 所示的操作界面。该界面主要由菜单栏、工具栏、元器件栏、电路工作区、状态栏、仪器仪表栏和仿真开关等部分组成。

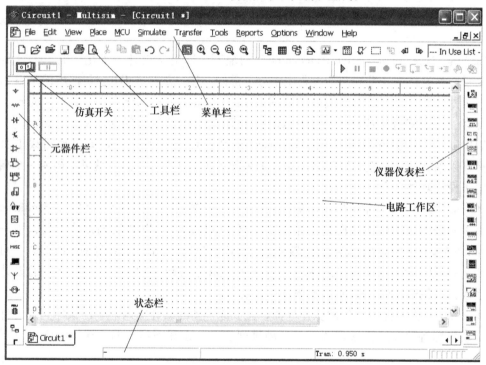

图 A.1　Multisim 10 操作界面

1. 菜单栏

如图 A.2 所示菜单选项，各菜单选项包括了该软件所有操作命令，从左至右分别为 File（文件）、Edit（编辑）、View（显示）、Place（放置）、Simulate（仿真）、Transfer（文件输出）、Tools（工具）、Reports（报告）、Options（选项）、Window（窗口）和 Help（帮助）。每个菜单项的下拉菜单中都包含若干命令条。

File　Edit　View　Place　Simulate　Transfer　Tools　Reports　Options　Window　Help

图 A.2　菜单栏

2. 工具栏

Multisim 10 工具栏如图 A.3 所示。在工具栏中为常用命令提供了简单明了的图标形式，单击工具栏中表示命令的图形与执行菜单栏下对应的命令结果是一样。工具栏从左至右的图标命名分别为：创建新电路文件、打开已有电路文件、保存电路文件、打印、打印预览、剪切、复制、粘贴、撤销、恢复、全屏显示、放大、缩小、合适比例显示、100%显示、打开设计文件管理窗口、打开数据表窗口、元器件数据库管理、创建元器件导航、开始/停止仿真、显示图表窗口、选择仿真分析方法、启动处理器。

图 A.3　工具栏

3. 元器件栏

Multisim 10 提供了 16 个元器件库。用鼠标左键单击元器件库栏目下的图标即可打开该元器件库，在库中选择所需器件，将其拖至工作区即可。元器件栏如图 A.4 所示。

图 A.4　元器件栏

从左边第一个图标开始，分别是

✛信号源库：含接地、直流信号源、交流信号源、受控源等 6 类；

〰基本元件库：含电阻、电容、电感、变压器、开关、负载等 18 类；

⊬二极管库：含虚拟、普通、发光、稳压二极管、桥堆、晶闸管等 9 类；

⊬晶体管库：含双极型晶体管、场效应晶体管、复合管、功率管等 16 类；

⊬模拟集成电路库：含虚拟、线性、特殊运放和比较器等 6 类；

⊡TTL 数字集成电路库：含 74×× 和 74LS×× 两大系列；

⊡CMOS 数字集成电路库：含 74HC×× 和 CMOS 器件的 6 个系列；

⊞数字器件库：含虚拟 TTL、VHDL、Verilog HDL 器件等 3 个系列；

⊙ᵥ混合器件库：含 ADC/DAC、555 定时器、模拟开关等 4 类；

▣指示器件库：电压表、电流表、指示灯、数码管等 8 类；

⊟电源库：包含熔体、稳压器、电压抑制、隔离电源等；

ᴹᴵˢᶜ其他器件库：含晶振、集成稳压器、电子管、熔体等 14 类；

▣外围器件库，包含键盘、LCD 和一个显示终端的模型；

Ⲩ射频元件库：含射频 NPN、射频 PNP、射频 FET 等 7 类；

⊕电机类器件库；含各种开关、继电器、电机等 8 类。

⊞微控制器库：805x 单片机和 ROM、RAM 等。

4. 仪器仪表栏

Multisim 10 仪器仪表工具栏如图 A.5 所示，该工具栏含有 21 种用来对电路工作状态进行测试的仪器仪表，它们从左至依次为数字万用表（Multimeter）、失真分析仪（Distortion Analyzer）、函数信号发生器（Function Generator）、瓦特表（Wattmeter）、双通道示波器（Oscilloscope）、频率计（Frequency Counter）、美国安捷伦函数信号发生器（Agilent Function Generator）、四通道示波器（4 channel Oscilloscope）、伯德图仪（Bode Plotter）、I-V 特性分析仪（IV-Analysis）、字信号发生器（Word Generator）、逻辑转换器（Logic Convener）、逻辑分析仪（Logic Analyzer）、安捷伦示波器（Agilent Oscilloscope）、安捷伦数字万能表（Agilent Multimeter）、频谱分析仪（Spectrum Analyzer）、网络分析仪（Network Analyzer）、泰克示波器（Tektronix Oscilloscope）、电流探针（Current Probe）、LabVIEW 虚拟仪器（LabVIEW Instrument）和测量探针（Measurement Probe）。

图 A.5   仪器仪表栏

A.2.2   Multisim 基本操作

1. 输入并编辑电路

输入电路图是分析和设计工作的第一步，用 Multisim 分析、仿真电路的过程，就是由仿真电路的建立开始的。用户将元器件库中的模型符号放到电路工作区，连接导线，设定元器件模型，为分析和仿真做准备。

（1）建立电路文件

系统在启动时，会自动打开一个空白的电路文件。在 Multisim 正常运行时也只需要单击系统工具栏中的 New 按钮，同样也将出现一个空白电路文件，系统自动命名为 Circuit1，可以在保存电路文件时再重新命名。

（2）取用元器件

元器件可以从工具栏或从菜单栏取用。打开元器件库，单击要选中的元件，出现如图 A.6 所示的"Select a Component"对话框，选定所需器件，如图选择 1kΩ 电阻，单击"OK"

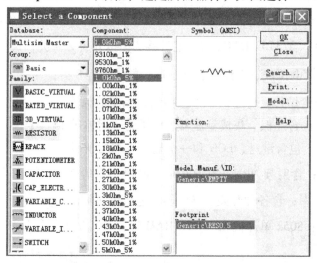

图 A.6   "Select a Component"对话框

按钮，在工作区单击鼠标右键放置该元件。有的元件需要设置参数，可以在打开的菜单中适当选取参数。

　　在元件库中有两种元件，绿色衬底的元件是可以任意设置参数的元件，另一种则是标准参数的元件，这些元件的参数符合国际标准。双击选定元件，从弹出的菜单中还可以设定元件的标签、编号、数值和模型参数。

　　（3）连接电路

　　在将电路元器件放置在电路编辑窗口后，用鼠标就可以方便地将器件连接起来。将鼠标指向元器件的端点，使其出现一个小圆点，按下鼠标左键并拖拽出一根导线，再拖拽导线并使其指向另一个元件的端点，待出现小圆点后释放鼠标左键。在 Multisim 中，连线的起点和终点不能悬空。

　　在复杂电路中，可以将导线设置为不同的颜色，这有助于对电路图的识别。要改变导线的颜色，用鼠标右键单击该导线，弹出 Color（导线颜色）对话框，从中选择合适的颜色即可。如果需要在电路的某一处加入元器件，可以将元器件直接拖拽放置在导线上，然后释放鼠标即可。

　　（4）设置元器件参数

　　对于元件参数的设置，可以通过"元器件特性"对话框来设定。用鼠标左键双击元器件图形或者选择 Edit 下的 Properties（特性），并从弹出的菜单中选择参数。一个 NPN 型晶体管的特性对话框如图 A.7 所示。

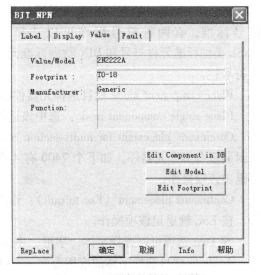

图 A.7　元器件的特性对话框

　　Label 参数选项用于设置元器件的 Reference ID（序号）、Label（标识）和 Attributes（属性）；

　　Display 参数选项用于设置 Label（标识）、Value（数值）、Reference ID（序号）和 Attributes（属性）的显示方式；

　　Value 参数选项用于编辑元器件的特性、模型参数和引脚封装等；

　　Fault 参数选项可以人为设置元器件的隐含故障，如 None（无故障）、Open（开路）、Short（短路）或 Leakage（漏电）。

　　（5）设置电路显示方式

　　菜单 Options 栏下的 Preferences（设置操作环境）命令用于设置与电路显示方式相关的选项，出现如图 A.8 所示的对话框。

　　① Circuit 选项下面有 2 个栏目，其中，

　　Show 栏目决定是否显示电路参数；

　　Color 栏目决定电路显示的颜色。

　　② Workspace 选项下面有 3 个栏目，其中，

　　Show 栏目实现电路工作区显示方式的控制；

　　Sheet size 栏目实现图纸大小和方向的设置；

Zoom level 栏目实现电路工作区显示比例的控制。

③ Wiring 选项有 2 个栏目。其中，

Wire width 栏目设置连接线的线宽；

Autowire 栏目控制自动连线的方式。自动连线的控制方式如下：

Autowire on connection：选择是否自动连线。

Autowire on move：选中该项，移动元器件时，连接线可以自动保持垂直/水平走线，否则，移动元器件时，其连接线可能出现斜线。

④ Component Bin 选项有 2 个栏目，其中，

Symbol standard 栏目用来选择元器件的符号标准，有两种符号标准可以选择：ANSL 美国标准元件符号和 DIN 欧洲标准元件符号；

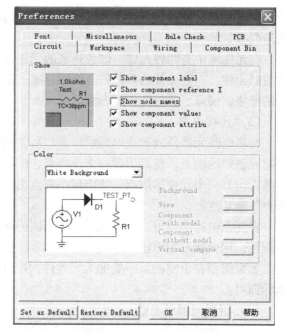

图 A.8 "Preferences" 对话框

Place component mode 栏目选择元器件的操作模式，元器件的操作模式有以下 3 种：

Place single component mode：选中该选项时，从库里取出元器件，只能放置 1 次；

Continuous placement for multi-section part only（Esc to quit）：该选项被选中时，表明一个封装里有多个元器件，如下个 7400 有 4 个双输入与非门，可以连续放置元器件，按 Esc 键退出该项操作；

Continuous placement（Esc to quit）：该选项被选中时，从库里取出元器件，可以连续放置，按 ESC 键退出该项操作。

⑤ Font 选项可以选择字体，字形、字号以及应用范围等栏目。

Apply to 栏目选择字体的应用范围，有两种选择：Entire circuit 和 Selection，前者应用于整个电路图，后者应用于选取的项目。

⑥ Miscellaneous 选项控制文件备份方式等。其中，可以选择自动备份的时间、选择电路存盘的路径及选择数字仿真的两种状态：Idea 理想仿真和 Real 真实状态仿真，前者可以获得较高的仿真速度，后者可以获得更为精确的仿真结果。

⑦ Rule Check 选项用来完成 ERC（电路规则检查）功能，创建和显示详细的检测报告，报告给出电路连接错误，如电源与输出引脚直接连接错误、未连接引脚错误和重复 ID 错误等。

⑧ PCB 选项选择与制作电路板相关的命令，如接地选择、印制板层数选择等。

Ground Option 为接地选择，如果选中 Connect digital ground to analog ground 表明数字地与模拟地相连；

Export settings 输出设置；

Rename nodes 为节点重新命名；

Rename components 为元器件重新命名；

Number of copper layers 设置印制板的层数。

⑨ Default 对话框。Preferences 命令对话框的左下角有两个按钮。其中，

"Set as Default"按钮将当前设置存为用户的默认设置，影响新建电路图；

"Restore Default"按钮将当前设置恢复为用户的默认设置。"OK"按钮不影响用户的默认设置，只影响当前电路图的设置。

2. 子电路创建

子电路是用户自己建立的一种单元电路。将子电路存放在用户器件库中，可以反复调用并使用子电路。利用子电路可使复杂系统的设计模块化、层次化，可增加设计电路的可读性，提高设计效率，缩短电路设计周期。创建子电路的工作需要以下几个步骤：选择、创建、调用和修改。

选择：首先要把需要创建的电路放到电子工作平台的电路窗口上，按住鼠标左键拖动，选定电路。被选择电路的部分由周围的方框标示，表示完成子电路的选择。

创建：单击 Place/Replace by Subcircuit 命令，屏幕上出现"Subcircuit Name"对话框，在对话框中输入子电路名称，如 sub1，单击"OK"按钮，选择的电路复制到用户器件库中，同时给出子电路图标，完成子电路的创建。

调用：单击 Place/Subcircuit 命令或使 Ctrl+B 快捷操作，输入已创建的子电路名称 sub1，即可使用该子电路。

修改：双击子电路模块，在出现的对话框中单击 Edit Subcircuit 命令，屏幕显示子电路的电路图，直接修改该电路图，然后存盘，即得到修改后的子电路。

输入/输出：为了能对子电路进行外部连接，需要对子电路添加输入/输出功能。添加方法如下：单击 Place/HB/SB Connecter 命令或使用 Ctrl+I 快捷操作，屏幕出现输入/输出符号"□⊣¹⁰¹"，将该符号与子电路的输入/输出信号端进行连接。注意，带有输入/输出符号的子电路才能与外电路连接。

3. 常用仪器仪表使用

（1）数字万用表（Multimeter）

数字万用表是测试电路时使用得最为频繁的设备之一，Multisim 提供的万用表的外观和操作与实际的万用表相似，可以测电流 A、电压 V、电阻 Ω 和分贝值 dB，测直流或交流信号。

万用表的控制面板如图 A.9 所示，每项测量功能的选择都可以在万用表的面板上单击完成。单击万用表控制面板上的 Set，打开万用表的参数设置窗口，如图 A.6 所示。在设置窗口下，可以实现电流表内阻、电压表内阻、欧姆表电流大小、dB 相关值设置以及测量范围的设置。

（2）函数发生器（Function Generator）

Multisim 提供的函数发生器可以产生正弦波、三角波和矩形波，信号频率可在 1Hz 到 999MHz 范围内调整。信号的幅值以及占空比等参数也可以根据需要进行调节。信号发生器有 3 个引线端口：负极、正极和公共端。

双击函数发生器，屏幕显示函数发生器的面板，如图 A.10 所示。面板的上方选择输出波形，分别是正弦波、三角波和矩形波输出。面板的下方设置输出信号参数：频率、占空

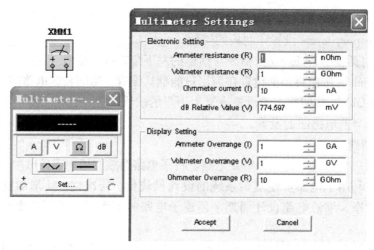

图 A.9 万用表的图标、面板和参数设置

比、幅度和偏移量，其中偏移量指的是交流信号中直流电平的偏移。如果偏移量为 0，则直流分量在 X 轴；如果偏移量是正值，则直流分量在 X 轴的上方；如果偏移量是负值，则直流分量在 X 轴的下方。

（3）瓦特表（Wattmeter）

Multisim 提供的瓦特表用来测量电路的交流或者直流功率，瓦特表有 4 个引线端口：电压正极、电压负极、电流正极和电流负极。

双击瓦特表，屏幕显示瓦特表的面板，如图 A.11 所示。应注意的是，电压端应与测量电路并联，电流端应与测量电路串联。

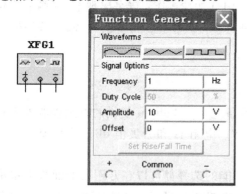

图 A.10 函数发生器的图标和面板

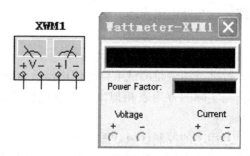

图 A.11 瓦特表的图标和面板

（4）双通道示波器（Oscilloscope）

Multisim 提供的双通道示波器外观和基本操作与实际示波器基本相同，该示波器可以观察一路或两路信号波形的形状，分析被测周期信号的幅值和频率，时间基准可在秒至纳秒范围内调节。示波器的图标如图 A.12 所示，示波器图标有 4 个连接点，分别是 A 通道输入、B 通道输入、外触发端 T 和接地端 G。

双击示波器，屏幕显示其面板如图 A.12 所示。面板由上下两个部分组成，上半部分是示波器的观察窗口，下半部分是示波器的控制面板。控制面板分为 4 个部分：Timebase（时

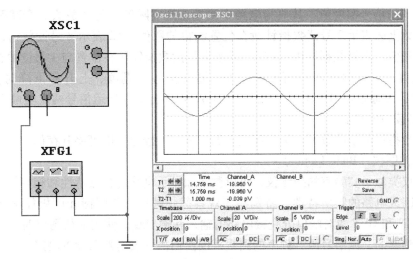

图 A.12　双通道示波器的图标和面板

间基准)、Channel A（通道 A）、Channcl B（通道 B）和 Trigger（触发）。

在示波器的面板上，可以直接单击示波器的各功能项进行参数选择，各功能项如下。

1）Timebase（时间基准）。

Scale（量程）：设置显示波形时的 X 轴时间基准。

X position（X 轴位置）：设置 X 轴的起始位置。显示方式设置有 4 种，Y/T 方式指的是 X 轴显示时间，Y 轴显示电压值；Add 方式指的是 X 轴显示时间，Y 轴显示通道 A 和通道 B 电压之和；A/B 或 B/A 方式指的是 X 轴和 Y 轴都显示电压值。

2）Channel A（通道 A）。

Scale（量程）：通道 A 的 Y 轴电压刻度设置。

Y position（Y 轴位置）：设置 Y 轴的起始点位置。起始点为 0 表明 Y 轴和 X 轴重合，起始点为正值表明 Y 轴原点位置向上移，否则向下移。

触发耦合方式：AC（交流耦合）、0（0 耦合）或 DC（直流耦合）。交流耦合只显示交流分量；直流耦合显示直流和交流之和；0 耦合在 Y 轴设置的原点处显示一条直线。

3）Channel B（通道 B）。

通道 B 的 Y 轴量程、起始点、耦合方式等项内容的设置与通道 A 相同。

4）Trigger（触发）。

触发方式主要用来设置 X 轴的触发信号、触发电平及边沿等。

Edge（边沿）：设置被测信号开始的边沿，设置先显示上升沿或下降沿。

Level（电平）：设置触发信号的电平，使触发信号在某一电平时启动扫描。

触发信号选择：Auto（自动）、通道 A 和通道 B 表明用相应的通道信号作为触发信号；ext 为外触发；Sing 为单脉冲触发；Nor 为一般脉冲触发。

在图 A.12 所示的屏幕上有两条左右可以移动的读数指针，指针上方有三角形标志，通过鼠标左键可拖动读数指针左右移动。在显示屏幕下方有三个测量数据的显示区，左侧数据区表示 1 号读数指针所指信号波形的数据。T1 表示 1 号读数指针离开屏幕最左端（时基线零点）所对应的时间，时间单位取决于 Timebase 设置的时间单位；VA1 和 VA2 分别表示通道 A、通道 B 的信号幅度值,其值为电路中测量点的实际值,与"放大、衰减开关"设置无关。中间数据区表示 2 号读数指针所在位置测得的数值。T2 表示 2 号读数指针离开时基线零点的时间值。右侧数据区中,T2-T1 表示 2 号读数指针所在位置与 1 号读数指针所在位置的时间差值,可以用来测量信号的周期、脉冲信号的宽度、上升和下降时间等参数;VA2-VA1 表示 A 通道信号两次测量值之差,VB2-VB1 表示 B 通道信号两次测量值之差。

5) 波形读数的存储。

对于读数指针测量的数据,单击面板上的"Save"按钮,即可将其存储。

(5) 伯德图仪(Bode Plotter)

伯德图仪类似于实验室的扫频仪,可以测量和显示电路的幅频特性和相频特性,适合于分析滤波电路或电路的频率特性,特别易于观察截止频率,其图标和面板如图 A.13 所示。伯德图仪的 IN 和 OUT 两对端口分别接电路的输入和输出端。使用伯德图仪时,在电路的输入端接任意频率的交流信号源,频率的测量范围由伯德图仪的参数设置决定。

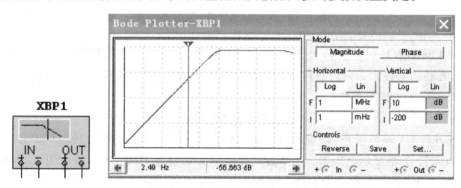

图 A.13　伯德图仪的图标和面板

Magnitude(幅值)选择显示幅频特性曲线;Phase(相位)选择显示相频特性曲线;Save(保存)以 BOD 格式保存测量结果;Set…(设置)用以设置扫描的分辨率,其数值越大,读数精度越高,但要增加运行时间,默认值是 100。

测量幅频特性时,单击"Log"按钮后,Y 轴的刻度单位是 dB,标尺刻度为 $20\lg(A(f))$ dB,其中 $A(f) = U_o(f)/U_i(f)$;当单击"Line"按钮后,Y 轴是线性刻度;测量相频特性时,Y 轴坐标表示相位,单位是度,刻度是线性的。该区下面的 F 栏设置最终值,I 设置初值。右侧的对应栏是设置 X 轴的参数的,也有对数和线性坐标之分,单位是 Hz。显示区有读数指针,可用鼠标指针查看相应的读数。

(6) 频率计(Frequency Couter)

频率计主要用来测量信号的频率、周期、相位,脉冲信号的上升沿和下降沿。频率计的图标、面板以及使用如图 A.14 所示。使用过程中应注意根据输入信号的幅值调整频率计的Sensitivity(灵敏度)和 Trigger Level(触发电平)。

(7) 字信号发生器(Word Generator)

字信号发生器是一个通用的数字激励源编辑器,可以用多种方式产生 32 位的字符串,在数字电路的测试中应用非常灵活。双击字信号发生器图标,屏幕显示字信号发生器面板,如图 A.15 所示。面板由两部分组成,左侧是控制面板,右侧是字信号发生器的字符窗口。

控制面板分为 Controls（控制方式）、Display（显示方式）、Trigger（触发）、Frequency（频率）等几个部分。

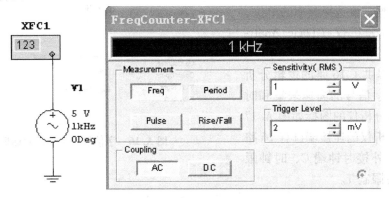

图 A.14　频率计的图标和面板

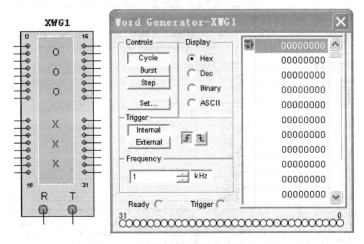

图 A.15　字信号发生器的图标和面板

1) 字符输出控制。

Cycle：周期性输出字符，按照预先设置的周期，循环不断地产生字符。

Burst：脉冲式输出字符，与周期性输出字符不同，脉冲式输出字符是固定频率，只完成一个周期的字符输出。

Step：单步输出字符，每次只输出一组字符。

Set：单击"Set…"按钮，屏幕显示如图 A.16 所示的对话框，以便装载预存的模式，这些预存模式有加法计数器模式、减法计数器模式、右移移位模式、左移移位模式，也可将自己定义的模式保存下来，以便下次调用。

2) 字符设置。

在面板右侧的字符窗口，直接输入 16 进制数值、十进制数值、二进制数值、ASCII 码。

3) 字符触发信号。

字信号发生器的触发信号可以是 internal（内部触发）或 external（外部触发），触发电平可以取上升沿或下降沿。所有这些选择，都可以用鼠标单击完成。

4) 字符产生频率。

字信号发生器的频率设置范围很宽，频率设置的单位从 Hz、kHz 到 MHz，可以根据需要选择频率的单位。

（8）逻辑分析仪（Logic Analyzer）

Multisim 提供了 16 路的逻辑分析仪，用来做数字信号的高速采集和时序分析。逻辑分析仪的图标如图 A.17 所示。逻辑分析仪的连接端口有 16 路信号输入端、外接时钟端 C、时钟限制 Q 以及触发限制 T。

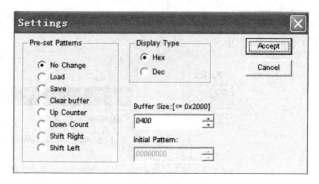

图 A.16 字信号发生器的对话框

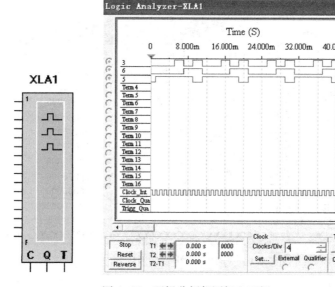

图 A.17 逻辑分析仪图标和面板

双击逻辑分析仪图标，屏幕显示出逻辑分析仪的面板，如图 A.17 所示。面板分上、下两个部分，上半部分是被测信号的显示窗口，下半部分是逻辑分析仪的控制窗口，主要控制信号有 Stop（停止）、Reset（复位）、Reverse（反相显示）、Clock（时钟设置）和 Triggcr（触发设置）。逻辑分析仪还有一个小窗口，显示左侧游标（T1）位置和数据、右侧游标（T2）位置和数据以及两游标之间（T2-T1）的时间差。

单击 Clock 下的"set"（设置）按钮时，出现"Clock setup"（时钟设置）对话框，如图 A.18a 所示。可以选择的时钟设置有选择外触发或内触发、时钟频率、取样点设置。

单击 Trigger 下的"Set"（设置）按钮时，出现"Trigger Setting"（触发设置）对话框，如图 A.18b 所示，可以选择的触发设置有边沿设置和模式设置。

4. Multisim 的基本分析方法

前面介绍了 Multisim 提供的各种虚拟仪器。这些仪器给电路的分析带来了极大的方便，但有时在电路中需要对多个参数进行分析，这时使用这些虚拟仪器就无法满足分析的要求，

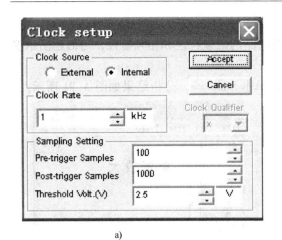
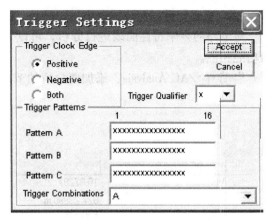

a)　　　　　　　　　　　　　　　　b)

图 A.18　逻辑分析仪的对话框

a) Clock setup 对话框　b) Trigger Settings 对话框

为此 Multisim 提供了电路的分析功能供用户对电路的设计等进行进一步的分析和仿真。

Multisim 提供了十几种分析工具，单击工具栏中的按钮 ～· 或执行菜单命令 Simulate/
Analyses，可选择要进行的分析。下面以单管放大电路为例，介绍 7 种基本分析方法。

构造图 A.19 所示电路，晶体管的 β 由原来 220 改为 100。

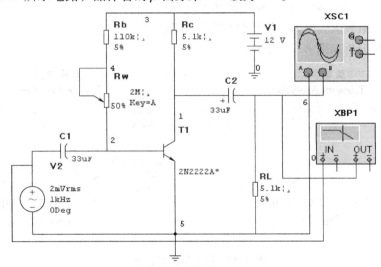

图 A.19　单管放大电路

（1）直流分析（DC Operating Point Analysis）

该分析是对电路直流通路各节点的直流电压和电流大小进行分析，按右键显示节点。这
时电路中的有源器件被看作为线性器件。数字电路无法进行直流工作点分析。

调节 R_{W} 可以改变阻值，从而改变静态工作点，按 "A" 和 "a" 可分别增大和减小阻
值，双击元件可改变步进。

电路中显示各节点如图，启动 ～· /DC Operating Point Analysis，添加要分析的节点，单
击 Simulate，分析结果如图 A.20 所示。

（2）交流分析（AC Analysis）

对电路的频率特性曲线进行分析，可以分析电路的幅频特性和相频特性，与伯德图示仪的功能相似。

启动 〰˅/AC Analysis，添加要分析的节点，单击 Simulate，分析结果如图 A. 21 所示。

	DC Operating Point	
1	V(4)	10.87297
2	V(2)	627.23880 m
3	V(1)	6.71225
4	V(3)	12.00000
5	V(5)	0.00000

图 A. 20　直流工作点测试结果

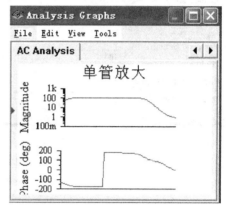

图 A. 21　交流分析测试曲线

（3）瞬态分析（Transient Analysis）

计算电路的响应与时间的关系，与示波器的功能相似。

启动 〰˅/Transient Analysis，添加要分析的节点，单击 Simulate，分析结果如图 A. 22 所示，由于放大倍数较大，输入、输出分别进行瞬态分析。

示波器波形分析如图 A. 23 所示。

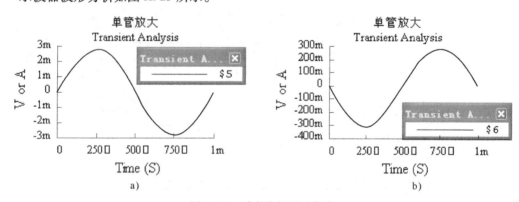

图 A. 22　瞬态分析测试曲线

a）输入曲线　b）输出曲线

（4）傅里叶分析（Fourier Analysis）

利用数字方法对输出信号的频谱结构进行分析。与前面的频谱分析仪的功能相同。

将输入信号增大到 50mV，输出出现严重非线性失真，意味着输出信号中出现了输入信号中未有的谐波分量。

启动 〰˅/Fourier Analysis，添加要分析的输出节点，单击 Simulate，分析结果如图 A. 24 所示。

如果放大电路输出信号没有失真，在理想情况下，信号的直流分量应该为零，各次谐波分量幅值也应该为零，总谐波失真也应该为零。从图 A.24 可以看出，输出信号基波分量幅值约为 5.05V，2 次谐波分量幅值约为 1.78V，从图中还可以查出 3 次、4 次及 5 次谐波幅值。同时可以看到总谐波失真（THD）约为 38.51%，这表明输出信号非线性失真相当严重。线条图形方式给出的信号幅频图谱，直观地显示了各次谐波分量的幅值。

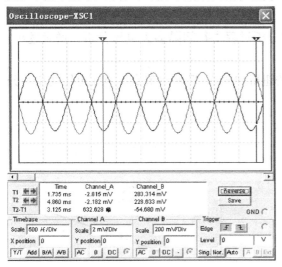

图 A.23　单管放大示波器波形分析

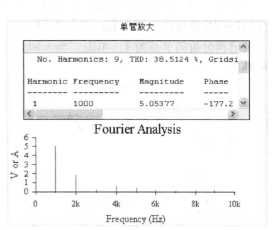

图 A.24　傅里叶分析结果

（5）噪声分析（Noise Analysis）

分析电路中各元件对输出噪声的贡献。

单管放大电路中，双击信号电压源符号，把属性对话框的 Distortion Frequency 1 Magnitude 项目下的值设置为 1V，然后继续分析该单管放大电路。

启动 ∿˙/Noise Analysis，在对话框中的 Analysis Parameters 页面中，选择输入噪声参考源为电路中的交流电压源，输出节点取节点 6，参考节点为 0，选中 Set points per summary，取点数为 1。

对话框中的 Frequency Parameters 页，设置采用对话框的默认值。

对话框中的 Output variables 页设置 inoise-spectrum 和 onoise-spectrum 为分析变量。

单击对话框中的 Simulate，绘出噪声分析曲线如图 A.25 所示。其中上面一条曲线是总的输出噪声电压随频率变化曲线，下面一条曲线是等效的输入噪声电压随频率变化曲线。

（6）失真分析（Distortion Analysis）

失真分析通常用于分析那些采用瞬态分析不易察觉的微小失真。启动 ∿˙/Distortion Analysis，添加要分析的输出节点，单击 Simulate，分析结果如图 A.26 所示。

（7）直流扫描分析（DC Sweep Sensitivity Analysis）

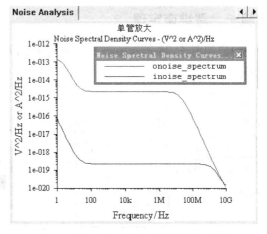

图 A.25　噪声分析曲线

分析直流电压源或电流源的变化对电路特性的影响。

启动 ∿˙/DC Sweep Sensitivity Analysis，在对话框中的 DC Sweep Analysis 页面中，

Source：电路中仅有一个直流电压源 V1。

Start value：表示直流扫描的起始电压值，设为 1V。

Stop value：表示直流扫描的停止电压，设为 12V。

Increment：表示从起始电压到停止电压的分析过程中每间隔多少电压分析，增量越小，分析的结果越接近于理论值，设为 0.5V。

选择分析的节点为 1，单击 "Simulate" 按钮得到图 A.27 所示节点 1 直流电压变化的分析结果。

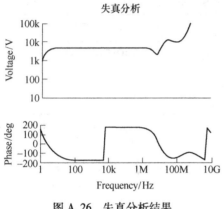

图 A.26　失真分析结果

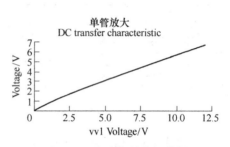

图 A.27　直流扫描分析结果

除以上分析外，还有参数扫描分析、极点-零点分析、传输函数分析、最坏状况分析、蒙特卡罗分析、批处理分析等高级分析。

A.3　基于 Multisim 实验举例

实验一、戴维南定理

构造如图 A.28 所示电路，仿真得到用万用表测量的开路电压与短路电流，如图 A.29 所示。

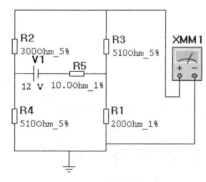

图 A.28　电路

图 A.29　开路电压与短路电流

即 $U_{OC} = 4.068\text{V}$，$I_{SC} = 12.189\text{mA}$，则等效电阻为 $R_{eq} = \dfrac{U_{OC}}{I_{SC}} = 333.7\Omega$。

实验二、计数译码显示——流水灯实验

用 LM555、四位二进制计数器 74IS163 和 3 线-8 线译码器 74LS138 及显示器构成流水灯。构造电路如图 A.30 所示。

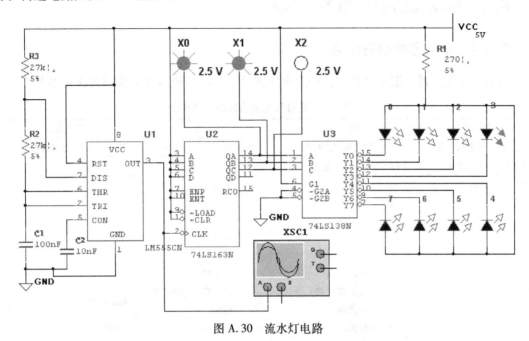

图 A.30　流水灯电路

（1）由示波器检测 LM555 定时器构成的脉冲产生电路（多谐振荡器）。

（2）将 74IS163 接成二进制自然计数形式，$Q_A Q_B Q_C$ 分别接至指示灯监测 74IS163 计数是否正确。

（3）将 $Q_A Q_B Q_C$ 接入 74LS138 的地址控制端，使能端都处在使能状态，74LS138 八个输出端同八个 LED 显示管负极相接。

运行仿真，如图 A.30 可以看到，灯 $X_0 X_1$ 亮、X_2 灭时，即 $Q_C Q_B Q_A = 011$ 时，3 线-8 线译码器 $\overline{Y}_3$ 为低电平，发光二极管 3 亮，得到设计的结果。

附录 B　电阻器和电容器的型号命名和识别

B.1　电阻器的型号命名和识别

B.1.1　电阻器的型号命名

电阻器及电位器的型号命名方法一般由四部分组成，其表示方法及意义详见表 B-1。

表 B-1　电阻器和电位器的型号命名法

第一部分		第二部分		第三部分		第四部分
用字母表示主称		用字母表示材料		用数字或字母表示特征		用数字表示序号
符号	意义	符号	意义	符号	意义	
R	电阻器	T	碳膜	1, 2	普通	
		P	硼碳膜	3	超高频	
W	电位器	U	硅碳膜	4	高阻	
		C	沉积膜	5	高温	
		H	合成膜	7	精密	
		I	玻璃釉膜	8	电阻器—高压	包括：
		J	金属膜（箔）		电位器—特殊函数	
		Y	氧化膜	9	特殊	额定功率
		S	有机实心	G	高功率	
		N	无机实心	T	可调	标称值
		X	线绕	X	小型	
		R	热敏	L	测量用	允许误差
		G	光敏	W	微调	精度等级
		M	压敏	D	多圈	

阻值标记：一般 1Ω 以下的电阻，在阻值数字后面要加 "Ω" 的符号，如 0.5Ω；1000Ω 以下电阻，可以只写数字不写单位，如 6.8Ω 可写成 6.8，200Ω 可写成 200；1000Ω ~ 1MΩ，以千为单位，符号是 "k"，如 6800Ω 可写成 6.8k；1MΩ 以上，以兆欧为单位，符号是 "M"，如 1MΩ 可写成 1M。

标记举例：RJ71—0.125—5.1k—I 型电阻器。

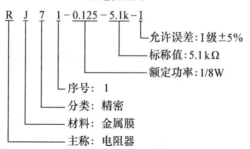

由此可见，这是精密金属膜电阻器，其额定功率为 1/8W，标称电阻值为 5.1kΩ，允许误差为±5%。

B.1.2　标称值及识别

1. 标称值

表 B-2 列出了各种偏差标准系列产品标称值。

表 B-2　系列固定电阻的标称值

系　　列	误差与精度等级	电阻的标称值
E24	Ⅰ级：±5%	1.0, 1.1, 1.2, 1.3, 1.5, 1.6, 1.8, 2.0, 2.2, 2.4, 2.7, 3.0, 3.3, 3.6, 3.9, 4.3, 4.7, 5.1, 5.6, 6.2, 6.8, 7.5, 8.2, 9.1
E12	Ⅱ级：±10%	1.0, 1.2, 1.5, 1.8, 2.2, 2.7, 3.9, 4.7, 5.6, 6.8, 8.2
E6	Ⅲ级：±20%	1.0, 1.5, 2.2, 3.3, 4.7, 6.8

表 B-2 中所列数值乘以 1、10、100、10^3、10^4、10^5、10^6、10^7 就可以得到 1Ω～91MΩ 的电阻值。注意，日常使用的电阻只能按标称值选取。

2. 阻值的表示方法

电阻值及允许误差有三种表示方法，即直标法、文字符号法、色标法和数码表示法。

1) 直标法是指在元件（电阻、电容）表面直接标志它的主要参数和技术性能的一种方法。阻值用阿拉伯数字，允许误差用百分数表示，如 2kΩ±5%。

2) 文字符号法是用数字与符号组合在一起表示元件的主要参数和技术性能的方法。组合规律是文字符号 Ω、K、M 前面的数字表示整数阻值，文字符号后面的数字表示小数点后面的小数阻值。允许误差用符号，J 为±5%，K 为±10%，M 为±20%。例如 5Ω1J 表示 5.1Ω±5%。若电阻上未标注误差，则均为±20%。

3) 色标法是用色环、色点或色带在电阻器表面标出标称阻值和允许误差，它具有标志清晰、各个角度都能看到的特点。对于 1/8～1/2W 的小功率电阻，一般采用国际通用的色标表示法。色标法标称电阻的色环表示一般有四环、五环等表示法。

四色环色标法：普通精度的电阻器用四色环表示，如图 B.1 所示。左边（与端部距离最近的）为第一色环，顺次向右为第二、第三、第四色环。各色环所代表的意义为：第一色环、第二色环相应代表阻值的第一、二位有效数字，第三

图 B-1　四色环电阻

色环表示倍率（第一、二位数之后加"0"的个数），第四色环代表阻值的允许误差。

五色环色标法：精密电阻器大多采用五色环色标法来标注。五色环中的前三条色环分别表示阻值第一、第二、第三位数字，第四色环表示倍率（第一、二、三位数之后加"0"的个数），第五条色环表示允许误差范围。电阻器的色环标志颜色表见表 B-3。

例如，一个四色环电阻器的第一、二、三、四色环分别为蓝、灰、橙、金，则该电阻的大小为

$$R = 68 \times 10^3 \Omega = 68000\Omega = 68k\Omega（允许误差 \pm 5\%）$$

一个五色环电阻器的第一、二、三、四、五色环分别为棕、黑、绿、棕、棕，则该电阻的大小为

$$R = 105 \times 10^1 \Omega = 1050\Omega = 1.05\text{k}\Omega \quad （允许误差\pm 1\%）$$

表 B-3　电阻器色环标志颜色表

颜色 意义	棕	红	橙	黄	绿	蓝	紫	灰	白	黑	金	银
有效数字	1	2	3	4	5	6	7	8	9	0	/	/
乘数	10^1	10^2	10^3	10^4	10^5	10^6	10^7	10^8	10^9	10^0	10^{-1}	10^{-2}
允许误差	$\pm 1\%$	$\pm 2\%$	—	—	$\pm 0.5\%$	$\pm 0.2\%$	$\pm 0.1\%$	—	—	—	$\pm 5\%$	$\pm 10\%$

4）数码表示法是在电阻上用三位数码表示标称值的方法。基本单位是 Ω，前两位数字表示数值的有效数字，第三位数字表示数值的倍率 10^n（即在前两位数后加 0 的个数）。如 100 表示其阻值为 $10 \times 10^0 = 10\Omega$；223 表示其阻值为 $22 \times 10^3 = 22\text{k}\Omega$。

B.2　电容器的型号命名和识别

B.2.1　电容器的型号命名

电容器型号命名方法一般由四部分组成，其表示方法及意义详见表 B-4。

表 B-4　电容器的型号命名法

第一部分		第二部分		第三部分		第四部分
用字母表示主称		用字母表示材料		用字母表示特征		用字母或数字表示序号
符号	意义	符号	意义	符号	意义	
C	电容器	C	瓷介	T	铁电	
		I	玻璃釉	W	微调	
		O	玻璃膜	J	金属化	
		Y	云母	X	小型	包括:
		V	云母纸	S	独石	品种
		Z	纸介	D	低压	尺寸
		J	金属化纸介	M	密封	代号
		B	聚苯乙烯	Y	高压	温度特性
		F	聚四氟乙烯	C	穿心式	直流工作电压
		L	涤纶			标称值
		S	聚碳酸酯			允许误差
		Q	漆酯			标准代码
		H	纸膜复合			
		D	铝电解			
		A	钽电解			
		G	金属电解			
		N	铌电解			
		T	钛电解			
		M	压敏			
		E	其他材料电解			

通常在容量小于 10000pF 的时候用 pF 做单位，大于 10000pF 的时候，用 μF 做单位。为了方便起见，大于 100pF 而小于 1μF 的电容常常不标注单位。没有小数点的，它的单位是 pF，有小数点的其单位是 μF。例如，3300 就是 3300pF，0.1 就是 0.1μF 等。

标记举例：RJ71—0.125—5.1k—I 型电阻器。

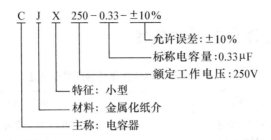

由此可见，这是金属纸介电容器，其额定工作电压为 250V，标称电容量 0.33μF，允许误差为±10%。

B.2.2　标称容量值及识别

电容器常用单位有：法（F）、毫法（mF）、微法（μF）、纳法（nF）和皮法（pF）。它们的关系为

$$1F = 10^3 mF = 10^6 μF = 10^9 nF = 10^{12} pF$$

标志在电容器上的容量数值称为标称值。一般电容器上都直接写出其容量，但也有如下几种标志方法。

1）文字符号法：用 2 位~4 位数字表示电容量有效数字，再用字母表示数值的量级，如：1p2 表示 1.2pF，220n 表示 0.22μF，3μ3 表示 3.3μF，2m2 表示 2200μF。

2）数码表示法：一般用三位数字来表示容量的大小，单位为 pF。前两位数字表示数值的有效数字，第三位数字表示数值的倍率 10^n（即在前两位数后加 0 的个数）。但若第三位数字为 9，则乘以 10^{-1}。如：102 表示 $10×10^2 = 1000pF$，223 表示 $22×10^3 = 0.022μF$，474 表示 $47×10^4 = 0.47μF$，479 表示 $47×10^{-1} = 4.7pF$。

3）色标表示法：电容器的标称容量和允许误差，也有采用色标法来标志的。电容器的色标法原则上与电阻器色标法相同，单位为 pF，这里就不再赘述，相关标志及颜色符号所代表的数字可参阅表 B-4。

附录 C　半导体器件的型号命名法

C.1　国产半导体分立器件命名

表 C-1　国产半导体分立器件的型号命名法

第一部分		第二部分		第三部分	
用阿拉伯数字表示器件的电极数目		用汉语拼音字母表示器件的材料和极性		用汉语拼音字母表示器件的类别	
符号	意义	符号	意义	符号	意义
2	二极管	A	N型，锗材料	P	小信号管
		B	P型，锗材料	V	混频检波管
		C	N型，硅材料	W	电压调整管和电压基准管
		D	P型，硅材料	C	变容管
3	三极管	A	PNP型，锗材料	Z	整流管
		B	NPN型，锗材料	L	整流堆
		C	PNP型，硅材料	S	隧道管
		D	NPN型，硅材料	K	开关管
		E	化合物材料	X	低频小功率晶体管（$f_\alpha < 3\mathrm{MHz}$, $P_\mathrm{c} < 1\mathrm{W}$）
				G	高频小功率晶体管（$f_\alpha \geqslant 3\mathrm{MHz}$, $P_\mathrm{c} < 1\mathrm{W}$）
				D	低频大功率晶体管（$f_\alpha < 3\mathrm{MHz}$, $P_\mathrm{c} \geqslant 1\mathrm{W}$）
				A	高频大功率晶体管（$f_\alpha \geqslant 3\mathrm{MHz}$, $P_\mathrm{c} \geqslant 1\mathrm{W}$）
				T	闸流管
				Y	体效应管
				B	雪崩管
				J	阶跃恢复管

示例：

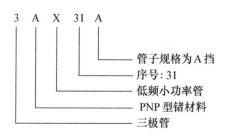

由此可见，该管为 PNP 型低频小功率锗管。

C.2　集成电路器件命名

集成电路器件的型号由五部分组成，现行国际标准集成电路命名法、各部分符号及意义见表 C-2 所列。

表 C-2　国标集成电路命名法

第一部分	第二部分	第三部分	第四部分	第五部分
中国制造	器件类型	器件系列品种	工作温度范围	封　装
C	T：TTL H：HTL E：ECL C：CMOS M：存储器 μ：微型机电路 F：线性放大器 W：稳压器 D：音响电视电路 B：非线性电路 J：接口电路 AD：A/D 转换器 DA：D/A 转换器 SC：通信专用电路 SS：敏感电路 SW：钟表电路 SJ：机电仪电路 SF：复印机电路 …	TTL 电路分为： 54/74×××① 54/74H×××② 54/74L×××③ 54/74S××× 54/74LS×××④ 54/74AS××× 54/74ALS××× 54/74F××× CMOS 电路为： 4000 系列 54/74HC××× 54/74HCT×××	C：0~70℃⑤ G：−25~70℃ L：−25~85℃ E：−40~85℃ R：−55~85℃ M：−55~125℃⑥	D：多层陶瓷双列直插 F：多层陶瓷扁平 B：塑料扁平 H：黑瓷扁平 J：黑瓷双列直插 P：塑料双列直插 S：塑料单列直插 T：金属圆壳 K：金属菱形 C：陶瓷芯片载体 E：塑料芯片载体 G：网络针棚陈列封装 … SOIC：小引线封装 PCC：塑料芯片载体 LCC：陶瓷芯片载体

① 74 表示国际通用 74 系列（民用）；54 表示国际通用 54 系列（军用）。

② H 表示高速。

③ L 表示低速。

④ LS 表示低功耗。

⑤ C 表示只出现在 74 系列。

⑥ M 表示只出现在 54 系列。

示例：CT74LS160CJ

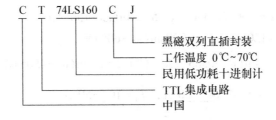

部分习题参考答案

1-3 $U=200\text{V}$，$I=50\text{A}$

1-4 100W：484Ω，15W：3230Ω

1-5 R_3：10A，20W；R_{01}：8V；R_{02}：6V

1-6 （1）R_{01}：30.9A；R_{02}：9.09A；I_{S1}：12.36V；R_3：20V

（2）I_{S1}：112.4W（输出）；E_2：69.4W（输出）；R_3：181.8W

1-7 $I_S=3\text{A}$，$R=4\Omega$，$P_{R1}=33.33\text{W}$，$P_{R2}=0.667\text{W}$，$P_R=4\text{W}$

1-8 2.5V

1-9 1A

1-10 左边支路：13A（自右向左），中间支路：1A（自右向左）

1-11 $U_{13}=5\text{V}$，$U_{15}=7\text{V}$，$U_{36}=2\text{V}$，$U_{56}=0\text{V}$，$U_{57}=1\text{V}$

1-12 （a）$U=40\text{V}$，$I=1\text{A}$；（b）$U=40\text{V}$，$I=1\text{A}$；（c）$U=40\text{V}$，$I=1\text{A}$

1-13 （1）$U=-40\text{V}$，$I=-1\text{mA}$；（2）$U=-50\text{V}$，$I=-1\text{mA}$；（3）$U=50\text{V}$，$I=1\text{mA}$

1-14 $U_3=10\text{V}$

1-15 $I=3.82\text{mA}$

1-16 电流源：10A，2Ω 电阻：10A，4Ω 电阻：4A，5Ω 电阻：2A，电压源：4A，1Ω 电阻：6A

1-17 $U=3.5\text{V}$

1-18 $I_1=-7\text{mA}$，$I_2=-3\text{mA}$

1-19 190mA

1-20 6A

1-21 $U_0=6\text{V}$，$R_0=16\Omega$

1-22 $U_0=16\text{V}$，$R_0=13.4\Omega$

1-23 $U_{AB}=-0.056\text{V}$

1-24 S 闭合时，$V_a=6\text{V}$，$V_b=-3\text{V}$，$V_c=0\text{V}$；S 断开时，$V_a=6\text{V}$，$V_b=6\text{V}$，$V_c=9\text{V}$

1-25 $V_A=-20\text{V}$

1-34 $U=3.5\text{V}$

2-1 （1）$i_1=10\sqrt{2}\sin(\omega t+72°)\text{A}$，$i_2=5\sqrt{2}\sin(\omega t-150°)\text{A}$

（2）$u_1=200\sin(\omega t+120°)\text{V}$，$u_2=300\sin(\omega t-60°)\text{V}$

2-2 （1）$i=1.954\sqrt{2}\sin(\omega t-0.85°)\text{A}$ （2）$i=15\sin(\omega t+150°)\text{A}$

2-3 $\dot{I}_{1m}=14.14e^{-j50°}\text{A}=14.14\underline{/-50°}\text{A}$，$\dot{I}_1=10\underline{/-50°}\text{A}$

$\dot{I}_{2m}=28.3e^{j(90°-50°)}\text{A}=28.3\underline{/-40°}\text{A}$，$\dot{I}_2=20\underline{/40°}\text{A}$

2-4 $I_1=5\text{A}$，$I_2=10\text{A}$，$I_3=8.66\text{A}$

2-5 （1）$i=0.391\sin(314t+90°)$A 　　（2）$\dot{U}=79.6\underline{/-150°}$V

2-6 （1）$u=21.2\sin(314+90°)$V 　　（2）$i=5.71\sin(100\pi t-120°)$A

2-7 $I=0.1$A

2-8 30V；40V

2-9 $50\underline{/60°}\Omega$；25Ω；8.66mH；112.5W；194.9var；225V·A

2-10 $40\underline{/60°}\Omega$

2-11 80Ω；46.2Ω

2-12 126.5$\underline{/-24.6°}$V

2-13 11.5$\underline{/0°}$A；10.8$\underline{/90°}$A；18.3$\underline{/-90°}$A；13.7$\underline{/-33°}$A；2645W；1725var；3158V·A；0.84

2-14 13.23$\underline{/-46.3°}$A；7.23$\underline{/90°}$A；9.43$\underline{/-14.36°}$A 2101W；538var；2169V·A；0.969；32.4μF

2-15 1375μF；62.4 kvar

2-16 2.61A；8.84A

2-17 220V；29.3A；34.5A；7580W；±323var；1

2-18 11.6$\underline{/-60°}$V

2-19 10$\underline{/45°}$；5$\sqrt{2}$A；5$\sqrt{2}\underline{/90°}$A；100$\underline{/45°}$V

2-20 26.7$\underline{/-76°}$A；27.5$\underline{/90°}$A；6.66$\underline{/13.9°}$A；223.8$\underline{/3.72°}$V

2-21 484kHz；1838kHz；后者选择性好

2-22 93.1A；113.6A；46.15A

2-23 10A；17.32A

2-24 （1）16.4$\underline{/-26.57°}$A：16.4$\underline{/-146.57°}$A；16.4$\underline{/93.43°}$A；0A

（2）16.4$\underline{/-26.57°}$A；20.34$\underline{/-176.31°}$A；6.29$\underline{/60.96°}$A；4.07$\underline{/-129.32°}$A

（3）218.56$\underline{/5.57°}$V；203.25$\underline{/-123.6°}$V；239.77$\underline{/117.97°}$V

3-1 $N_1=1100$，$N_2=180$，$K=6.1$，$I_1=4.55$A，$I_2=27.8$A

3-2 $I_1=6.67$A，$I_2=90.9$A。

3-3 △，$n_0=3000$r/min，$S_N=0.017$

3-4 （1）$I_N=9.4$A；$S_N=0.04$

3-5 △，Y

4-1 $U_0=1.3$V，$U_0=2$V，$U_0\approx-2$V

4-2 （a）二极管截止，$U_{AO}=-3$V，（b）D_1导通，D_2截止，$U_{AO}=0$V

4-4 $I_1=8$mA；$I_2=-4$mA

4-5 （a）$U_0=3$V，$I_{D1}=15$mA，$I_{D2}=0$；（b）$U_0=3$V，$I_{D1}=I_{D2}=7.5$mA

4-6 $U_0=270$V，$I_0=0.9$A，$I_D=0.45$A，$U_{DRM}=300\sqrt{2}$V

4-7 $U_0=225$V，$R_L=225\Omega$，$I_D=0.5$A，$U_{DRM}=707$V

4-8 $U_{01}=99$V，$U_{02}=-99$V，$I_{01}=1.98$A，$I_{02}=-3.3$A；$I_{D1}=I_{D2}=0.99$A，$I_{D3}=I_{D4}=1.65$A，$U_{DRM}=310$V

4-10 （a）$U_0=14$V，（b）$U_0=U_1=10$V，（c）$U_0=-1$V，

(d) $U_o = -4V$, (e) $U_o = 5V$, (f) $U_o = 5V$

4-11　$R = 0.36k\Omega \sim 1.8k\Omega$

4-12　$R_L = 63 \sim 100\Omega$

4-14　$U_o = 12V$

4-15　$I_o = 5A$

4-18　(a) 饱和失真，增大 R_b，减小 R_c；(b) 截止失真，减小 R_b；(c) 同时出现饱和失真和截止失真，应增大 V_{CC}

4-19　(1) $R_b \approx 565k\Omega$，(2) $R_L = 3.43k\Omega$

4-20　(1) $I_B = 50\mu A$，$I_C = 2mA$，$U_{CE} = 6V$，$A_u = -50$；(2) $R_B = 600k\Omega$，$I_C = 1.2mA$，$U_{CE} = 7.3V$；(3) $R_B = 400k\Omega$

4-21　(1) $I_B \approx 31\mu A$，$I_C \approx 1.86mA$，$U_{CE} = 4.56V$，

(2) $A_u \approx -78.26$，$r_i \approx 1.15k\Omega$，$r_o = 3k\Omega$

(3) $U_i \approx 3.65mV$，$U_o \approx 285.7mV$；若 C_3 开路，$U_i \approx 9.6mV$，$U_{io} \approx 14.4mV$

4-22　(1) $V_B = 2.23V$，$I_C \approx 1.53mA$，$U_{CE} = 6.7V$，$I_B = 1\mu A$，(2) $A_u \approx -119$；(3) $A_u \approx -53$

4-23　(1) $V_B \approx 2V$，$I_E \approx 1mA$，$I_B \approx 10\mu A$，$U_{CE} \approx 5.7V$；$A_u \approx -7.54$，$r_i \approx 3.7k\Omega$，$r_o = 5k\Omega$；

(2) r_i 增大，$r_i \approx 4.1k\Omega$；$|A_u|$ 减小，$A_u \approx -19.2$

4-24　(1) $A_{u1} \approx -1$，$A_{u2} \approx +1$

4-25　(1) $I_B \approx 32.3\mu A$，$I_E \approx 2.61mA$，$U_{CE} \approx 7.17V$；

(2) $R_L = \infty$ 时，$r_i \approx 110k\Omega$，$A_u \approx 0.996$；

$R_L = 3k\Omega$ 时，$r_i \approx 76k\Omega$，$A_u \approx 0.992$

(3) $r_o \approx 37\Omega$

4-26　(2) $r_{i1} \approx 1.6k\Omega$，$r_{o2} = 5.1k\Omega$，$A_u \approx 836$

4-27　(1) $I_{B1} = 19.5\mu A$，$I_{C1} \approx 0.995mA$，$U_{CE1} \approx 5.7V$；$I_{E2} = 1.89mA$，$U_{CE2} = 4.64V$

(3) $A_u \approx -71.9$，$r_i = 34k\Omega$，$r_o = 2.4k\Omega$

4-28　$I_E = 2.02mA$，$I_B = 0.02mA$，$I_C = 2mA$，$U_{CE} = 5.88V$

5-1　(1) $A_f = 133.3$；(2) $dA_f/A_f = \pm 1\%$

5-2　$R_1 = 20 \sim 30k\Omega$，$R_F = 500 \sim 750k\Omega$，$R_2 = 19.23 \sim 28.85k\Omega$

5-3　(1) 开关 S 断开时，$u_o = -16\sin(\omega t)mV$；(2) 开关 S 闭合时，$u_o = -\dfrac{32}{3}\sin(\omega t)mV$

5-4　$u_o = 4V$

5-5　$u_o = \dfrac{1}{2}(u_{i1} + u_{i2})$

5-6　$u_o = \left(1 + \dfrac{R_F}{R_1}\right)\left(\dfrac{R_{22}}{R_{21} + R_{22}}u_{i1} + \dfrac{R_{21}}{R_{21} + R_{22}}u_{i2}\right)$

5-7　$u_o = 10u_{i1} - 2u_{i2} - 5u_{i3}$

5-8　$u_o = 2\dfrac{R_F}{R_1}u_i$；最大输出电压范围为 $\pm 28V$

5-9　$u_o = \left(1 + \dfrac{R_2}{R_1}\right)(u_{i2} - u_{i1})$

5-10　$u_o = -2(u_{i1} - u_{i2})$

5-11　$u_o = u_{i1} - u_{i2}$

5-12　$u_o = 0.93 \sim 5.03\text{V}$

5-13　（1）$u_o = \dfrac{1}{2}(u_{i1} + u_{i2})$；（2）$u_o = 0.375\text{V}$

5-14　$u_{o1} = 7.6\text{V}$，$u_{o2} = -0.6\text{V}$，$u_{o3} = -4.1\text{V}$

5-16　（a）$u_o = -u_i - 100\int u_i \mathrm{d}t$；（b）$u_o = -100\int(u_{i1} + 0.5u_{i2})\mathrm{d}t$；（c）$u_o = 10^3\int u_i \mathrm{d}t$

5-17　$u_{o1} = -3u_{i1}$，$u_{o2} = -(u_{o1} + u_{o2})$

5-25　$f = 3184\text{Hz}$

6-11

（1）$Y = A + B$　　（2）$Y = \overline{A} + \overline{B}$　　（3）$Y = A\overline{B} + A\overline{C}$　　（4）$Y = 1$

（5）$Y = B + AC$　　（6）$Y = A\overline{B} + A\overline{C} + \overline{A}B + \overline{A}C$　　（7）$Y = A + C\overline{D}$

（8）$Y = B$　　（9）$Y = A + B$　　（10）$Y = AD$

6-12

（1）$Y = 1$　　（2）$Y = 0$　　（3）$Y = \overline{A} + \overline{B} + \overline{C}$　　（4）$Y = A$

（5）$Y = B$　　（6）$Y = \overline{A} + C + \overline{B}$　　（7）$Y = \overline{B} + A\overline{C}$

（8）$Y = A + C$　　（9）$Y = A\overline{B} + \overline{A}D + C$　　（10）$Y = A + B$

6-13

$Y_1 = A + B$

$Y_2 = \overline{A}\,\overline{B}\,\overline{C} + \overline{A}BC + A\overline{B}C + AB\overline{C}$

6-14

（a）$Y = AB + BC + AC$

（b）$Y = \overline{A} + \overline{B}$

（c）$Y = \overline{A}\,\overline{B} + AB$

（d）$S = \overline{A}B + A\overline{B}$　　　$C = AB$

（e）$Y = ABC$

（f）$Y = A + B + C$

6-15

（a）$Y = A\overline{B} + A\overline{C} + \overline{A}B + \overline{A}C$

（b）$Y = ABC + \overline{A}\,\overline{B}\,\overline{C}$

（c）$Y = AB + AC + BC$

（d）$Y_s = ABC + \overline{A}\,\overline{B}\,C + A\overline{B}\,\overline{C} + \overline{A}B\overline{C}$　　　$Y_c = AB + AC + BC$

7-1　判断题

1. × 2. × 3. √ 4. √ 5. × 6. √ 7. × 8. √ 9. × 10. √ 11. √ 12. √ 13. × 14. √ 15. ×

7-10 五进制计数器，能够自启动

7-11 三进制可逆计数器，能够自启动

7-12 五进制计数器，能够自启动

7-15 六进制加法计数器，可以自启动

7-18 八进制减法计数器

7-19 七进制计数器

7-20 十进制加法计数器

7-21 $X=0$ 时，八进制加法计数器；$X=1$ 时，五进制加法计数器。

7-25 模为 174 的计数器

7-26 1. 二十二进制计数器；2. 最后一组有效状态是：00100001

7-28 施密特触发器；4V；2V；2V

7-29 （1）单稳态；（2）20ms

8-1 $S=0.0002442$

8-2 $U_{LSB} \approx 0.0122V$

8-3 $0 \sim -4.995V$，$u_0 = -1.611V$

8-4 $u_{01} = -3.6V$，$u_{02} = -10.2V$

8-5 $u_{01} = -0.07031V$，$u_{02} = -9V$，$u_{03} = -17.93V$

8-6 $I = 1mA$，$i_0 = 0.8125mA$，$u_0 = -8.125V$

8-7 $U_{LSB} \approx 39.21mV$

8-8 $T = 100\mu s$，$D = Q_7 Q_6 \cdots Q_0 = \mathbf{10100101}$

8-9 $D = Q_3 Q_2 Q_1 Q_0 = \mathbf{1101}$

参 考 文 献

[1] 秦曾煌. 电工学 [M]. 6 版. 北京：高等教育出版社，2004.

[2] 唐介. 电工学（少学时）[M]. 3 版. 北京：高等教育出版社，2009.

[3] 孙骆生. 电工学基本教程 [M]. 4 版. 北京：高等教育出版社，2008.

[4] 叶淬. 电工电子技术 [M]. 3 版. 北京：化学工业出版社，2009.

[5] 邱关源. 电路 [M]. 北京：高等教育出版社，2009.

[6] 曾建唐. 电工电子技术简明教程 [M]. 北京：高等教育出版社，2009.

[7] 童诗白，华成英. 模拟电子技术基础 [M]. 4 版. 北京：高等教育出版社，2006.

[8] 阎石. 数字电子技术基础 [M]. 5 版. 北京：高等教育出版社，2006.

[9] 康华光. 电子技术基础 [M]. 5 版. 北京：高等教育出版社，2006.

[10] 徐卓农，李士军. 电工与电子技术 [M]. 2 版. 北京：北京大学出版社，2011.

[11] 方厚辉，谢胜曙. 电子技术：电工学 II [M]. 北京：北京邮电大学出版社，2006.

[12] 张绪光，刘在娥. 电路与模拟电子技术 [M]. 北京：北京大学出版社，2009.

[13] 刘培植. 数字电路设计与数字系统 [M]. 北京：北京邮电大学出版社，2005.

[14] 刘全忠，刘艳莉. 电子技术：电工学 II [M]. 3 版. 北京：高等教育出版社，2008.

[15] 房晔，徐健. 电工学（少学时）[M]. 北京：中国电力出版社，2009.

[16] 陈大钦. 数字电子技术基础学习与解题指南 [M]. 武汉：华中科技大学出版社，2004.

[17] 梁德厚. 数字电子技术及应用 [M]. 2 版. 北京：机械工业出版社，2003.

[18] 邓元庆. 数字电路与逻辑设计 [M]. 北京：电子工业出版社，2001.